KONGJIAN JIEGOU JIANMO FANGFA YANJIU YU SHIJIAN

空间结构建模方法研究与实践

江重阳　乔帅斌　张昊强　张　晨　李亚兰　李　煜　张　强 / 编著

图书在版编目（CIP）数据

空间结构建模方法研究与实践 / 江重阳等编著. 兰州 : 兰州大学出版社, 2025. 7. -- ISBN 978-7-311-06885-1

Ⅰ. TU399

中国国家版本馆CIP数据核字第2025V23A32号

责任编辑　哈雨昕
装帧设计　汪如祥

书　　名　空间结构建模方法研究与实践
　　　　　KONGJIAN JIEGOU JIANMO FANGFA YANJIU YU SHIJIAN
作　　者　江重阳　乔帅斌　张昊强　张　晨　李亚兰　李　煜
　　　　　张　强　编著
出版发行　兰州大学出版社　（地址：兰州市天水南路222号　730000）
电　　话　0931-8912613（总编办公室）　0931-8617156（营销中心）
网　　址　http://press.lzu.edu.cn
电子信箱　press@lzu.edu.cn
印　　刷　兰州银声印务有限公司
开　　本　787 mm×1092 mm　1/16
成品尺寸　185 mm×260 mm
印　　张　11
字　　数　254千
版　　次　2025年7月第1版
印　　次　2025年7月第1次印刷
书　　号　ISBN 978-7-311-06885-1
定　　价　68.00元

前 言

近年来，形式新颖的空间结构得到越来越多的应用。复杂空间结构设计难度较大，需要考虑多方面的因素，而从某种意义上讲，其结构模型是否成功建立是后续设计的决定性因素。复杂空间结构的模型建立是一项对经验、技巧要求均较高的工作，尤其是复杂空间结构、自由曲面空间结构的建模给工程师带来较大的挑战。

已出版的各类空间结构设计书籍，多侧重于理论阐述、结构体系讲解、计算分析、案例介绍等，几乎不涉及建模内容。而专门介绍空间结构建模方法与技巧的书籍更是凤毛麟角，使得在这方面遇到困难的学者、工程师缺乏系统学习的书籍。编者团队也曾遇到类似困难，对此深有体会。

编者在大型设计院工作多年，期间参与了多项含有复杂空间结构的重点工程，如白银市体育中心、甘肃科技馆、甘肃省体育馆、榆中生态创新城科创中心等，逐渐积累了一些建模技巧、分析方法，解决了实际工作中的难题。所以本书编者基于亲身体验，迫切希望将所研究总结的建模方法及技巧编著成书与读者分享。通过学习本书，读者可快速掌握空间结构的各种建模方法与技巧，实现高效建模，少走弯路。

本书系统地阐述了空间结构的各种建模方法，涵盖规则与不规则空间结构的建模，包括直接建模、参数化建模、全自动参数化建模等方法；除此之外，还对参数化模型一体化分析及优化方法进行了详细介绍；亦提供若干常见空间结构建模的参数化脚本程序，应用于类似项目可简化空间结构的建模过程，明显提高空间结构设计的效率。一体化分析及优化内容除能提高效率外还能提升项目经济性。本书可供土木工程、建筑结构设计、计算机相关领域的工作人员及科研技术人员阅读，也可用作土木类院校本科生、研究生的教学参考书。

本书为甘肃省住房和城乡建设厅建设科技计划项目的研究成果之一，在写作的过程中得到了甘肃省建筑设计研究院有限公司米宏图董事长的大力支持，甘肃省城乡规划设计研究院有限公司结构总工程师王栋的悉心指导，“甘肃省工程勘察设计大师”黄锐、杨忠平和甘肃省结构工程与城乡规划领域知名专家马张永、曹军、孙海峰的宝贵意见，在此一并表示诚挚的谢意。同时，谨向本书参考文献的作者致以敬意与感谢。

空间结构建模及设计内容繁多，本书不能面面俱到，由于编者自身经验及水平有限，书中难免有错误或不当之处，敬请读者批评指正。

编　者

2025年4月于兰州

目 录

（部分完整图片可扫描二维码查看）

第一章 研究背景

第一节 概 述

1. 空间结构概念及特点

随着社会经济的发展，人们对建筑美观及功能的需求在不断增加，越来越多的建筑开始追求更大的跨度和空间，空间结构由此发展而来；同时空间结构建造能力及大跨度空间结构技术的发展状况也成为衡量一个国家建筑科技水平的重要标志之一。

“空间结构”是相对于“平面结构”而言的，其具有不易分解为平面结构体系的三维结构受力特点，整体呈现三维立体状态并具有三维空间协同工作的特性。传统的结构（梁、板、拱等）受其自身的限制，很难满足跨度越来越大的建筑空间需求。而空间结构可以充分利用各种材料的性能来满足不同建筑形态及空间的需求，其造型优美、受力合理，同时具有自重轻、阻尼小、工业化程度高、刚度大、布置灵活、抗震性能优越、造型美观等诸多优点。

近年来，大跨度结构在航空港、体育场馆、展览馆、火车站、剧院等建筑中得到了广泛应用。

2. 空间结构发展历史

随着技术和文化的发展，空间结构的形式和建筑材料在不断进步。从最原始的遮风挡雨的庇护所，到更大跨度、更高高度的建筑奇观，这些无疑是人类文明进程的体现。在钢结构、索结构还没有出现的年代里，建筑师们建造得最多的是拱券式穹顶。该类建筑充分利用拱券传力合理的特点，以及建筑材料的强度，实现了较大的建筑跨度，满足了人们对无柱空间的使用要求。拱券结构的代表工程：南京市灵谷寺无梁殿［始建于明朝洪武十四年（1381年）］，平面尺寸38 m×54 m，净高22 m，见图1.1、图1.2；古罗马万神庙（建于120—124年），穹顶直径43.3 m，顶端高度43.3 m，见图1.3、图1.4。

随着建筑材料的发展，尤其是混凝土材料的出现，钢筋混凝土薄壳结构应运而生。20世纪50年代开始，我国对薄壁、薄壳结构开展了研究。该结构形式以混凝土为材料，采用各种几何曲面造型，如双曲扁壳用于北京火车站候车大厅穹顶（平面尺寸为35 m×35 m），圆柱面壳用于中国建筑科学研究院礼堂穹顶（跨度32 m），以及双曲抛物面扭壳用于江西宜春职业技术学院师范学院礼堂穹顶（平面尺寸为52 m×48 m）等。但由于混凝土支模难、施工复杂等问题，该种结构形式后期未得到充分发展应用。

图 1.1　灵谷寺无梁殿正面

图 1.2　灵谷寺无梁殿内部

图 1.3　万神庙穹顶外观

图 1.4　万神庙穹顶内部

随着金属冶炼技术的进步，尤其是钢材产量及质量的突破，空间结构再一次得到了迅速发展。现代空间结构的主要代表形式有钢筋混凝土薄壳、钢网架、钢网壳、索结构、膜结构以及自由曲面结构等。

20世纪60年代，网架结构及钢结构的应用，使得空间结构得到充分发展。如1968年建成的首都体育馆，其跨度为99 m×112 m，采用正交斜放平面桁架体系网架；1975年建成的上海体育馆（现为上海大舞台），其净跨为110 m，总直径为125 m，采用三向网架，杆件采用圆钢管，节点采用焊接空心球节点。由于网架较为平直的外形难以满足建筑复杂造型的要求，近年来其在大型场馆类建筑中的应用逐渐减少。但总体而言，网架结构施工方便、造价相对较低，应用依旧十分广泛。

网壳结构相对于网架结构来说，形式更加多样化，建筑造型也更加丰富。如1989年建成的北京体育大学体育馆，屋盖由四片双曲抛物面网壳组成，见图1.5；1995年建成的黑龙江省速滑馆，屋盖采用中央圆柱面壳和两端半球壳组成的双层网壳。网壳结构在我国建筑中的应用达到了相当大的规模。以跨度来说，2007年建成的中国国家大剧院，笼罩着一个218 m×146 m、矢高45 m的椭圆形空腹网格的球形网壳，见图1.6，跨度居国内之首。

图 1.5　北京体育大学体育馆

图 1.6　中国国家大剧院

在我国，悬索结构的理论性探索始于20世纪50年代，在此基础上，我国首座采用双层悬索结构的北京工人体育场建成，其屋盖直径为94 m；其后，浙江人民体育馆也建成，其屋面采用60 m×80 m的椭圆平面的双曲抛物面索网。后来，发展出了各有特色的新型悬索体系，如预应力空间双层索、横向加劲索，以及索网与某种中间支承结构相结合的结构体系，如四川省达州市体育中心，见图1.7。

进入21世纪，膜结构、索结构开始发展，形成了富有特色的新型结构体系，其主要标志性结构为索膜结构、索杆张力结构、索穹顶结构等。例如，国家体育馆（2008年建成，平面尺寸为114 m×144 m）的屋盖采用双向弦支桁架结构；上海浦东国际机场T1航站楼（1999年建成）的屋盖采用跨度为82.6 m的张弦梁结构，见图1.8。

图 1.7　达州市体育中心

图 1.8　上海浦东国际机场T1航站楼

3. 空间结构发展现状

近些年来，形式新颖的复杂空间结构得到越来越多的应用，复杂空间曲面结构逐渐成为建筑行业一道独特的风景线，也给建筑师的创新想法及灵感提供了实现途径。这种新型的屋盖结构融合了建筑美学和结构力学。而实现这些新颖的大跨度建筑除了使用常规的网架、网壳、桁架等结构，更多采用了刚柔结合体系、柔性体系、张拉体系、开合屋盖结构、铝合金空间结构等。此外，型钢、钢管、钢棒、钢索、铸钢也大量应用于空间结构中。尤其是自由曲面的空间结构受到建筑师的青睐，深圳湾体育中心是近年来该结构应用较为典型的项目之一，见图1.9。空间结构的跨度更大，造型更为复杂，可用材料更为广泛。西安“长安云”项目的中部连体走廊跨度已达150 m，见图1.10。

图1.9　深圳湾体育中心局部穹顶

图1.10　西安“长安云”项目中部连体走廊

第二节　研究意义

优美的建筑造型最终需要合理的结构形式来支撑，而结构模型的准确建立是工程师进行后续结构分析计算的基础。越来越复杂的空间造型对结构建模提出了新的挑战，传统的建模方式已不能很好地满足工程师的需求。于是，需要找到适用于大多数工程的参数化建模方法，以便结构设计工程师能够根据建筑方案的调整，快速有效地对模型进行调整。

在上文提到的深圳湾体育中心的建设过程中，建立符合精度要求的几何模型一度成为结构设计最需要突破的难点。根据有关公开资料及论文，深圳湾体育中心的投标开始于2007年8月，由日本佐藤综合计画和北京市建筑设计研究院体育工作室作为联合体进行投标，在进行了几轮中方和日方“背靠背”的方案设计后，双方逐步将深化方向统一为建造“一体化”的建筑造型。方案阶段对模型精度要求较低，此阶段中，日方工程师采用“纯手工”的操作方式，尝试用三角形、菱形、方形等人工绘制渐变效果，但是由于存在大树广场、体育场等建筑曲面的特殊曲率，如何自然有效地布置网格就成了很大的问题，而“纯手工”操作方式难以解决；中方的团队则与效果图设计公司的技术人员合作，利用3D Studio Max（3ds Max）的POLYGON建模方式，通过粗略布线—自动细化—自动连接对角线—自动分区域开孔等一系列步骤，很快解决了方案阶段的布线、开孔问题，见图1.11，项目顺利中标。在初步设计阶段，日方仍然利用上述方法调整几何模型，完成了初步设计，但是较差的几何模型精度为后续施工图设计阶段的钢结构设计和屋面深化设计埋下了隐患。

中方为了工作的连续性，施工图阶段继续沿着日方的思路进行深化设计。但是随着施工图工作的推进，模型精度不足的问题越来越凸显：网格存在几毫米至十几毫米的误差，与建筑平面轴网不完全匹配；模型细分程度不够，导致由杆件生成的曲面不顺滑；3ds Max软件主要是效果图表现的软件，无法提供一个连续顺滑的曲面作为后续屋面设计的基准。工作一度进展困难。在工期与成本的矛盾中，中方设计团队下定决心重新建模，通过CAD、Rhino等软件及手工调整，最终建立了符合施工图设计计算及后续工作的高精度网格模型，见图1.12。

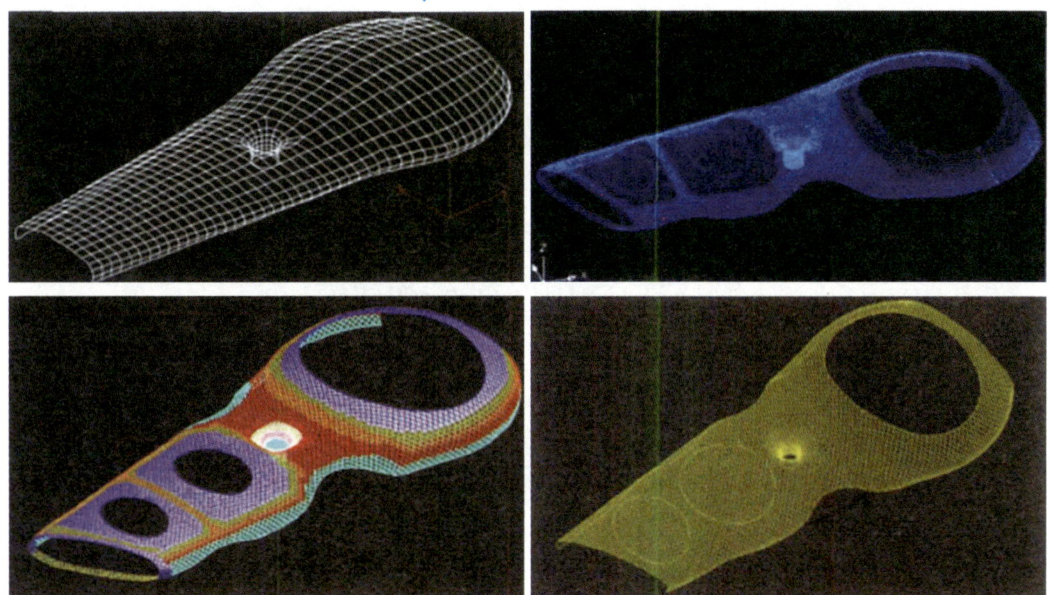

图 1.11　深圳湾体育中心方案阶段屋面结构杆件网格

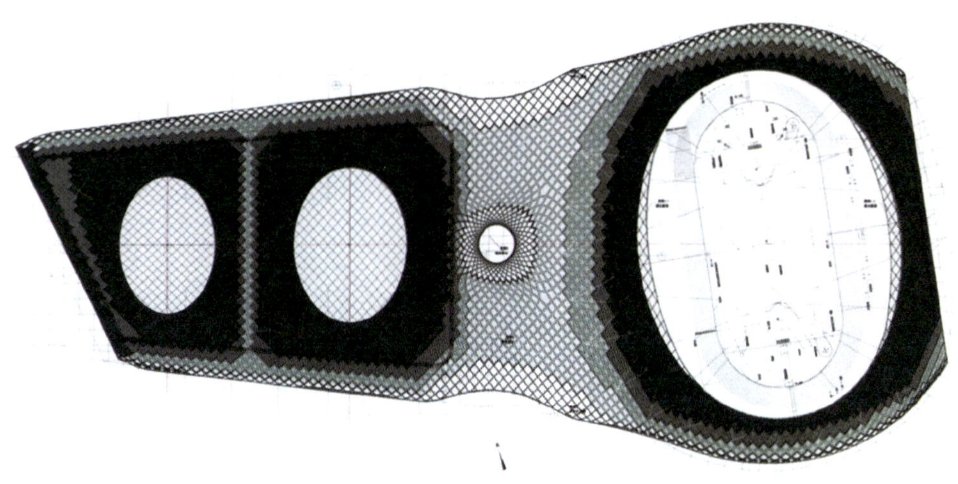

图 1.12　深圳湾体育中心施工图阶段屋面结构杆件网格

因此，对空间结构的几何模型建模方法的研究尤为必要。总结零散的建模经验，以便初学者快速掌握建模方法；研究建模技巧可为后续较复杂的工程提供设计经验；探索参数化等高阶建模方法有利于进一步提高建模技巧以及技术进步等。本著作旨在对传统空间结构建模方法进行归纳总结，并通过对参数化建模方法的研究探索，找到行之有效、便于结构工程师掌握、能胜任各种复杂空间结构工程的建模方法。

第二章 直接建模方法

第一节 规则空间结构建模

1. 概述

严格来讲，规则空间结构没有准确的定义，这里用这个词汇来描述常见的矩形网架、球面网壳、桁架等可以用解析式函数表达的规则曲面，用以区别体型或造型较为复杂的空间结构，如组合体型、组合曲面、自由曲面等不易由解析式函数表达的外形不规则的空间结构。规则空间结构的几何模型建立方法较为多样，也相对容易掌握。例如，可以通过网架计算软件直接输入少量的参数，自动生成几何模型；可以在AutoCAD中直接绘制三维几何模型；也可以在有限元计算软件（如Ansys、SAP2000、Midas Gen）中建立相关模型。

2. 在空间结构专用计算设计软件中建模

MST、3D3S等空间结构计算分析出图专用软件中带有标准网格的建模功能，可以根据拟建立的几何模型选择类别，如网架、网壳等，根据几个重要的参数自动生成所需要的网格几何模型。

首先以网架为例，拟建立一平面为矩形的平板网架，网架形式采用正放四角锥，网架周边的柱网见图2.1，柱网间距均为6.0 m，非常适合利用程序的自动功能生成杆件网格。根据柱网拟建立平面尺寸为18.0 m×30.0 m的网架，厚度取1.2 m，上弦网格数取6×10个，按网架上弦支承于柱顶建模。建模流程见图2.2～图2.4，其生成的几何网格见图2.5，图中支座约束可根据需要减少或调整。利用软件建模过程方便、快捷。

此外，程序提供的一些调整工具，也可以较为方便地调整上述模型，使得其适应性增强，比如上弦起坡、移动节点等。网架跨度较大时，其上弦需要考虑屋面排水，但通过小立柱起坡方式会导致立柱过高，就需要将网架的上弦起坡。此时，只需要在程序中指定不动点和起坡的坡度，就可以方便地建立上弦带坡的几何模型，见图2.6。

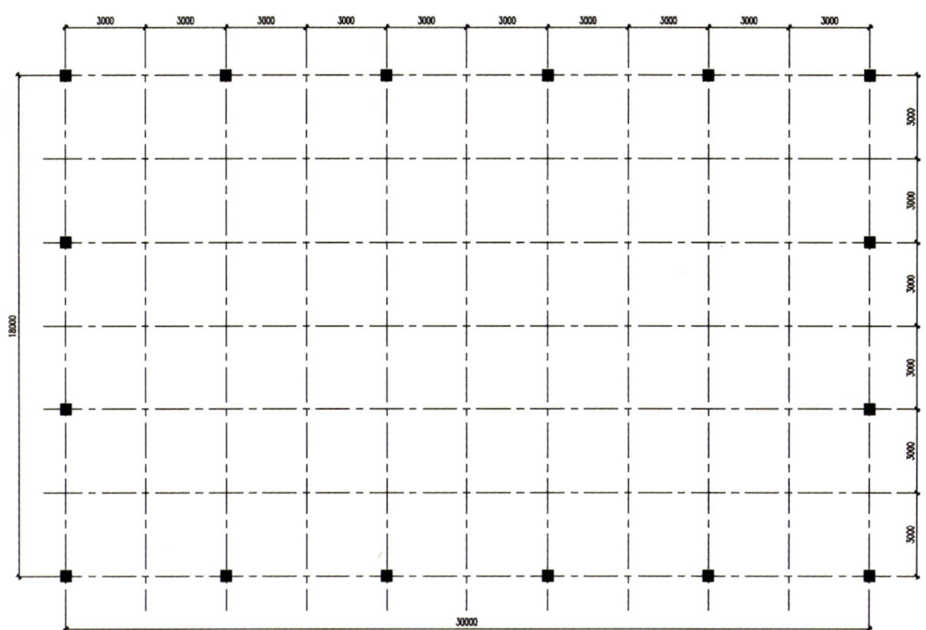

图2.1　网架支承柱网

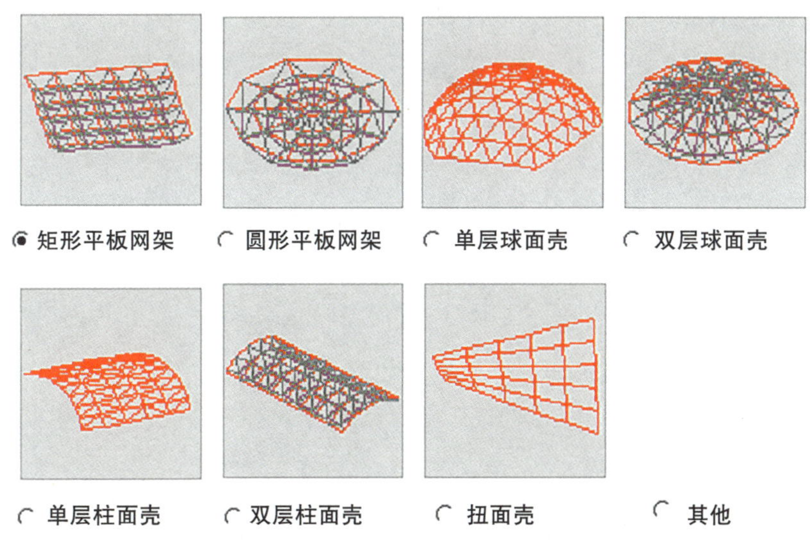

图2.2　网架建模流程步骤1

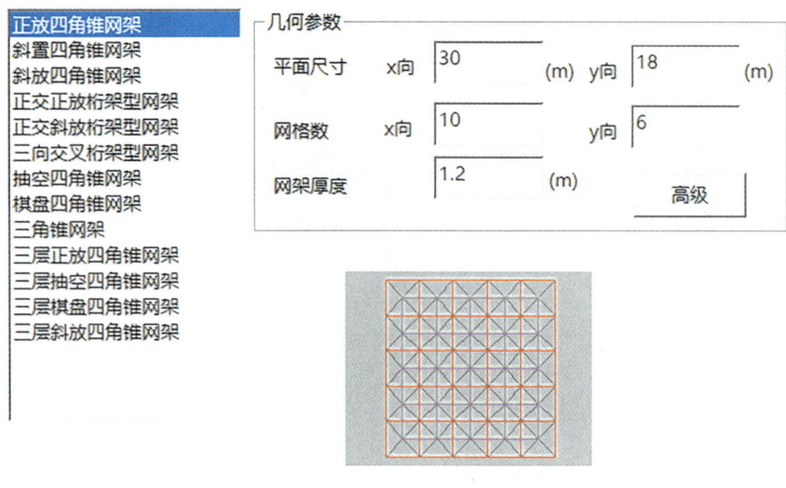

图2.3　网架建模流程步骤2

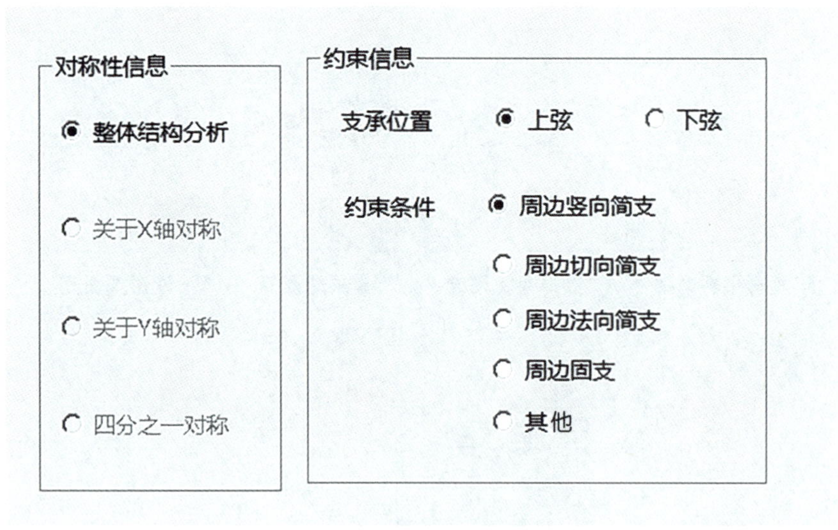

图2.4　网架建模流程步骤3

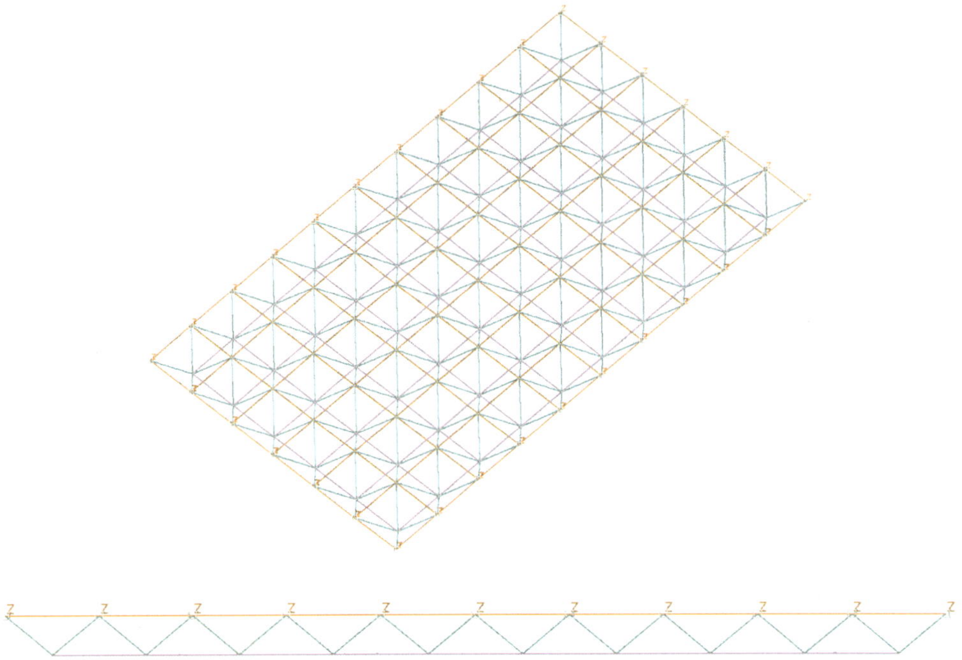

图 2.5　网架杆件三维图及剖面图

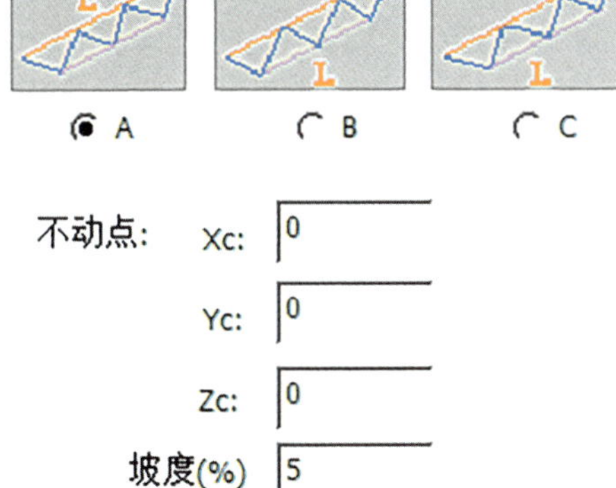

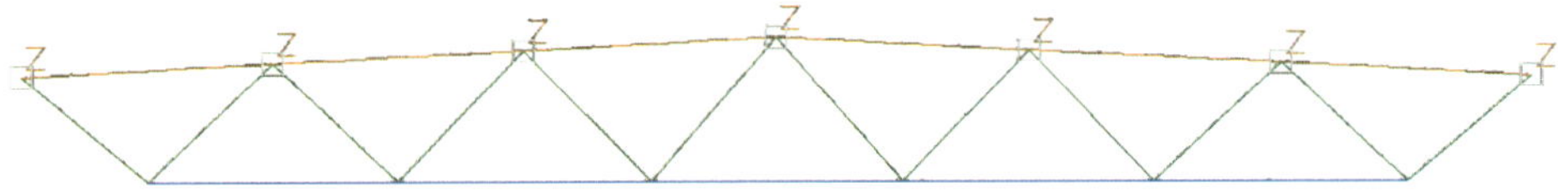

图 2.6　网架上弦起坡方法及效果

实际工程中边界支承条件往往相对复杂，不会是完全等间距的柱网，这时可在上述几何模型的基础上，适当调整网格节点坐标。调整节点坐标的方法在不同的软件中有不同的途径，例如MST软件中提供专门的工具，通过对所选择的节点增减坐标数值达到调整的目的，如图2.7所示。

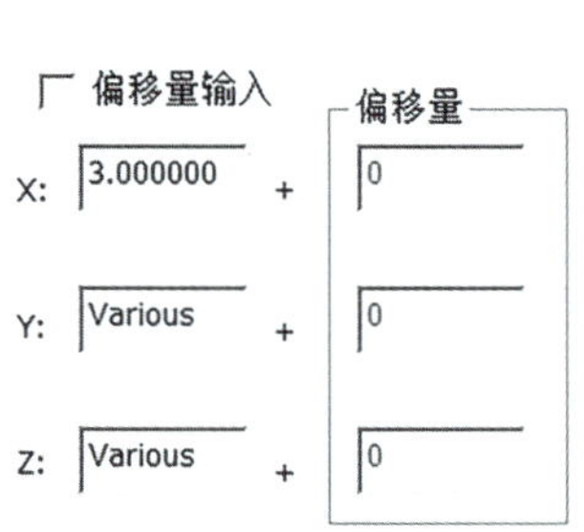

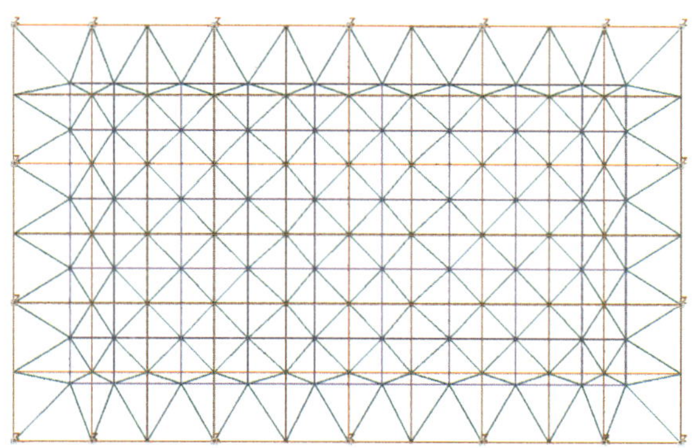

图2.7　网架调整节点的方法及效果

对于网壳类空间结构，程序也同样提供了相关功能的菜单，操作过程类似于网架。软件可以建立单层网壳、双层网壳，网壳的网格拓扑关系也可以选择短程线型、凯威特型、肋环型、联方型等，如图2.8所示为联方型网壳。

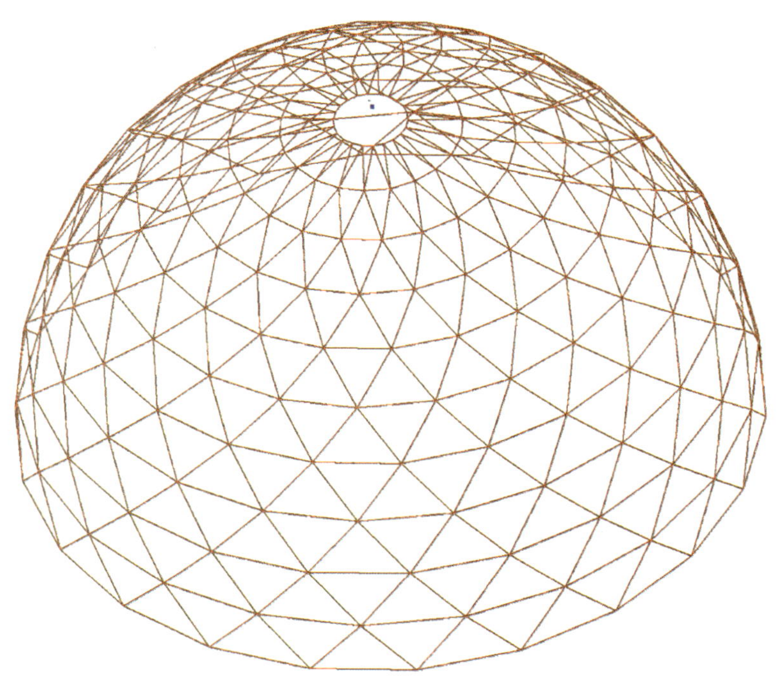

图2.8　联方型球面网壳

总体来说，上述建模过程较为简单，能解决一般矩形平面类网架、体型规则的球面网壳的建模。但是该种建模方法具有很明显的缺点，那就是对稍微复杂一些的不规则形体空间结构适应性不佳。比如，平面非矩形或圆形类的，或者异形、网壳并非规则的圆形等结构，如图2.9所示，用程序直接生成并辅以修改的方式难度很大，尤其是网壳类的模型，通过修改坐标的方式调整几乎无法实现。即使投入大量的精力修改成功，但其精度和平滑性也难以保证。故该种方法的适用条件较为苛刻，应用范围较为狭窄，很难适应目前体型各异的空间结构。

图2.9　非规则的“8”字形网壳屋面

3. Midas Gen等有限元软件建模

Midas Gen中自带基本的空间结构建模功能，“空间桁架建模助手”中提供四边形空间桁架、圆形空间网架、球形空间网架、柱面空间网架、平面网架等类型的空间结构模型。其方法也是通过输入关键参数来建立模型，网架、网壳模型的建模方式和MST软件类似，见图2.10、图2.11，但其参数设置更为复杂。在MST中只需建立几何网格，材料在后续参数定义中赋值，而杆件型号虽然也可以手工定义，但更多的是通过满应力设计赋值并进行必要的调整。而在Midas Gen中需要同时指定网格、杆件型号及材料才可以建立模型。杆件的材料及截面应根据模型情况分组建立，以便在后续分析中修改。当然，只考虑建立几何模型时，可以先假定任意材料和杆件型号以简化建模的参数输入。

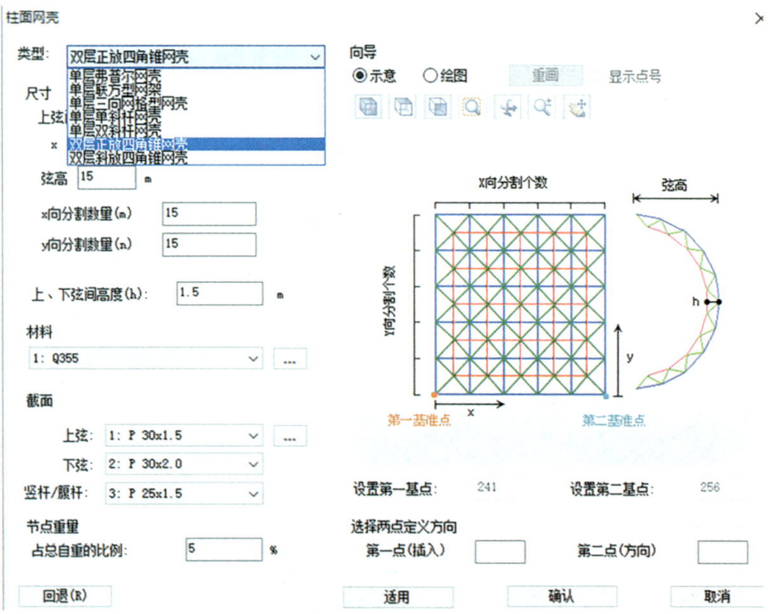

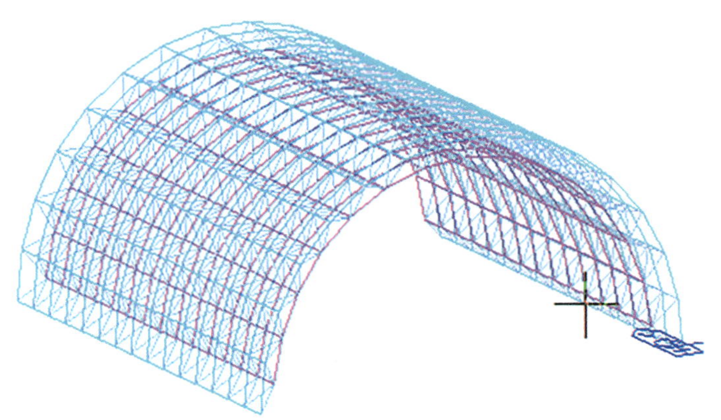

图2.10 Midas Gen中双层柱面网壳建模参数及模型

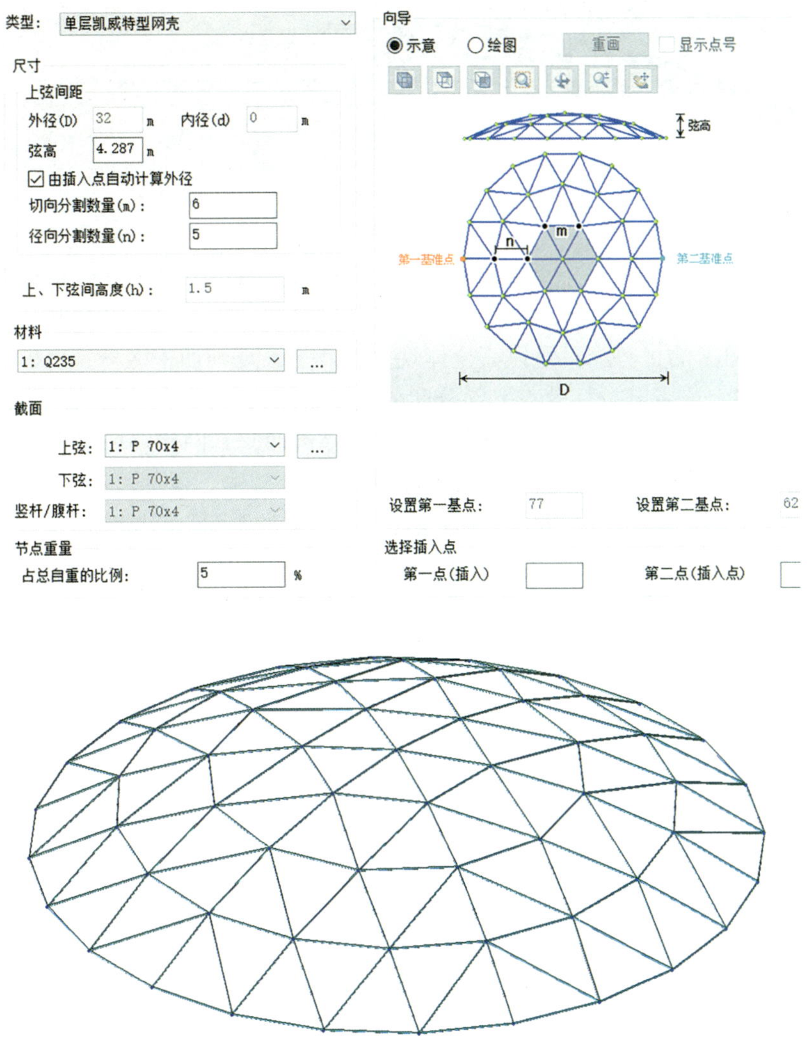

图2.11　Midas Gen中单层球面网壳建模参数及模型

虽然Midas Gen是通用有限元分析计算软件，但是其三维建模能力也非常强大。其在初始阶段生成空间模型的方式与MST、3D3S等专业空间结构设计软件类似，但是后续调整模型的方式方法要比上述软件更为丰富且操作方便，三维操作更为精准、容易，且三维显示功能强大，可实时显示、三维旋转等，具有MST类软件不可比拟的优势。以图2.11中的网壳模型为例，拟将其网格加密，在MST中实现较为困难，尤其是不等间距加密网格，但是在Midas Gen中实现网格加密就容易得多。例如，将上述网壳模型的网格加密一倍，这在Midas Gen中实现起来非常容易，只要利用建立杆件的命令连接节点、中点即可轻松解决。软件在默认状态下会自动捕捉中点和节点，调整后的模型见图2.12，网格流畅优美，可直接无缝接力后续的计算分析。

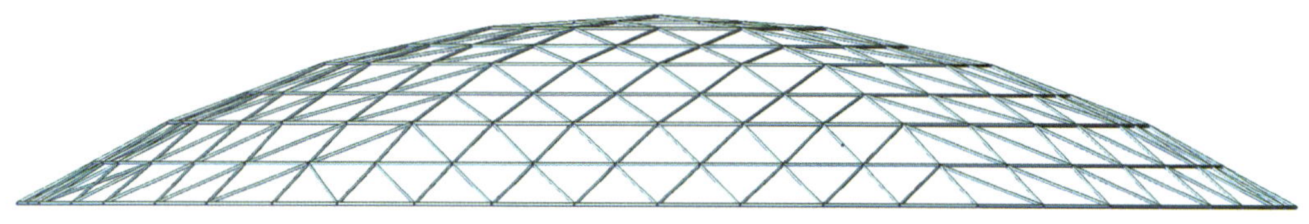

图2.12 杆件加密后的单层球面网壳

对比Midas Gen中仅连接中点即可加密网格的操作，MST需要先将每根杆件按比例断开，然后再增加杆件，操作较为繁琐，效率较低。但是只要时间花得足够多，其仍然可以实现，Midas Gen的优势尚不足以完全体现。但若是不规则加密网格，比如三分点或者四分点加密网格，或者部分三分点、部分四分点加密网格，此时Midas Gen的优势就凸显出来了。仍然以图2.11中的单层网壳为例，以四分点加密其网格。可以直接在原始网格上四等分后再建立网格，但是这样建立的几何模型误差较大，也不美观。

对于结构专业而言，理想的网格或曲面应该由光滑的空间弧线或弧面构成，最好的效果是采用完全贴合建筑的曲面弧形杆件或弧面。然而，空间异形曲面往往每个点的曲率半径都不相同，无法用统一的数学函数表达，且曲线杆件目前在大多数软件中并不能直接计算，这给后续施工造成很大的困难。为解决这个问题，一般做法是将需要的光滑曲线或曲面分解为较小的直线段或微小平面，来无限接近原始的弧线或弧面，这样需求的光滑曲线或面就转化为形状近似的空间网格，空间三维曲面模型就转化为若干个空间二维平面模型，从而为力学模型的建立确定了基础。这种近似要在工程中被允许，必须将误差控制在一定的范围内。如图2.13所示，直接四等分与实际需要的结构形体差别很大，是不被建筑效果和工程实际所允许的，必须调整。这种情况若采用手工调整，工作量会很大，而且壳体外形为球形或类球形，并不在同一个平面内，在三维空间中修改这样的数据难度较大，效率很低且极容易出错，MST软件对该类问题也没有较好的解决方法。

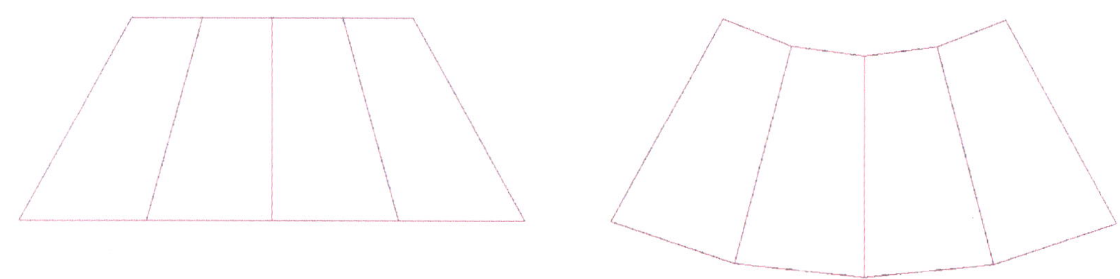

图2.13 不同网格加密方法的误差大小

但是利用Midas Gen中的建立单元功能可以一步到位解决该问题，且不需要先行建立轴线，可以一次性将杆件和轴线建立完成。如图2.14所示，利用“建立单元—在曲线上建立直线单元—三点弧”的功能，可一次性建立杆件并自动四等分，根据需要也可分为其他段数。只要指定圆弧上的起点、经过点、终点，即可快速生成空间中所需的分段节点及杆件，当然也可以通过指定起点、终点、半径的方法来生成上述节点及杆件，操作方式类似。其余段数网格可以采用类似的方法分段，不再赘述。

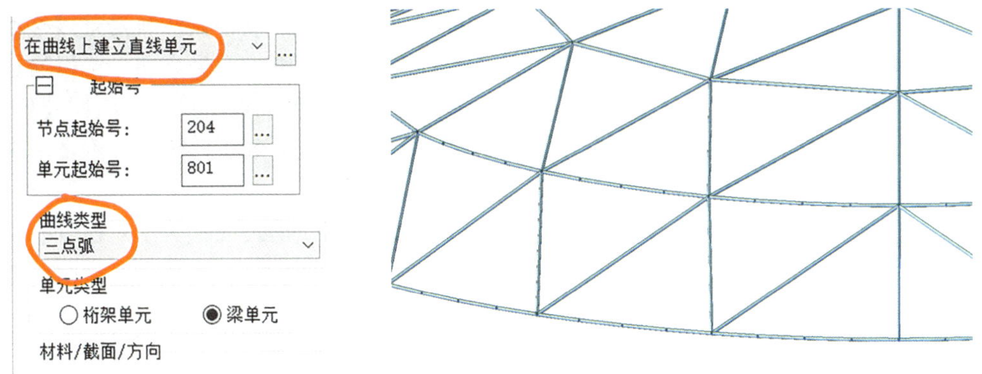

图2.14　在曲线上建立并等分网格

如果需要对径向网格按直线方式细分，可以采用“分割”命令，如图2.15所示。最终细分完成的网格（局部）如图2.16所示。

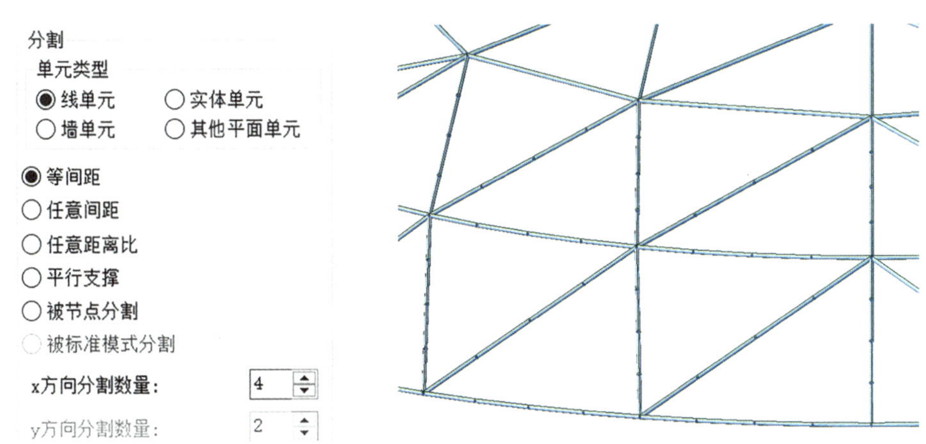

图2.15　“分割”命令细分网格

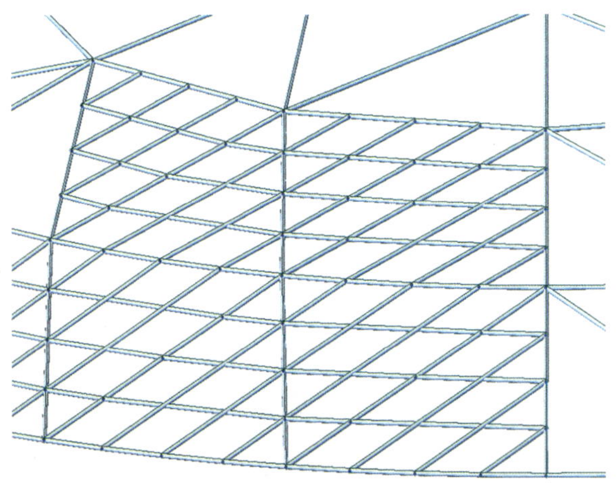

图2.16　细分加密网格效果(局部)

利用Midas Gen对已经建立好的模型进行整体形态的调整，一种方法就是直接移动节点，相关网格会自动调整。移动节点的方向不必拘泥于X、Y轴的正交方向，可以通过程序功能直接指定其移动方向。例如，指定球面的球心和球面上某点的连线方向向外移动，或者指定沿着球面切线方向移动等，再通过输入移动的具体距离（高精度，可精确至小数点后若干位）直接调整节点。如图2.17中箭头所指方向，该方向属于向量，是空间三维的方向。为说明问题，将图2.17最外边网格沿着曲面方向增加2 m，为了对比具有直观性，仅移动左半部分网格，最终调整的网格见图2.18。特别说明，移动节点后网格会自动调整，这个功能大大降低了调整模型的工作量。

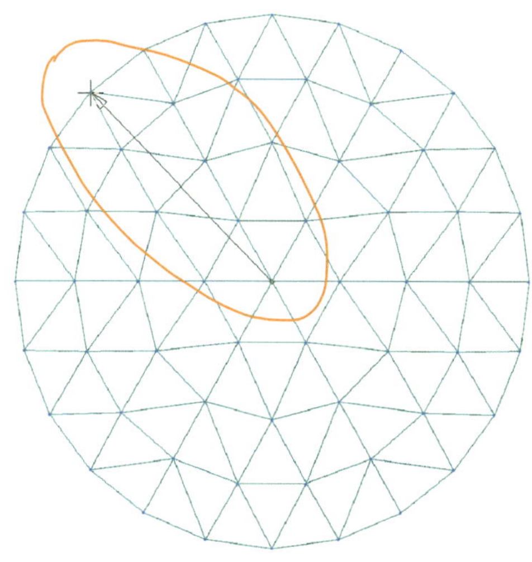

图2.17　节点移动方向示意

图2.18　网壳边缘节点局部调整后效果

同样，应用该方法将上述网壳矢高进行调整，只需要调整节点高度，网格会自动调整，调整后的模型见图2.19。

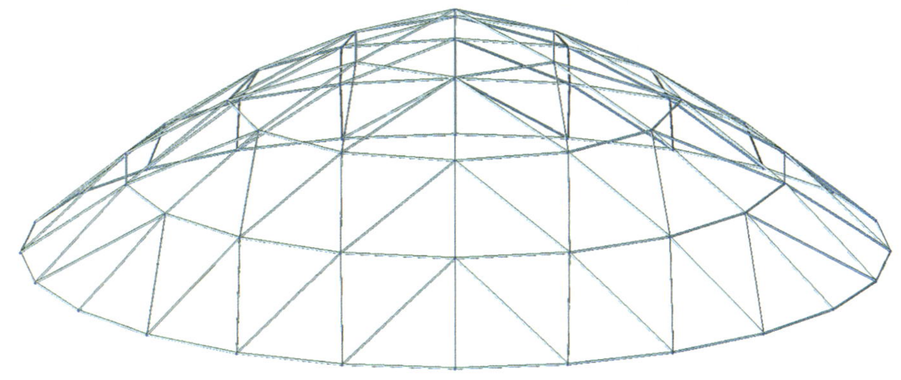

图2.19 网壳调整节点高度效果

模型整体调整还有另一种方法，本书将其自定义为“表格坐标调整法”。这种方法的思路来源于空间结构高级计算分析——“几何非线性分析”时需要建立带初始缺陷的几何模型。《空间网格结构技术规程》JGJ 7—2010第4.3.3条规定：“进行网壳全过程分析时应考虑初始几何缺陷（即初始曲面形状的安装偏差）的影响，初始几何缺陷分布可采用结构的最低阶屈曲模态，其缺陷最大计算值可按网壳跨度的1/300取值。”该条文虽然针对网壳，但实际上行业内多数空间结构的稳定性验算均按照该要求进行。按该条文，需要先计算出空间结构的最低阶屈曲模态，然后按照最低阶屈曲模态的形状向量，将原始空间结构的几何模型按比例放大或缩小至空间结构特征跨度的1/300（可按最低阶屈曲模态中向量最大的节点控制）。要得到这样的带初始缺陷的模型，通过手工调整是不可想象的，也是很难实现的。因为节点数量众多，每个节点的调整都可能是任意方向的，调整大小也是各不相同的。

在较新的Midas Gen软件版本中，可以用第一模态的形状通过参数设置来自动修正原始模型，但其仅是为了构造几何非线性稳定性分析中所需要的初始缺陷模型。在其余多数有限元软件中需要人工手动修改节点坐标，这种调整是有一定技巧的，那就是利用软件输出与输入空间结构网格节点坐标的功能。如图2.20所示，为程序中输出的节点坐标，这种节点坐标和MST输出的节点坐标有本质的不同，MST中输出节点坐标是输出杆件的定位，用以出图，是单向输出。而Midas Gen中的坐标表格是双向的，调整几何模型则表格中的坐标相应自动变化，反之可以双击表格中的坐标数据直接修改坐标，几何模型也会相应自动调整。为操作方便和进行必要的坐标换算，也可以将表格转换到Excel中进行编辑，编辑完成后反填入上述表格，这样就将Excel的强大计算功能一并结合到上述表格中来了。将前文的原始网壳模型最下部节点统一下移0.5 m后的网壳模型见图2.21，这种调整方式类似参数化建模。熟练掌握该技巧的工程师甚至可以直接在Excel中编写好坐标直接生成节点。

节点	X(m)	Y(m)	Z(m)
137	10.000000	0.000000	0.000000
138	16.181697	7.399435	1.848044
139	12.009619	7.500000	0.000000
140	35.817250	-3.937157	1.848044
141	37.990381	-7.500000	0.000000
142	18.244747	3.900147	3.194215
143	14.182750	3.937157	1.848044
144	25.000000	-7.800294	3.194215
145	23.001053	-11.33659	1.848044
146	21.061765	0.000000	4.012476
147	18.244747	-3.900147	3.194215
148	23.030883	-3.410611	4.012476
149	21.099853	-6.755253	3.194215
150	37.990381	7.500000	0.000000

图2.20　有限元软件中结构杆件的节点坐标

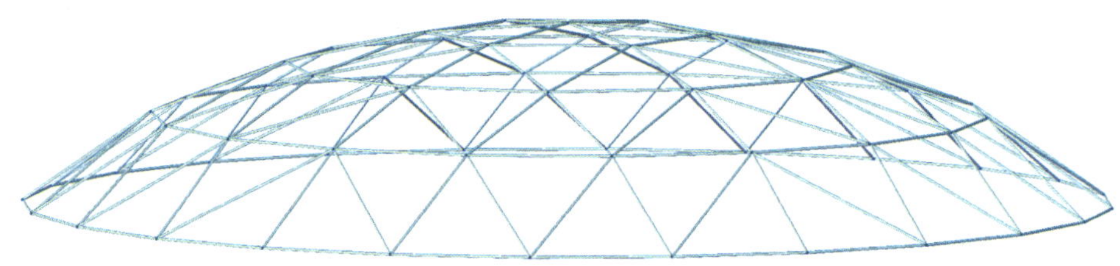

图2.21　最下部节点统一下移后模型

Midas Gen软件中提供的建模助手直接生成的模型较为规则，也可以结合MST、3D3S等曲面功能较好的软件，将生成的模型导入Midas Gen中，再利用该软件强大的编辑功能进行局部调整，以便充分发挥几种软件各自的优势。

第二节　不规则空间结构建模

1. 概述

不规则的空间结构是相对于规则空间结构而言的，一般指体型较为复杂的空间结构，如组合体型、组合曲面、自由曲面等不能由解析式函数表达的外形不规则的网格或曲面。不规则的复杂曲面可以突破传统解析曲面的限制，极大提升设计师控制造型和实现创意的能力。这就给结构工程师提出了更高的要求，如何对复杂的空间网格、自由曲面建立光滑的几何模型，从而为结构构件定位、结构计算、排水设计、屋面精确构造等后续工作打下基础，是摆在结构工程师面前的一道难题。

不规则复杂空间结构的几何模型无法像前文所述那样，利用空间网格结构专用软件或者有限元分析软件，通过输入几个参数直接生成，因此需要寻找其他的建模方法。上文所述的规则空间结构建模方法，虽然也有多种技巧，但终究局限性很大，自由度和随意性不佳，难以胜任不规则复杂空间结构的建模工作 。

2. AutoCAD 中建模

AutoCAD生成的dwg文件或dxf文件可以导入MST及Midas Gen等有限元软件中，接力功能较好。因此，利用AutoCAD的三维绘图功能建立空间结构的网格模型，是一种更为通用的建模方法。显然该方法适用于前文中的规则结构，但优势不明显，甚至使建模工作更为繁琐。但是对于不规则空间结构网格，其建模的优势就凸显出来了。建筑工程领域应用AutoCAD更多是进行二维平面图的绘制，但其实AutoCAD应用在机械制造领域要早于土木工程领域。因其不仅二维绘图功能齐全，三维绘图能力也非常强大，尤其是可以自由定义用户坐标系统（UCS）、三维空间可自由变换等，因此可充分利用该软件的三维建模功能进行不规则结构的建模。

在AutoCAD中建模主要用到的工具如图2.22所示，熟练掌握UCS对于建立较为复杂的空间结构网格模型是必不可少的。如，三维动态观察及三维旋转功能可以从多角度观察，从而于任意角度绘制网格，防止视线遮挡；曲面功能可以生成一些具有规律的曲面，使建模事半功倍。

图2.22　AutoCAD软件中三维建模常用命令工具栏

下面以实际工程白银体育馆屋面“8”字形双层网壳为例，通过研究其建模过程来说明AutoCAD的建模方法。

白银体育馆屋盖效果图如图2.23所示，其表面是由两个大小不同的球面网壳连接并且平滑过渡而成。

图2.23　白银体育馆屋盖效果图

开始的建模思路是利用MST或Midas Gen软件生成两个大小不同的网壳，然后适当调整交界处的网格来形成最终需要的形体，如图2.24所示。该思路简单明了，似乎可行，但是实际操作后发现困难重重：交界处从哪里开始、以哪里为界；从一个球面已有的规则网格上无法确定开始渐变的分界线，即使强行定义分界线，也无法建成光滑的曲面，甚至连对称都难以做到；且存在上下两层网壳面，更不好建立斜腹杆，如图2.25所示。此外，该网壳杆件数量众多，若有遗漏很难被发现，多余的杆件亦难以查找，故而放弃。

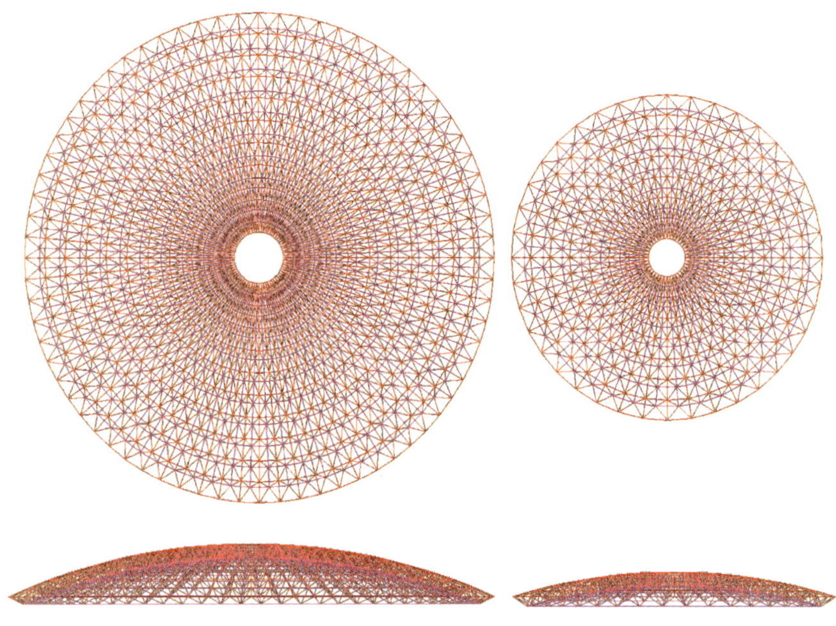

图2.24　建立大小不同的双层球面网壳

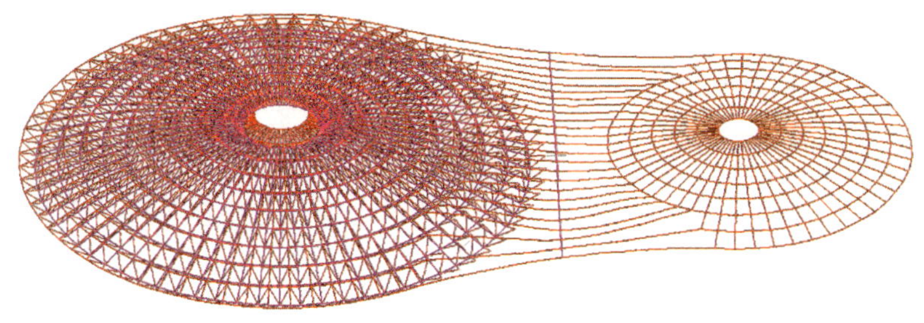

图2.25 大小球面网壳过渡区处理

而另外一种思路，是先建立好大圆双层壳体，然后逐渐过渡去建立小圆壳体。但该思路依然没能获得成功，如图2.26所示，网格仍然无法平滑过渡。

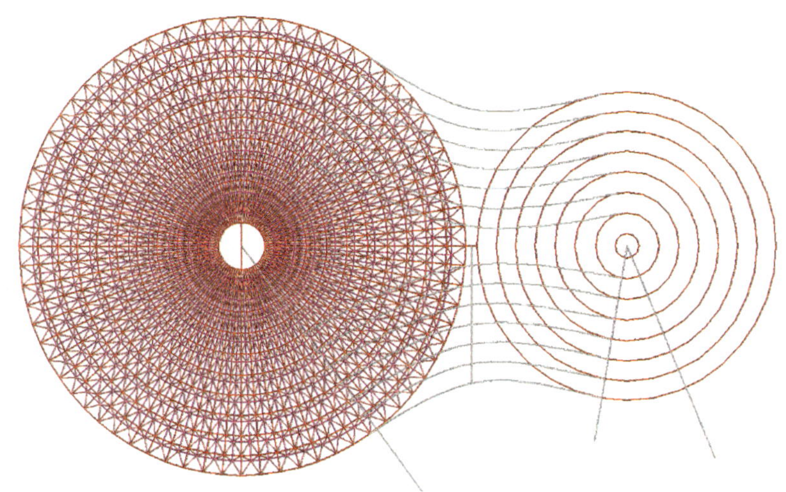

图2.26 从大球面壳过渡建立小球面壳

于是进一步深入思考：能否建立上弦曲面的数学解析式？通过平面坐标计算出Z向的节点坐标，可在二维平面上建立规则的网格并计算出交叉点对应的Z向坐标。这时可生成空间中的节点，再通过连接节点便可建立上弦网格。与相关高校研究人员合作研究后发现，该“8”字形网壳上弦面难以找到一个准确的数学解析式来表达。看似规律的上弦曲面由于存在中间区段的过渡，并不是一个数学曲面，可以将其归类至自由曲面类别。这个思路也不能解决此双层网壳的建模问题。

再次研究建筑造型，发现上弦曲面的底边形状是两个圆与中部连接处的内凹曲线平滑衔接的“8”字形闭合平面曲线，且上表面的最高处有一条类似驼峰的曲线，在底面竖直方向该曲线的投影通过两个壳体球心的投影。另外，过渡处有条马鞍形的最低处曲线。上述几条曲线是该曲面的特征曲线，再加上大小球壳面的空间直径已知，通过这几个确定的条件可以确定该曲面，如图2.27。由此确定新的建模思路：完全放弃前述利用有关空间网格结构分析设计软件先建立大小两个双层网壳的思路，决定将外壳面按一个不可分割的有机整体，先建立网壳上弦面的网格，然后通过上弦网格再建立网壳的下弦网格。

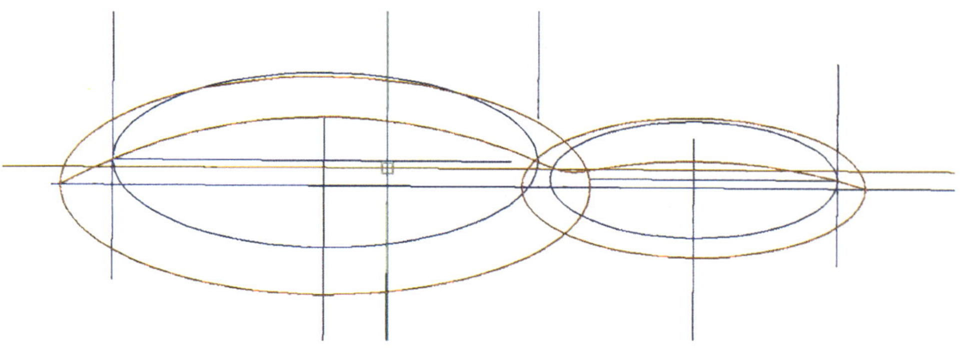

图2.27 网壳上弦特征曲线

这种建模思路虽然效率上不如直接生成两个双层曲面网壳迅速，但是始终具有整体性，从整体着手解决问题。由于网壳具有对称性，故可先建立一半模型，如图2.28所示。在建立模型阶段，应随时和建筑专业人士沟通，不断修正交界处的网格，最终达到建筑要求的外形。建模过程中可以利用AutoCAD中的曲面功能给网格“蒙皮”，以便观察并与建筑专业人士沟通。对于纯网格线的模型图，建筑专业人士并不能直观地判断体型能否达到要求，但是“蒙皮”后建筑专业的强项就发挥出来了。这样的过程也是为了避免模型建造完成后才发现达不到原始设计思路的要求，见图2.29。

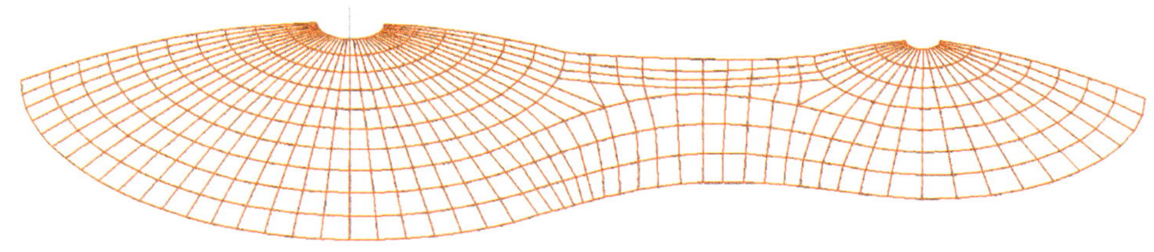

图2.28 1/2网壳的网格模型

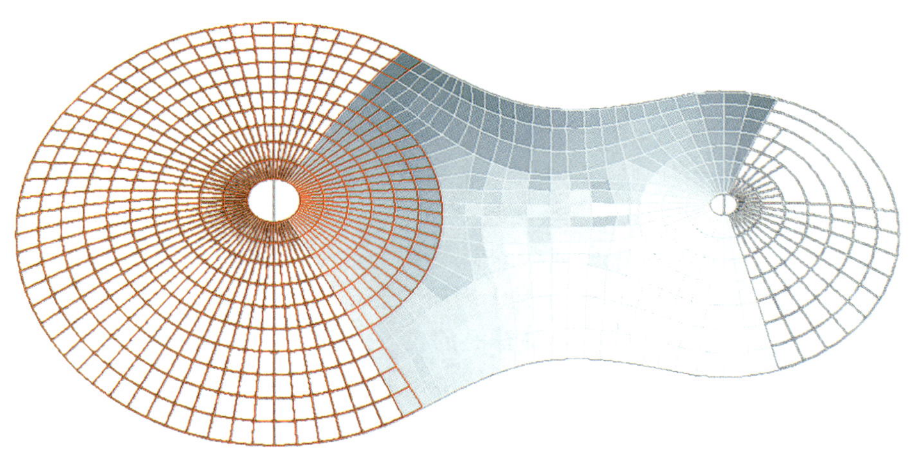

图2.29 网壳“蒙皮”后效果

造型达到建筑要求只是第一步，结构网格建模后续还有很多工作，诸如：网壳在靠近顶部处网格过于密集，会导致实际杆件的长度过短，施工很难实现；双层网壳的下弦杆件、斜腹杆尚未建立等。

要解决这些问题，首先将靠近顶部较为密集的杆件渐进地抽掉一部分，将杆件密度控制在合理的范围，见图2.30。

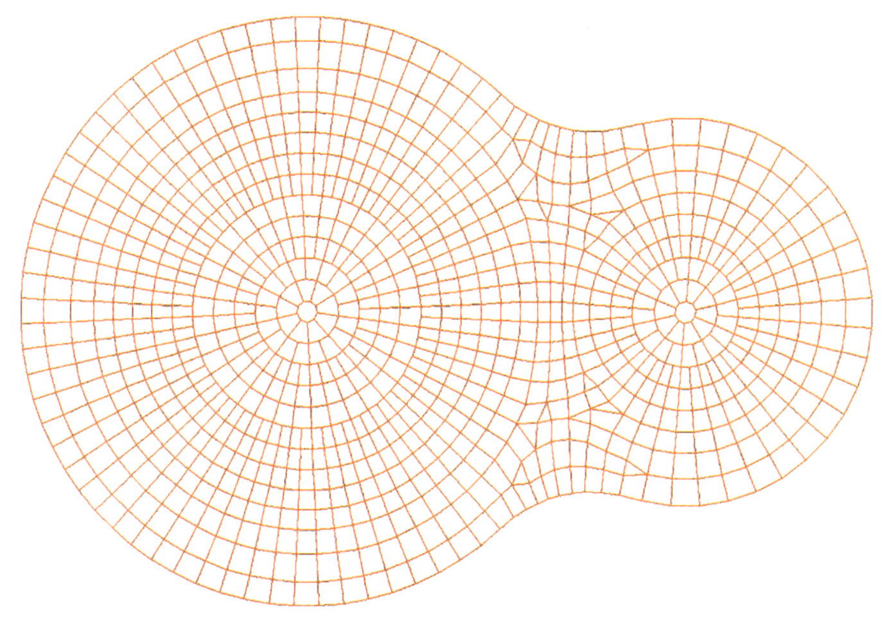

图2.30 较为合理的网壳上弦杆件网格

其次，根据上弦网格来建立下弦网格，这个步骤就需要较为熟练地掌握AutoCAD的UCS功能。原因如下：如果将下弦网格按照网壳厚度垂直向下复制，产生的两层网格见图2.31，其上下节点的X、Y坐标相同，无法构成四角锥，与既定的经纬型双层四角锥网壳体系不符。若按照上下竖直的桁架型建立腹杆，最终会导致节点处相交杆件数过多，构造过于复杂，且这种平移复制也不符合建筑专业的网格要求，尤其在边缘区域更不符合建筑造型要求。

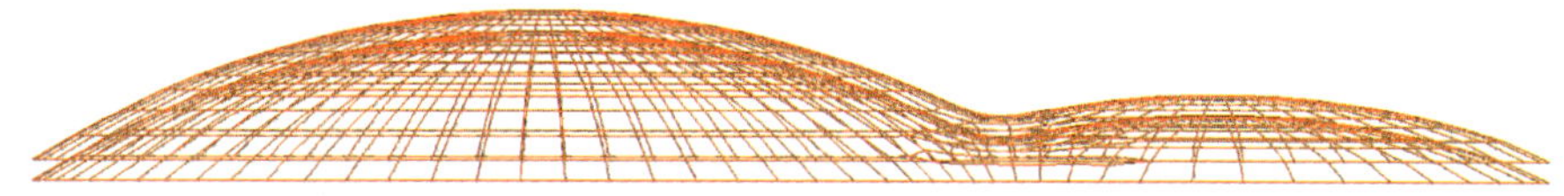

图2.31 垂直复制产生的两层网格

对四角锥的特点进行研究，当底面是正方形，侧面为四个全等的等腰三角形且有公共顶点，顶点在底面的投影是底面的中心时，为正四角锥。当顶点的投影偏离重心时，四角锥为非正四角锥，如图2.32所示。对于空间结构，正四角锥的受力最优，网格拓扑关系最好，杆件长度一致性、均匀性最佳。因此，该项目的建模目标确定为建立绝大多数网格为正四角锥的双层网壳。

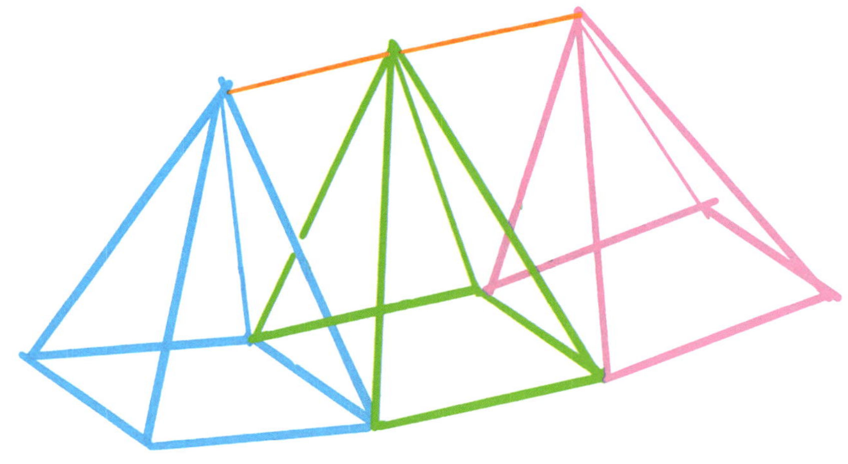

图2.32 四角锥构成单元

AutoCAD中绘制图形对其坐标系统有着极为严格的规定，常规二维绘图一般采用默认的世界坐标系（WUCS），即原点坐标为(0,0,0)，Z轴方向为垂直于地面竖直向上，所绘制的线条及图形在进行移动、复制等编辑操作时均在Z坐标为0的平面内执行，不会到其他空间里（除非强制输入Z向坐标）。当需要在Z不等于0的平面中绘制图形时，就要改变工作平面，原点，X、Y、Z轴的方向等，此为用户坐标系（UCS）。由于网壳的面存在弧度，即同一竖向投影线上的各网格均存在一定的角度，若不调整UCS，很可能建立的网格会如图2.33所示，效果很不理想。因此每一根杆件均需要找到其中点垂直向外的顶点，如图2.34所示，而不是直接竖直向下。此外，对四角锥网格而言，应该找到上弦四根线构成的网格平面的重心垂直向外的节点，但其难度较大。

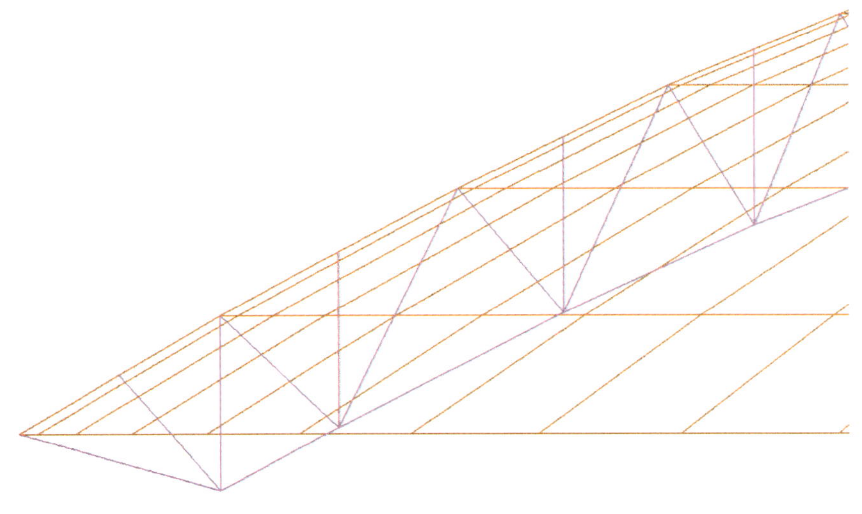

图2.33 不理想的双层网壳下弦节点位置

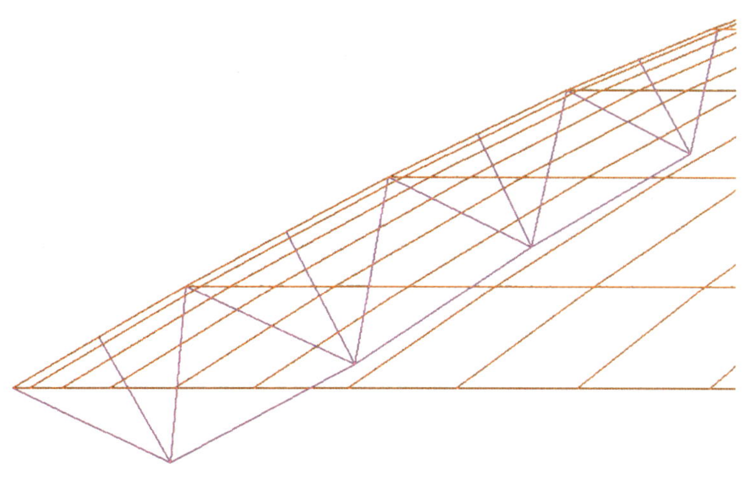

图2.34　合理的双层网壳下弦节点位置

现以局部网格为例介绍其建模方法。连接上弦网格的对角顶点，很容易得到其交叉点，即为四边形平面近似重心点，如图2.35所示。拟将该中心点沿着上述四边形平面的法线方向复制一定的距离（该距离按照工程中网壳厚度2 m考虑），如果将上述中心点直接按照AutoCAD默认的世界坐标系（WUCS）*Z*方向复制2 m，那么将得不到正确的结果。

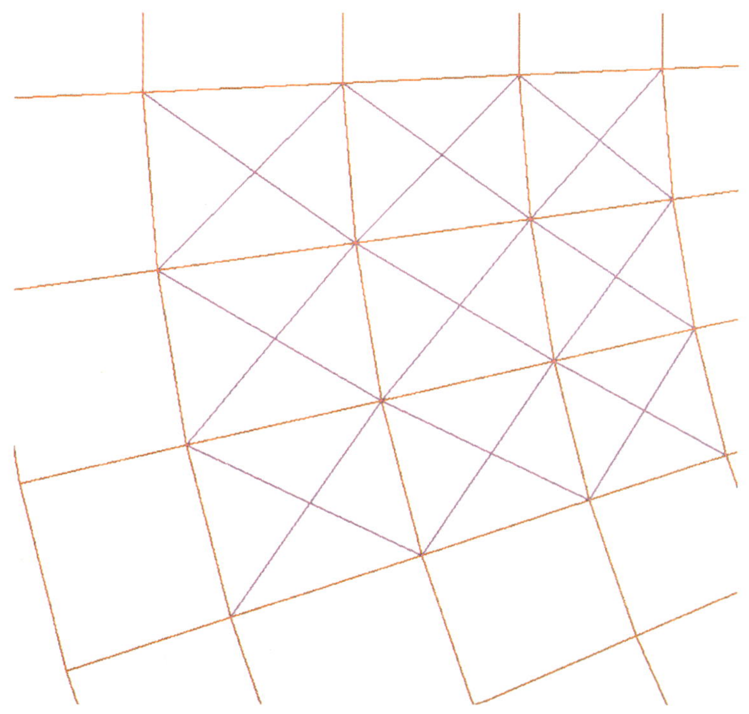

图2.35　网壳上弦四边形网格顶点连线的交叉点

此时需要建立用户坐标系系统，以网格某个顶点为原点，将网格平面的法线方向作为坐标轴的Z向，或者以四边网格平面作为XY平面。现以图2.36中圆圈内的四边形网格为例，最简单的方法就是使用“3点建立UCS”功能，见图2.37中的命令快捷方式。指定该四边形网格左下角点为原点，X、Y轴分别通过左边、下边的网格线，建立的UCS见图2.36中所示坐标轴，此时的Z向坐标轴方向（Z'轴）就是平面的法线方向。将重心点沿着Z'轴方向复制2 m即可得到通过重心垂直线的顶点，再依次连接四个角点与顶点，一个四角锥单元就建立完成了（四条斜向线段即为网壳腹杆）。每一个网格按此步骤重复即可，最后将所有复制的顶点连成四边形即可完美建立下弦网格。需要强调的是，每个网格均需要建立或者改变一次UCS，否则会出现顶点不居中的变形四角锥。

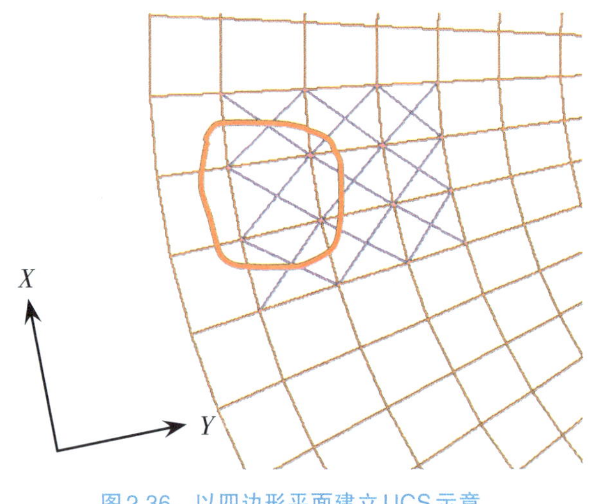

图2.36　以四边形平面建立UCS示意

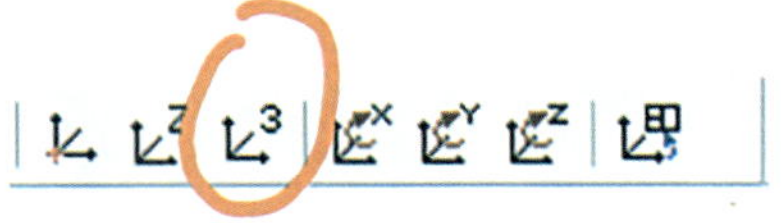

图2.37　“3点建立UCS”的命令图标

最终建立的双层网壳杆件模型见图2.38，网格变化具有韵律感，杆件连接流畅平顺。后续导入计算软件中兼容性很高，杆件几何关系正确，见图2.39。

在其他工程中也可利用上述方法建立较为复杂的空间结构网格模型。图2.40～图2.42为甘肃科技馆球幕影院的外层网壳、内层网壳及整体模型。其中外壳杆件采用矩形钢管，其截面特性不同于圆钢管的各方向同性，在给网格赋予杆件截面时要特别注意矩形的截面朝向问题。需要用到杆件坐标系，将矩形截面按照一定的规律旋转至朝向球形或固定的方向，否则矩形均是同一朝向不仅与实际不符，对后续的内力计算也会造成不可忽略的误差。

该种方法不仅适用于空间钢结构，对于较为复杂且没有明确楼层概念的钢筋混凝土结构也同样适用。图2.42整体模型中的混凝土结构的标高及平面关系较为复杂，其杆件的轴线也是应用这种通用建模方式建立空间三维轴线，然后导入计算软件中再赋予杆件截面及材料条件，限于篇幅不再展开叙述。图2.43～图2.45为兰州新区甘南中学报告厅屋顶帽形网架。图2.46、图2.47为甘肃某体育馆屋盖，采用变厚度的局部三层微曲面网架模型。

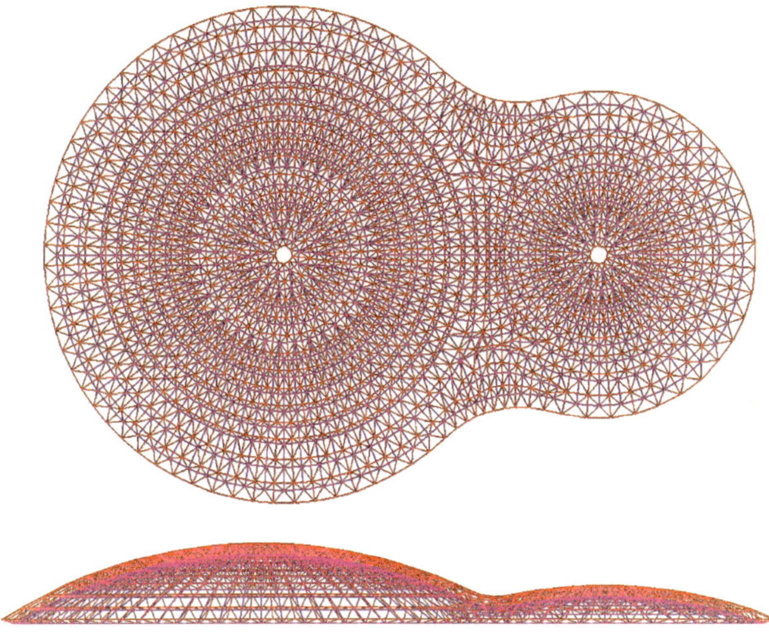

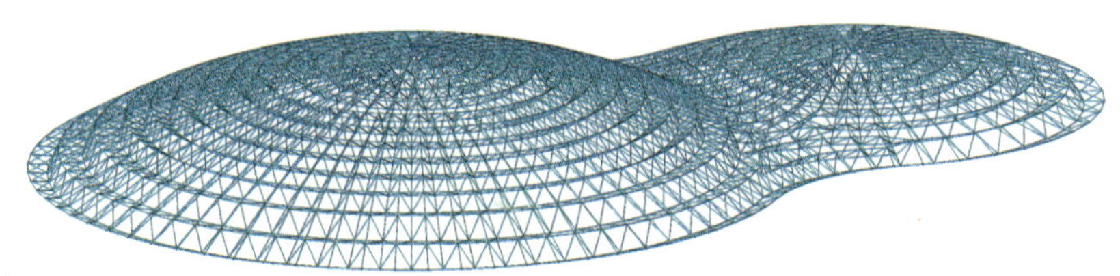

图2.38　白银体育馆“8”字形屋面双层网壳杆件网格模型俯视图及侧视图

图2.39　白银体育馆“8”字形屋面双层网壳模型

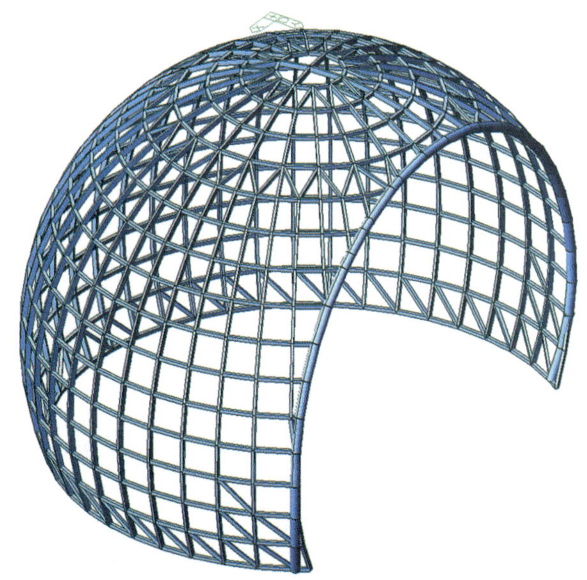

图2.40　甘肃科技馆球幕影院外球面网壳模型

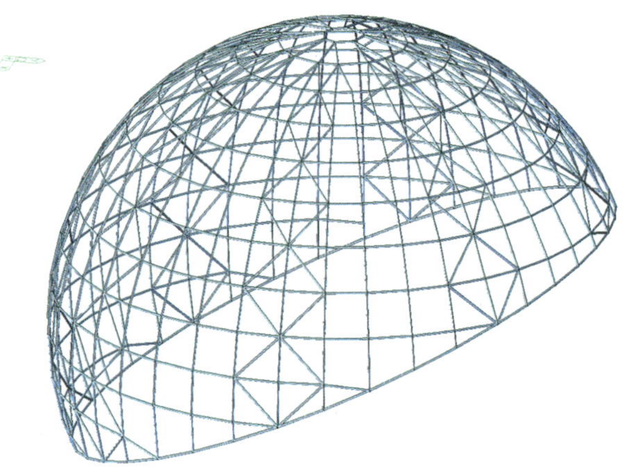

图2.41　甘肃科技馆球幕影院内球面网壳模型

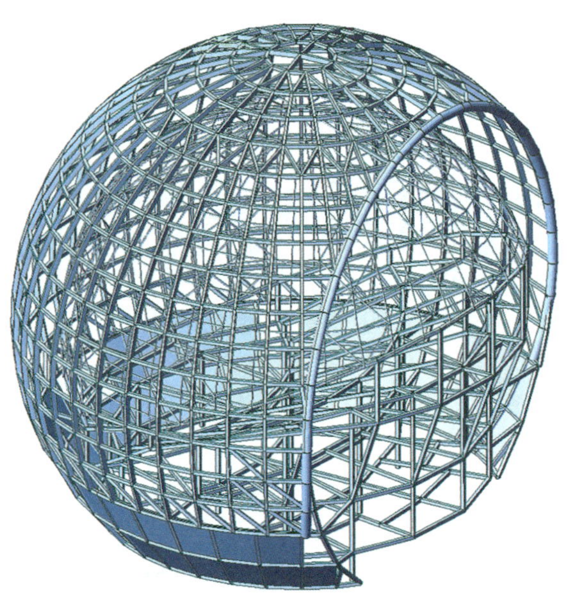

图2.42　甘肃科技馆球幕影院整体模型

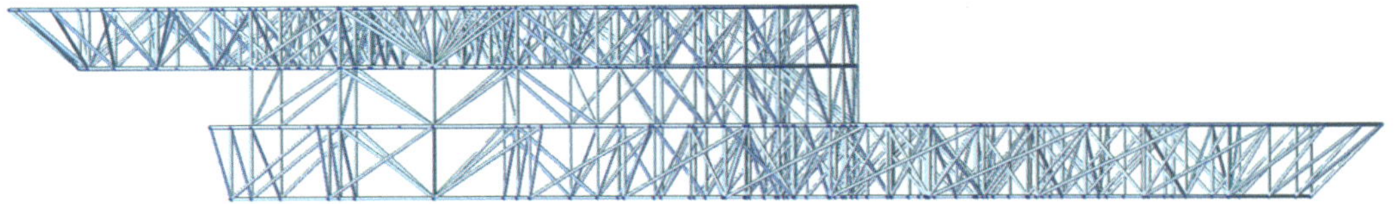

图2.43　甘南中学报告厅帽形网架侧投影图

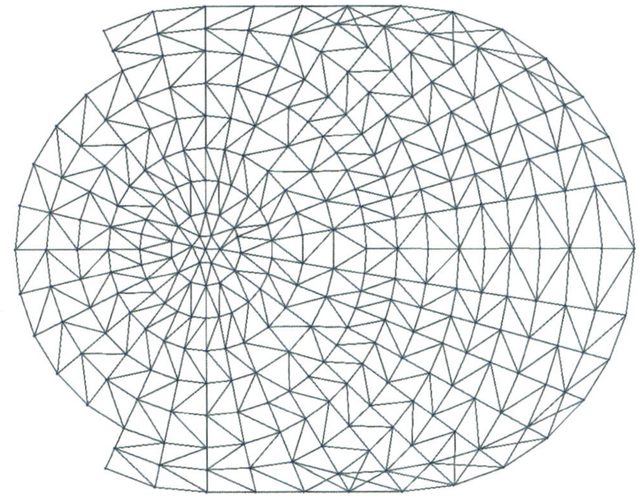

图2.44　甘南中学报告厅帽形网架俯视图

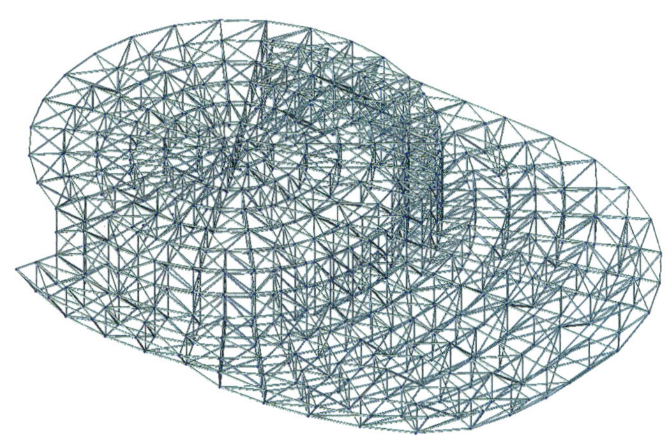

图2.45　甘南中学报告厅帽形网架三维图

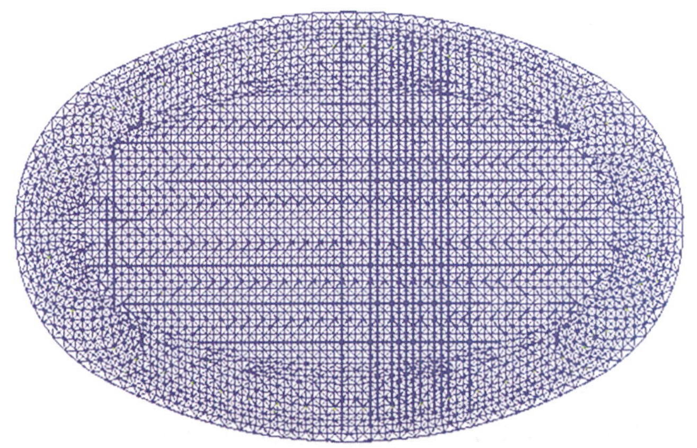

图2.46　某体育馆微曲面网架俯视图

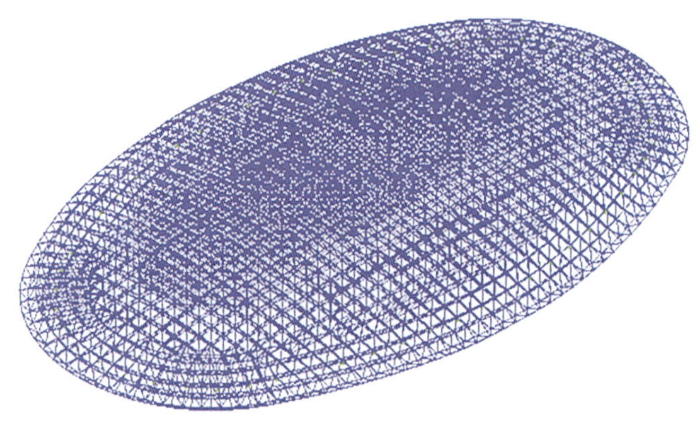

图2.47　某体育馆微曲面网架三维图

有一点需要重点强调，在建立模型之前应研究支座的准确位置，并在模型中准确标识，建立网格时宜以支座点为基准并发散开来，这样后续支座位置才能正确对接，位置误差才能控制在允许的范围内，不再需要调整网格。否则会出现网格无法对应支座位置而需要对模型进行重大调整，甚至重新建立网格模型的情况。

总的来说，上述建立模型的方式可作为不规则空间结构建模的一般方法，能较好地达到设计精度要求，且操作过程逻辑清晰，步骤简明。但该种方法也有一定的局限性，其建模的优劣与工程师的经验多少有很大的关系，尤其对于较复杂的空间结构，在关键的步骤若建模经验不足可能会导致建模不成功。由于AutoCAD三维操作的便捷性不佳，自由度也相对较差，以及建立、编辑曲线及曲面的方法不够丰富等，对过于复杂的空间网格，采用该方法建立结构模型仍显得力不从心。此外，这种方法属于一种非解析的近似方法，往往会导致无规律可循的自由曲面区域网格平顺性不好，对建筑表现、结构受力及构造均会有一定的影响。

3. Rhino中建立复杂空间结构网格

Rhino是美国Robert McNeel & Associates公司开发的强大的专业3D造型软件，它可以广泛地应用于三维动画制作、工业制造、科学研究以及机械设计等领域。它能轻易整合3ds Max与Softimage的模型功能部分，对要求精细且复杂的3D NURBS模型建立可显著提升建模效率。能输出obj、dxf、iges、stl、3dm等不同格式的文件，并适用于几乎所有3D软件，尤其对增加整个3D工作团队的模型生产力有明显效果，可流畅对接AutoCAD等应用广泛的绘图及建模软件。

该软件在建筑设计领域应用时间并不长，其更多为建筑师所用，为创作提供了有力工具。Rhino强大的曲线、曲面绘制及编辑功能近年来逐渐被结构工程师所熟识并得到青睐，应用其少量功能就可能产生意想不到的效果。其三维观察或操控功能要明显优于AutoCAD软件，且建模精度同样很高；将曲线分解并转换为线段的功能非常适用于导入后续的计算软件（目前各类空间结构计算软件和有限元分析计算软件不能直接将曲线导入进行计算，必须先将曲线简化为多条线段，才能被程序识别并运算）。下面以实例来说明Rhino建模的过程。

首先以某工程中较为复杂的旋转楼梯建模为例，图2.48为某五星级酒店大堂内的景观楼梯，装饰性、观赏性要求较高，每一层楼梯旋转角度超过360°。如图2.48（b）及图2.49所示，每层仅有一边与楼层板相连，约束条件相对较差，实际受力近似竖向弹簧。因此该楼梯除承载力外的竖向刚度、变形等计算均要求有较高的精度。为了减轻自重，拟采用钢结构楼梯。通过试算发现，由于约束条件较差，楼梯构件应力及刚度均很难达到要求。按建筑专业希望的构件截面大小进行试算，竖向位移及钢构件应力结果见图2.50，竖向最大位移达880 mm，最大应力为1 240 MPa，表明该构件截面大小无法满足正常使用及安全性要求。考虑增大构件截面，计算结果仍不理想，为了验证结果再次增加截面，将楼梯边缘矩形钢管截面增加到B200×1000×14，即截面高度已达到建筑专业无法认同的1 m，计算结果仍不理想，见图2.51，最大竖向位移达到43 mm，弹簧效应仍然明显，且过大的截面使得该楼梯非常笨重，已经失去建筑原有的装饰作用。

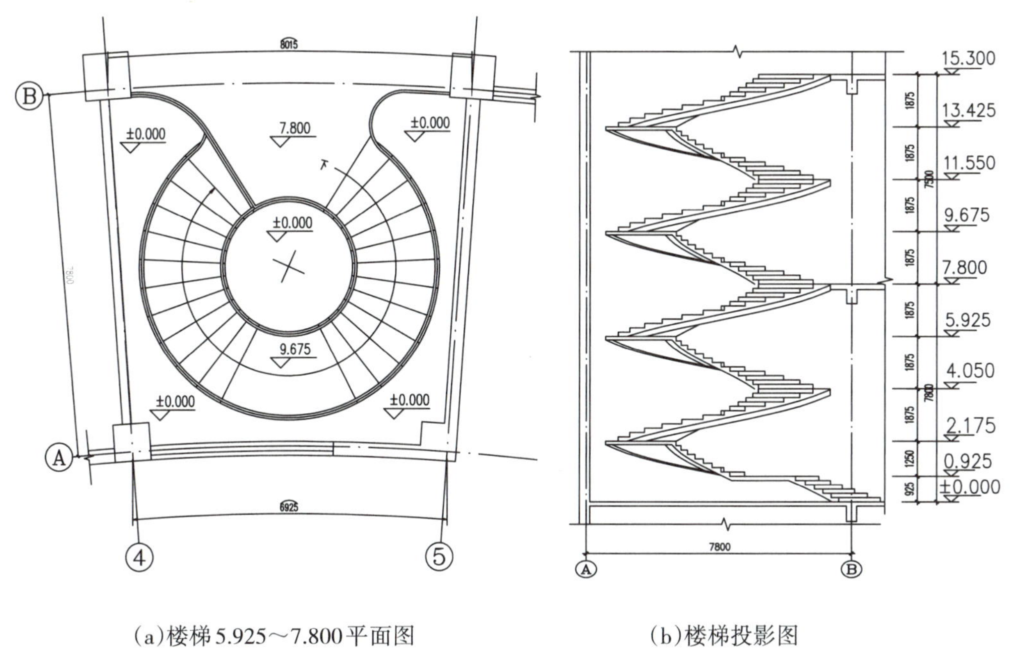

(a)楼梯5.925～7.800平面图　　(b)楼梯投影图

图2.48 旋转楼梯平面图(a)及投影图(b)

于是向建筑专业人士提出建议，在该楼梯中间设置钢筋混凝土圆筒，楼梯踏步直接采用板嵌固并悬挑在圆筒上，该方案可将楼梯踏步设计得很轻巧且受力简单，但是由于中间存在不通透的结构圆筒，建筑专业不能接受，否定了该方案思路。进一步转换思路，受到采光柱［图2.52(a)］的启发，将上述思路中间的钢筋混凝土圆筒变为钢结构网格筒，楼梯依附悬挑在钢网格筒上，可以满足建筑轻巧、通透的要求，甚至观赏性更佳。上述思路得到建筑专业的认可，见图2.52（b）。

但是随之而来的问题是建立结构模型难度较大。因为旋转楼梯不仅仅是一个弹簧螺旋线，其中还包括较多的休息平台平段，且两层层高并不相同（如图2.49所示，一层层高为7.8 m，二层层高为7.5 m），即上下两个楼层的“弹簧密度”不一致。此外，网格筒杆件是两个方向的旋转上升线，其与楼梯相交处更是在不断变化。这就导致楼梯与网格筒的连接关系无规律可循，楼梯内螺旋梁与钢网格筒平滑连接变得很困难。在 Midas Gen、AutoCAD 中建模，甚至数据化建模结果都不理想。

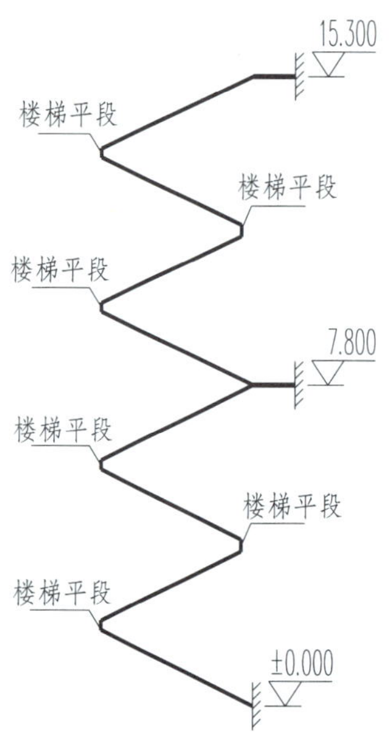

图 2.49　旋转楼梯力学模型图

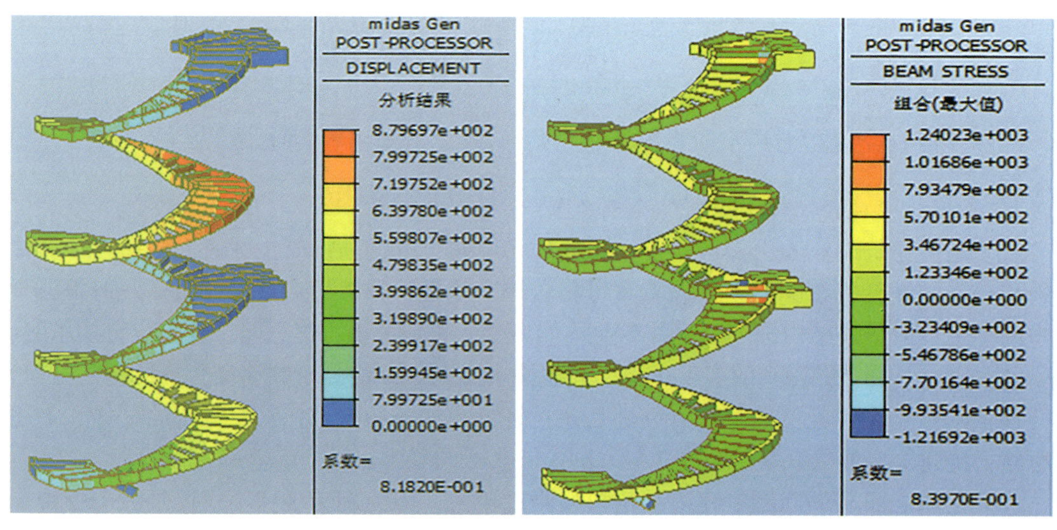

图 2.50　旋转楼梯试算结果 1

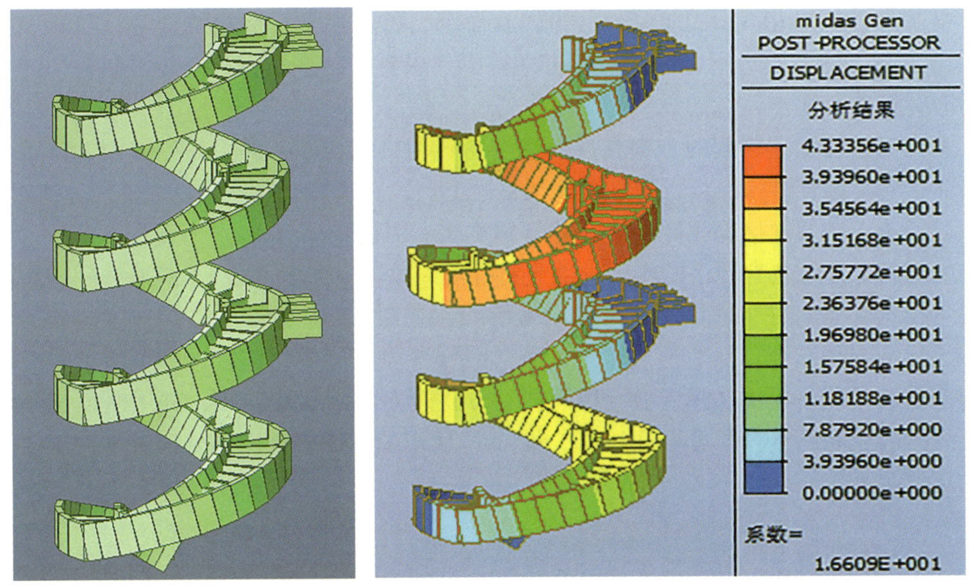

图2.51　旋转楼梯试算结果2

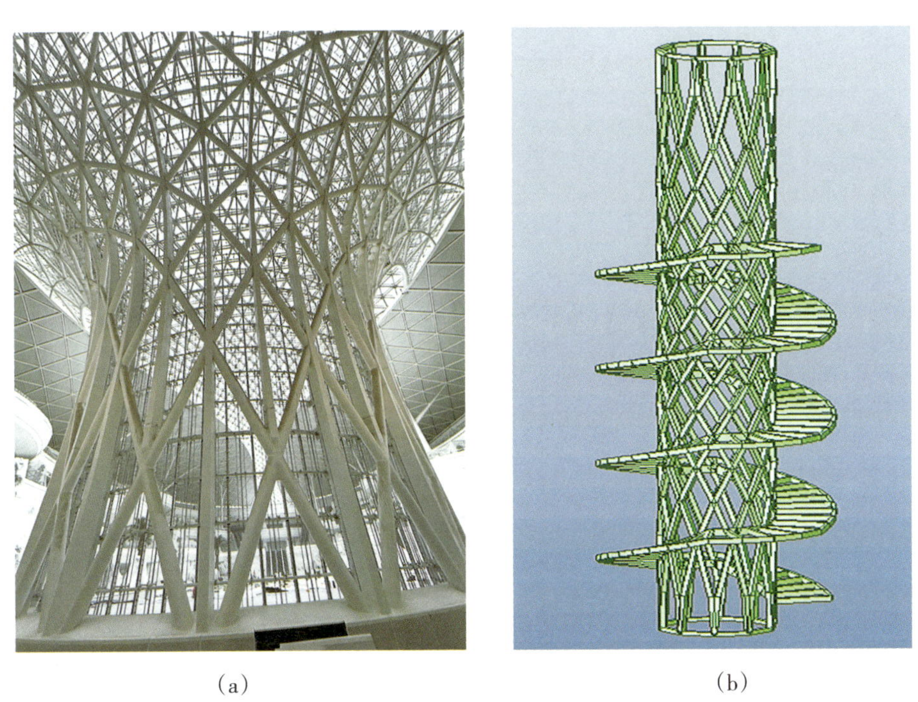

(a)　　(b)

图2.52　采光柱(a)及优化后的旋转楼梯模型(b)

研究各种软件后，确定使用Rhino软件进行建模。

第一步，在Rhino中建立一个圆柱面，半径按旋转楼梯在*XY*平面上投影的内径确定，并在此圆柱面上等分建立竖直的网格线，也可以直接建立上下两个圆并在其间建立若干段平行线，并将平行线复制一份备用，如图2.53所示。

第二步，应用Rhino中的Twist（扭转）命令，将上述平行网格线逆时针扭转一个规定的角度$\alpha°$，注意底边不可以扭转，否则得不到想要的结果。将第一步复制备用的平行线顺时针扭转角度$\alpha°$。

第三步，将上述得到的方向相反的两个扭转网格线合并，即可得到如图2.54所示的网格筒，后续旋转楼梯踏步将附着在该网格筒上。

第四步，按照网格筒相同的半径建立弹簧线，需要应用Helix（弹簧线）命令，建立确定的螺旋上升线也有严格的步骤，需先将螺旋线角度（或者圈数）、螺旋线间的距离等重要特征参数确定好，才可建立确定的螺旋线，见图2.55；依次建立每一段楼梯的螺旋线并设置恰当的起点，然后通过水平的圆弧线将各段螺旋线相连接，即可得到螺旋楼梯的内圈螺旋梁线，见图2.56（a）。用同样的方式建立外圈螺旋梁线，并用线段连接内外螺旋线的起点和终点，即可得到如图2.56（b）所示的螺旋楼梯内、外梁及平台起步、终点的定位线段。

图2.53　旋转楼梯建模过程1

图2.54　旋转楼梯建模过程2

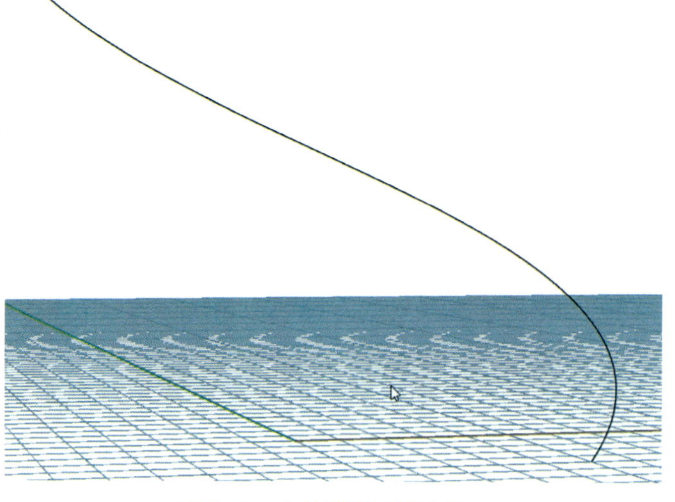

图2.55　旋转楼梯建模过程3

第五步，根据实际踏步台阶数目，将内、外螺旋线 Divide（分段命令）为若干段，并且将弧线转换为线段（弧线段计算程序不兼容），连接内、外分段点可得到踏步的网格线，见图2.57（a）（显示建立过程，上半部分用同样方法即可完成）。

第六步，将第三步建立的网格筒与第四步建立的螺旋楼梯线合并，即可得如图2.57（b）所示的网格线。到此为止，网格线基本建立完成，但是若要进行计算，尚需要进行一项重要的工作。

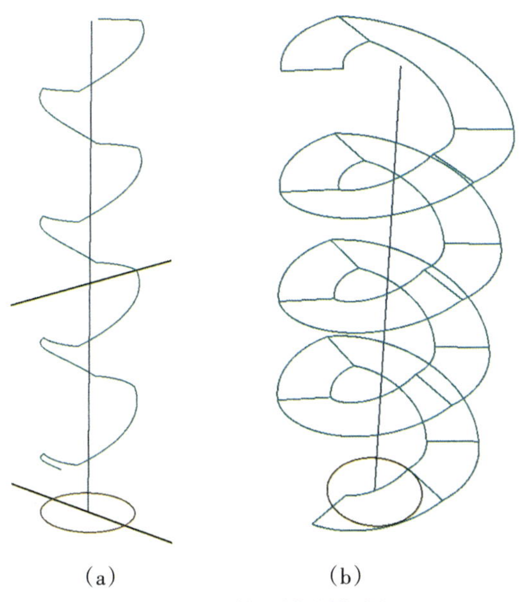

（a）　（b）

图2.56　旋转楼梯建模过程4

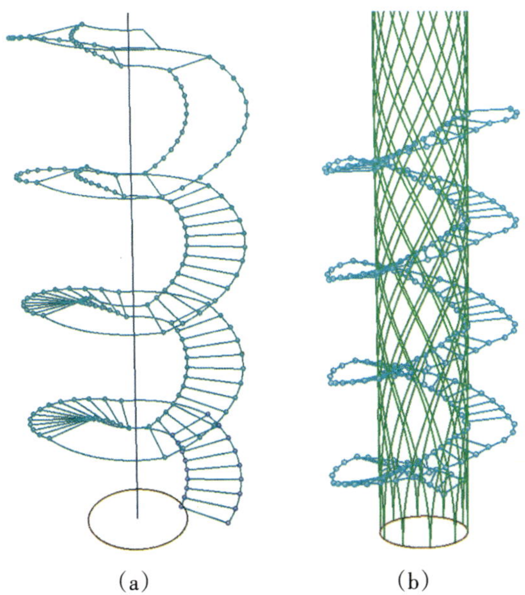

（a）　（b）

图2.57　完成后的旋转楼梯模型网格

第七步，将网格筒与内螺旋线在相交处、网格筒扭转线自身相交处均进行“分割”，“分割”后得到若干段曲线并进一步转换为直线段，以便顺利导入计算软件。

第八步，将建立好的网格模型导入Midas Gen中，未出现不兼容或报错问题，完美接力后续边界条件、荷载定义及计算，见图2.58。

计算中考虑恒载、活载、地震工况。由于该楼梯处于室内，故不考虑风载、温差工况。为了达到建筑美观要求，构件均采用矩形钢管，其中网格筒采用B150×150×6，楼梯内螺旋边梁采用B150×300×8，外螺旋边梁及楼梯踏步梁采用B100×200×6，构件截面均较小，结构非常轻盈通透。考虑到该楼梯承载人群可能满布，也可能一侧集中，活载按照满布、半跨布置、1/4跨布置分别计算并取包络值用于设计，活载布置范围见图2.59。结构底部约束条件采用固接。由于该钢结构楼梯需要在主体混凝土结构施工完成后再安装，故网格筒顶部与上层楼面连接处采用上下可自由滑动、水平方向固定的约束形式，可减小主体结构与楼梯次结构之间的相互影响（主体结构楼层处采用构件悬挑适当长度并与钢楼梯相应平台间留设结构缝），即主体结构只需满足在+0.000处承担楼梯全部荷载及嵌固即可。

通过分析可以得出：1.半跨布置活载对构件应力变化不敏感，全跨活载为不利荷载；2.半跨布置活载对构件位移较为不利，但仍和全跨活载在同一数量级；3. 1/4跨布置活载在构件应力及竖向位移方面均不起控制作用；4.虽然构件截面尺寸较小，但构件应力水平及竖向挠度均较小，满足正常使用及安全性要求。图2.60为全跨布置活载下的构件应力和挠度计算结果，即构件最大应力为14.7 N/mm^2，最大竖向位移为1.4 mm，说明应力水平较低，结构整体刚度较大，竖向位移很小，满足受力及功能要求。该模型最终较为完美地解决了该景观楼梯的装饰性、观赏性要求，并有较好的受力性能。

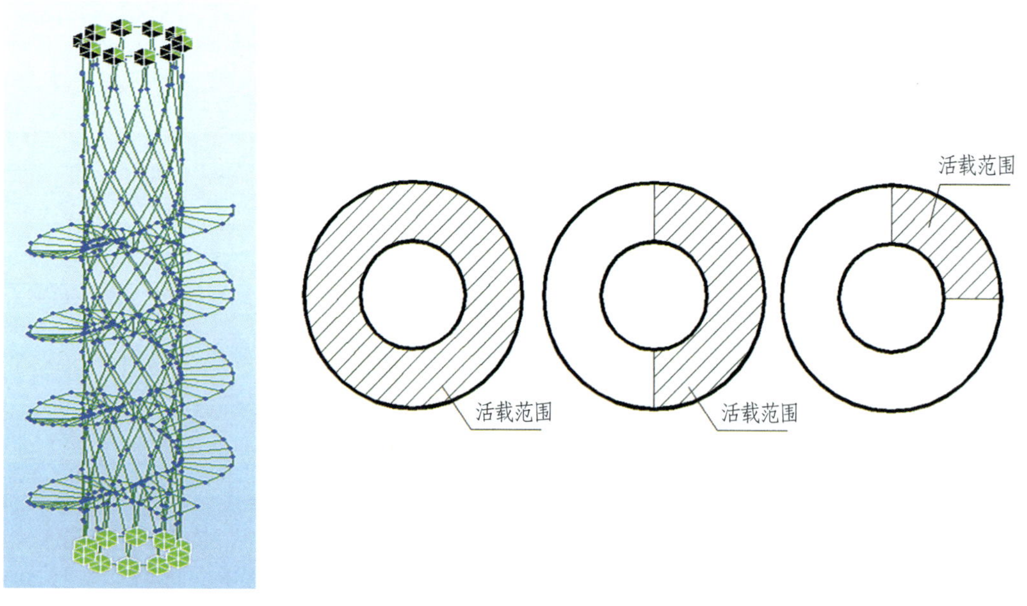

图2.58　旋转楼梯计算模型单线图　　图2.59　旋转楼梯活载布置范围示意

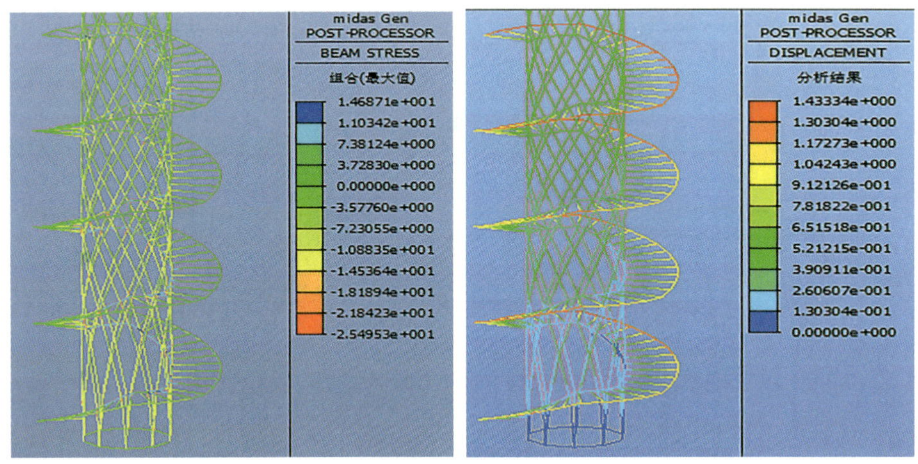

图2.60　旋转楼梯有限元计算结果

4. Rhino中建立自由曲面网格模型

以图2.61中的酒杯造型曲面为例，说明建立其空间结构网格模型的几种方法。该空间曲面底部和顶部均为圆形，中间曲面内凹为弧线或二次曲线，且关于上下两圆的圆心连线轴对称，属于旋转面。据此，可先绘制顶、底面的圆及中间曲面的母线（图2.62），利用Rhino中Revolve（旋转）命令旋转成面，效果见图2.63。面虽建立完成，但其面的特征线过于稀疏，距成为结构计算可用的网格尚有较大差距。此时，可利用曲面重建命令Rebuild或RebuildUV将*U*方向和*V*方向的“点数”按照网格的密度相应增减后重新生成曲面，如图2.64所示，两个方向的网格密度均匀、适当。由于上述网格为曲面的面特征线，所以其自然具有光滑、流畅、完美的特点。

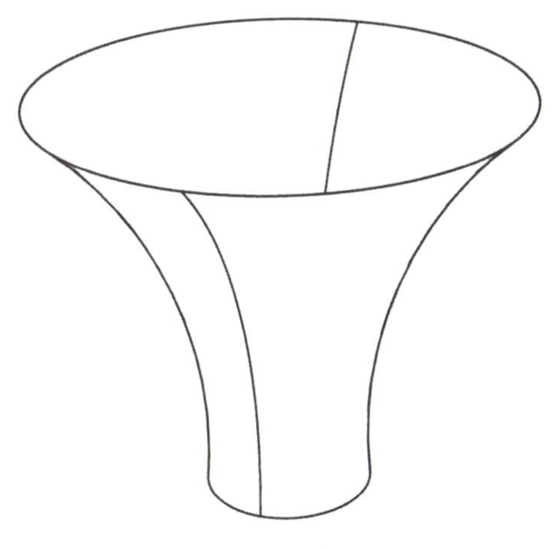

图2.61　酒杯形曲面

图2.62　顶、底面及母线

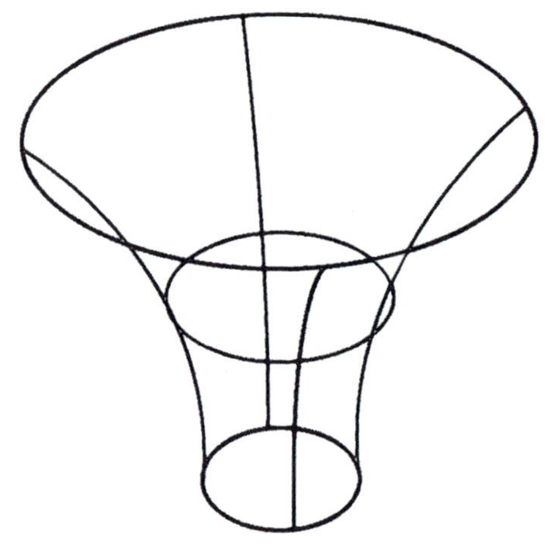

图2.63　母线旋转后的曲面

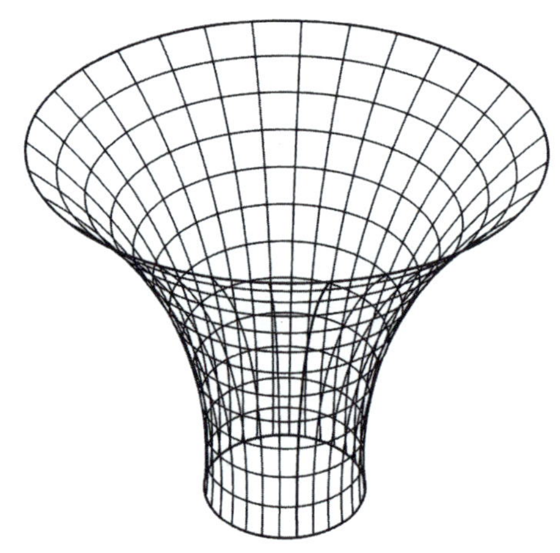

图2.64　曲面网格

上述利用母线旋转的方式建模，步骤简洁、精度很高，但其局限性也很明显，即所要建立的曲面必须是通过母线围绕确定的轴线旋转而成的，即曲面必须具有轴对称性，否则这种方法不适用。实际工程中这种完全轴对称的形体不具有变化性，应用受到限制。例如阳光谷（图2.65），其上下面并不平行，且中间面也具有一定的变化性，并非旋转面。因此需要寻找更为普适的方法。

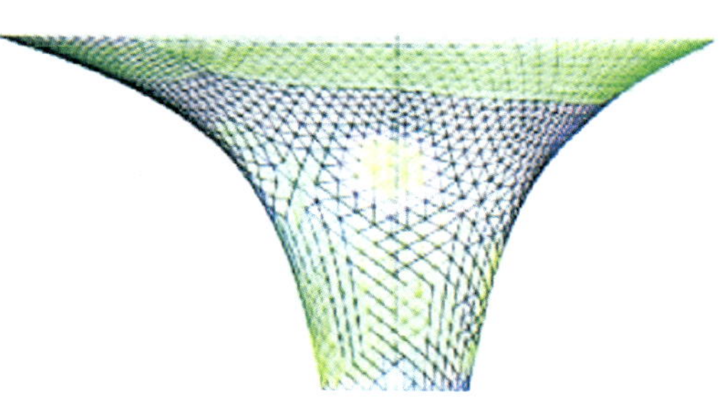

图2.65　世博源阳光谷

仍然以图2.62中顶、底面及母线为例，但是需要再建立另外一条母线，即两条母线（图2.66）。应用Sweep2（双轨扫掠）命令建立模型，在该方法中上述两条母线其实不再具有旋转建模的功能，所以严格来说应该称其为“轨道线”。其扫掠后形成的曲面如图2.67所示，效果与单母线直接旋转成形基本相同。

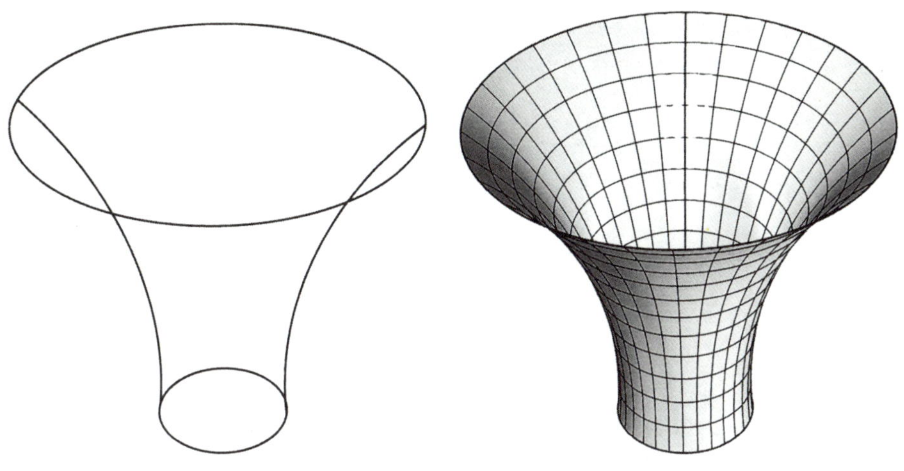

图2.66　酒杯形曲面轨道线　　图2.67　沿轨道线扫掠形成的曲面

将该方法扩展到上下面存在错动且两条轨道完全不同的一般情形，如图2.68所示，依然可以得到光滑、顺畅的曲面及网格特征线。即使像图2.69中上下面不平行，更接近于阳光谷形体的曲面也很容易建模成功。

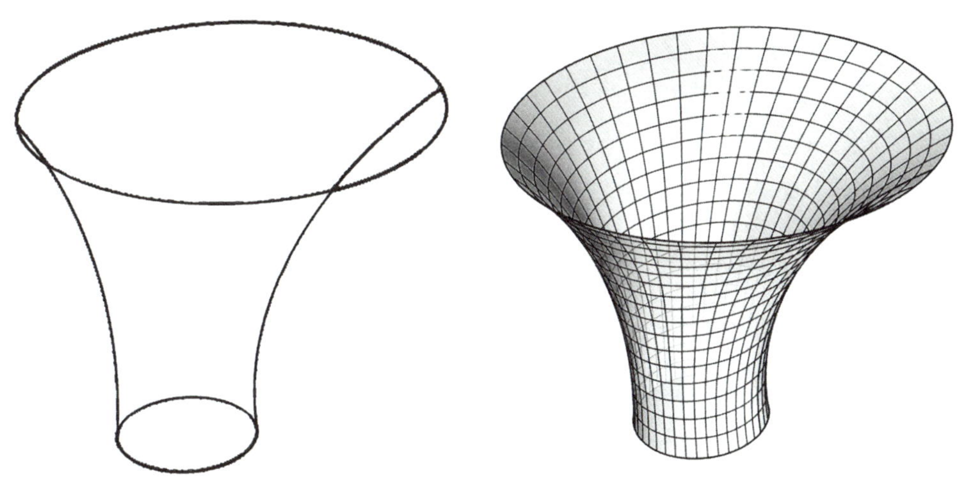

图2.68　非轴对称酒杯形曲面及扫掠后形成的曲面

上述方法虽然较单条母线旋转建模更为普适，但也有一定的适用范围。如果拟建立的曲面在上下两端面间需要通过第三个面或第四个面，而且通过的面与上下面形状并不相似，这种双轨扫掠的建模方式就显得力不从心了。如图2.70所示，需要建立通过四个闭合曲线的曲面，且这四个闭合曲线形状各异，并无规律可言。建立这样的曲面宜采用"Loft"（放样）面，依次选择上述四条闭合曲线，生成及重建曲面后的特征网格见图2.71。需要特别说明的是，开放曲线也可以建立模型，但是不可以开放曲线与闭合曲线同时选择建模。开放曲线建立的自由曲面见图2.72，特征网格曲线依然顺滑、流畅。

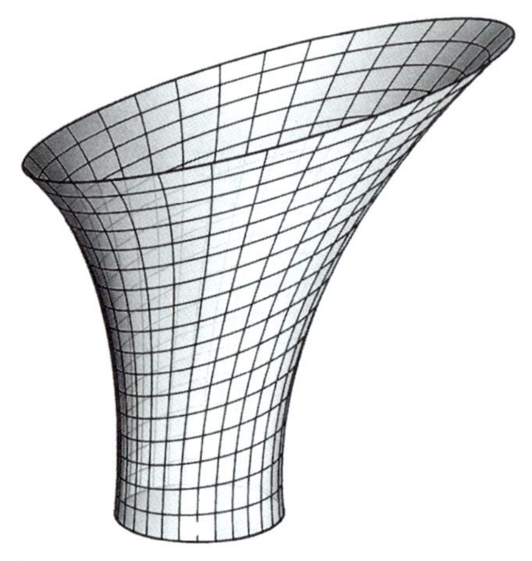

图2.69　类阳光谷形曲面

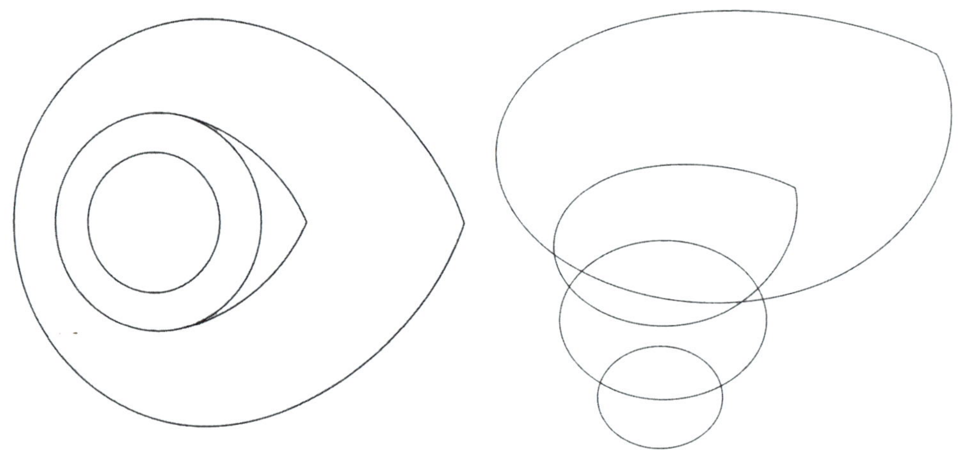

图2.70　几个不同形状的闭合曲线

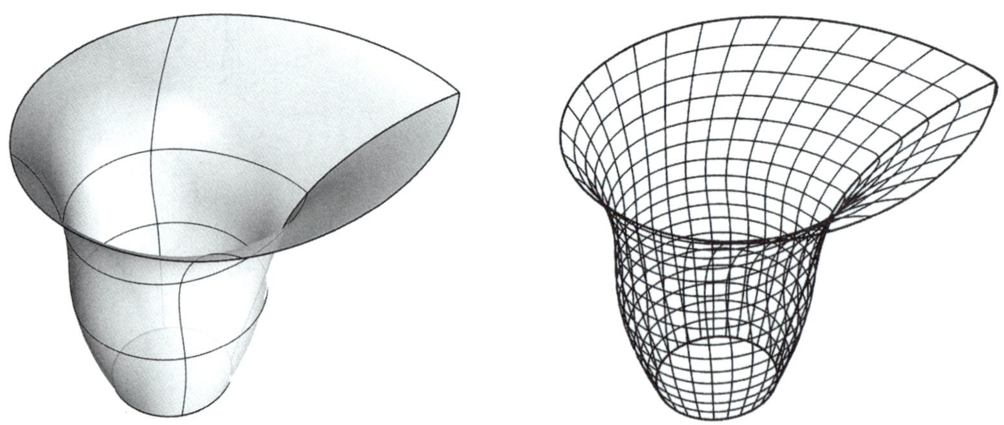

图2.71　基于几个不同形状闭合曲线形成的曲面及网格

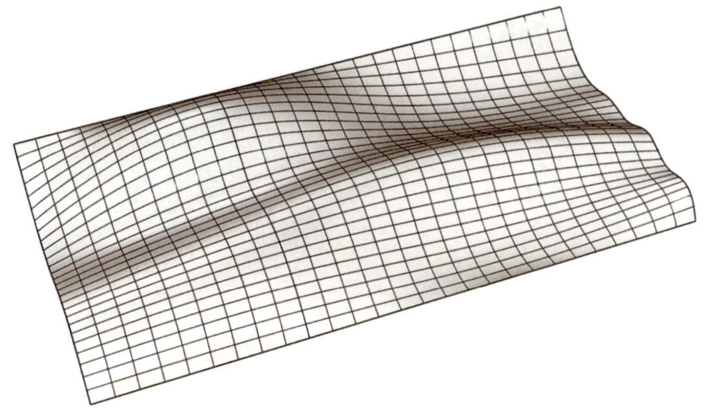

图2.72 开放曲线建立的自由曲面及网格

进一步拓展在Rhino中的建模方法，仍以前文提及的白银体育馆屋面网壳为例，应用新方法建立屋面网格不仅效果优于传统方法，且建模效率也大为提高。采用建立面的方式生成屋面表皮，其过程要比前文直接通过建立网格来拟合过渡区的曲面容易得多，且曲面更为光滑流畅。该网壳上弦曲面可由图2.73中的特征曲线确定，该特征曲线可根据建筑造型较为容易地确定。将上述曲线分解为三段后可应用Loft命令形成图2.74所示的曲面，也可不分段直接应用Patch命令形成图2.75所示的曲面。两种方法建立的曲面形状基本相同，两种曲面均可满足建筑要求。但第一种方法形成的曲面特征线效果不好，不能被结构专业直接应用；第二种方法形成的曲面特征线良好，通过调整U、V方向的网格数，可以得到两个方向很均匀的网格，基本可被结构专业直接应用，但网格没有可控性。比如在曲面边缘处网格尺寸偏小，无法有效地调整，因此需要研究更为通用且可控性更强的网格建立方法。“Project”就是更好的方法，该命令可将平面上的任意曲线投影到指定的曲面上。只要有最终需要的曲面，在曲面上建立想要的网格就非常容易。

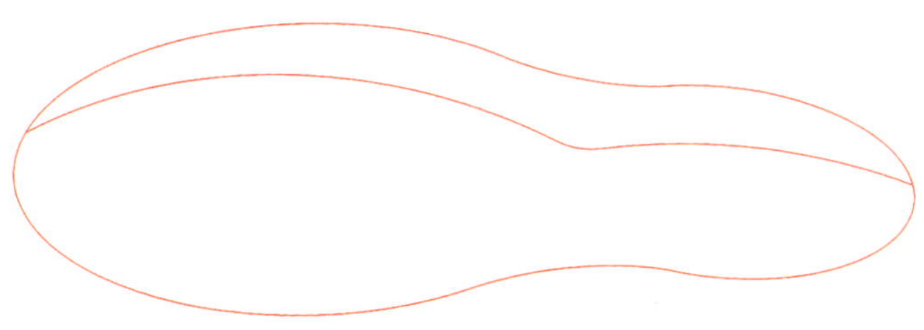

图2.73 网壳特征曲线

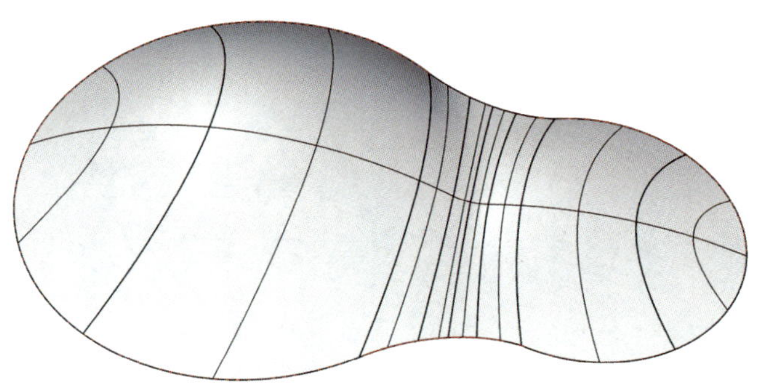

图2.74 特征曲线放样形成的曲面

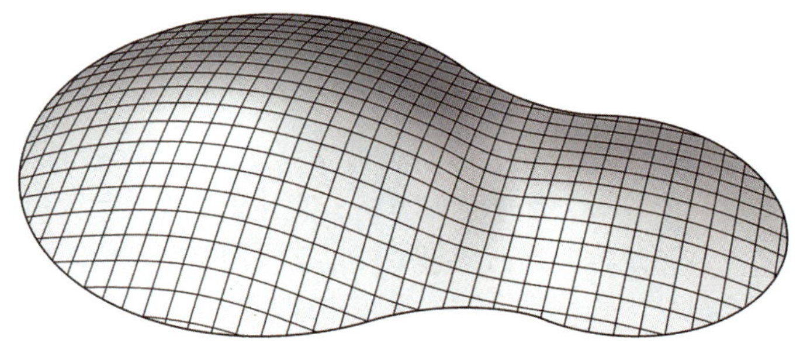

图2.75 基于曲面形成网格

绘制如图2.76所示的正方形网格线，且间距按照合理的杆件长度确定，并将曲面的底边线作为参考线，建立合理的四边形平面网格，并将网格移动到理想位置。最后将该平面网格线向曲面投影，映射后的效果见图2.77。正方形网格均匀地印在上弦曲面上，网格均匀、流畅。该网格为完全正交的正方形网格。继续扩展，将网格变换为菱形并且斜交成如图2.78中的网格线，将该网格线向曲面投影后得到的网格如图2.79所示，网格仍均匀、流畅、顺滑，且富有变化，特别能得到建筑专业的青睐。用同样的方法甚至能建立特别具有创意的网格。

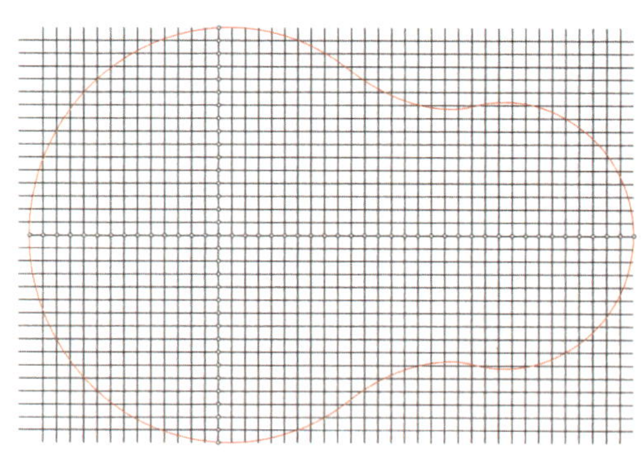

图2.76 正方形平面网格

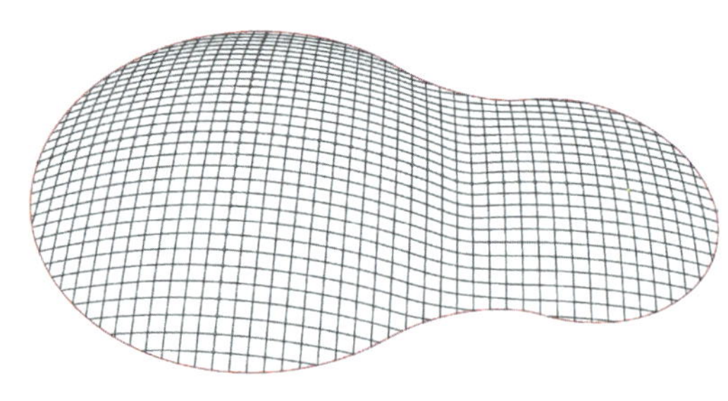

图2.77 正方形平面网格映射到曲面

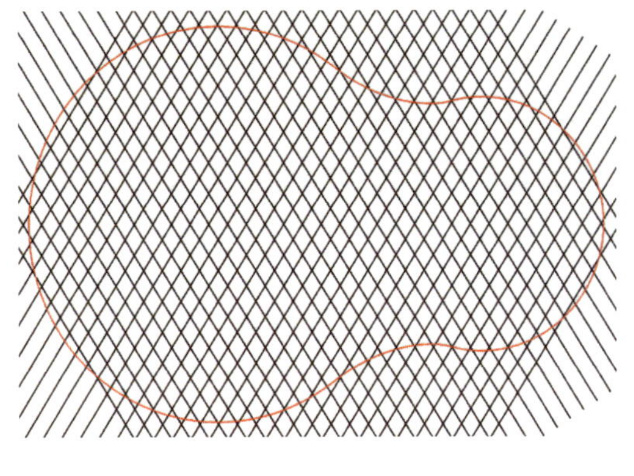

图2.78　菱形平面网格

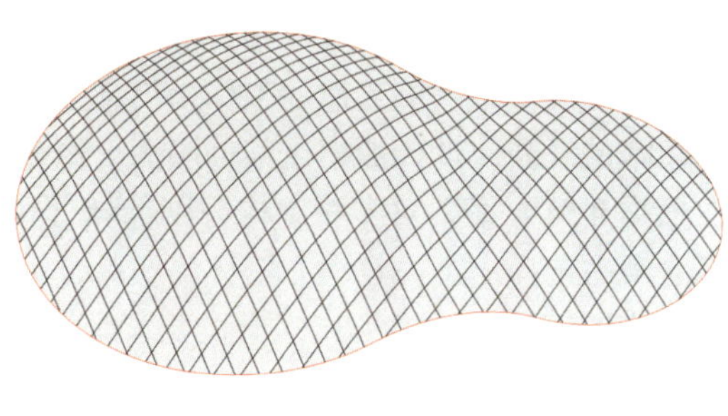

图2.79　菱形平面网格映射到曲面

第三节　小　　结

空间结构具有自重轻、可工业化生产、刚度大、布置灵活、抗震性能优越、造型美观等特点。复杂的建筑曲面造型独特，多为不规则空间曲面，且荷载和受力相对复杂，增加了结构构件布置、结构建模的难度。

目前大部分钢结构设计软件都自带一些针对规则空间结构的几何模型建模工具，如MST、3D3S、Midas Gen等。本章对常用软件的建模工具进行了介绍，并对优缺点及相关关键技术进行了总结分析。但不规则空间结构的几何模型无法直接利用这些空间网格结构专用软件或者有限元分析软件，通过输入有限的参数直接生成。AutoCAD可作为不规则空间结构建模的一般方法，能较好地达到设计精度要求，且操作过程逻辑清晰、步骤简明。但由于三维操作的便捷性不够，自由度相对较差，以及建立、编辑曲线及曲面的方法不够丰富，该方法对过于复杂的空间网格结构建模有时仍显得力不从心。此外，这种方法属于一种非解析的近似方法，往往会导致无规律可循的自由曲面区域网格平顺性不好，对建筑表现、结构受力及构造均会有一定的影响。Rhino软件在建筑设计领域的应用时间并不长，更多为建筑师所用，为创作提供了有力工具。其强大的曲线、曲面绘制及编辑功能近年来逐渐被结构工程师所熟识并青睐。运用Rhino建模往往能产生意想不到的效果。其三维观察、操控能力要明显优于AutoCAD软件，且其建模精度也很高。Rhino将曲线分解并转换为线段的功能非常适用于导入后续的计算软件。

空间结构直接建模方法可以让我们快速定义和捕捉几何形状，借助直接建模，可以专注于创建几何形状。直接建模注重快速、及时地响应变化，适合注重设计和灵活性的设计任务。直接建模的优点主要是在软件中我们可以直接、明了地创建或编辑任何几何图形，它最适用于原生数据的直接应用，设计的学习周期短，几何编辑也独立于它的创建方式。但直接建模也有不少的限制，如实现不了设计自动化，建模过程较为繁琐、重复等。在空间结构日新月异的发展过程中，复杂的不规则空间结构越来越多，部分空间结构形体很难用直接建模的方法来准确建立结构模型。

随着科学技术的进步，设计方式和思维也在进行变革。二十世纪七八十年代，在计算机绘图技术出现之前，设计师只能通过手绘来完成设计方案和施工图，需要耗费大量的时间和精力去做一些重复性的工作，设计效率低下且很难有本质的提升。随着计算机辅助设计技术的发展，设计效率在某种层面上得到了极大提高。此时的结构设计，结构工程师往往依据建筑方案，对多种结构分别计算分析，然后对结构受力性能和经济指标进行对比，综合考虑选择出某一较优方案作为最终方案。这种设计模式虽然可以得到一个与建筑要求相适应的较好的结构形式，但也要求结构工程师建立多个计算模型，不断进行调试对比，工作量大且消耗大量的时间在重复性工作上。特别是当建筑方案还处在前期不断调整阶段的情况下，结构工程师不得不一遍又一遍地修改计算模型甚至重新建模。为此，需要寻找更为科学、有效且能适应多次修改，甚至实现力学优化的建模方法。

第三章　空间结构参数化建模方法简述

第一节　结构参数化建模方法简述

很长一段时间，结构工程师对空间结构建模基本都是在建筑师给定的建筑表皮或模型的基础上，手动划分网格，建立杆件并导入有限元软件进行分析。当结构形体规则时，采用AutoCAD或Rhino等软件可完成几何建模，采用3D3S、MST、Midas Gen、SAP2000等软件可通过输入控制性参数生成网架、网壳等相对规则的空间结构，但上述方法和手段对于异形或自由曲面等不规则的复杂空间结构往往显得无能为力。若采用参数化设计手段，对于异形空间结构或建筑方案需反复调整的模型，可构建程序逻辑，并通过控制少量参数实现结构模型的快速调整。此外还可以实现截面及荷载的输入、一体化分析求解、实时显示分析结果、最优受力的找形等。本节研究总结了常用的几种参数化建模方法，分别介绍如下。

1. 传统参数化建模方法

Ansys软件在学术及工程领域知名度很高，是一个多用途的有限元法分析计算软件，可以用来求解结构、流体、电力、电磁场及碰撞等问题，应用领域非常广泛。Ansys的APDL语言参数化建模方法是结构专业参数化建模的传统方法之一。APDL语言往往采用定义参数、循环语句、条件语句等方式建立空间结构参数化模型，过程如图3.1所示。

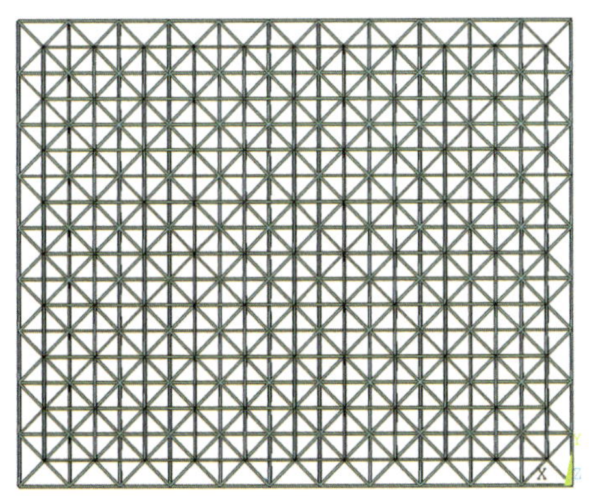

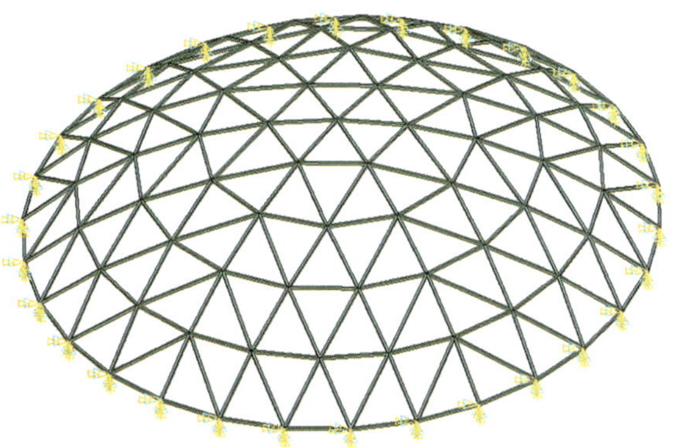

图3.1　APDL语言参数化建模过程

对于网架、网壳以及一些有规律的规则空间结构，其网格的尺寸、节点数目都有规律可循，可采用以循环语句为主的命令流方式来建立模型。该种建模方式精确迅速，可一次性输入构件属性、加载并接力进行后续分析及后处理，对于一些特定结构也可进行找形分析。但对于不规则的空间结构或者复杂的自由曲面结构，采用APDL语言建模显然并不方便。且空间结构节点、杆件数量众多，如果在Ansys有限元分析中采用交互式建模，会因有大量重复性工作而效率不高，为此需要寻找更为方便、高效的建模方法。

2. YJK-GAMA参数化建模软件

YJK-GAMA为北京盈建科软件股份有限公司编制的盈建科软件（YJK）中全新的参数化建模模块，集可视化编程、参数化设计、计算机辅助优化于一体。YJK-GAMA提供了自动化计算、智能优化、生成参数化模型等众多强大的功能。软件界面如图3.2所示。

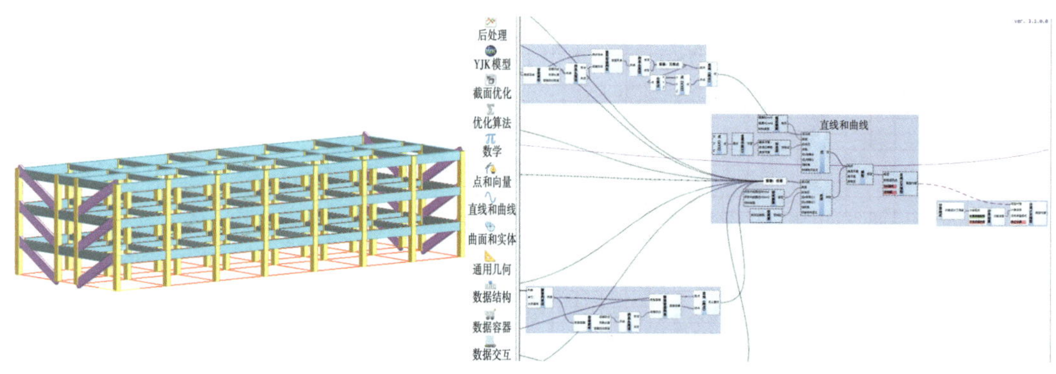

图3.2　YJK-GAMA参数化建模软件界面

3. 基于Revit平台的Dynamo参数化建模软件

Dynamo是基于Revit的一款可视化编程语言插件，通过封装的运算器按照一定的逻辑进行可视化编程，建模门槛较低，且实现了与BIM软件的无缝对接，可以与通用有限元软件实现模型数据传递。

4. 基于Rhino平台的Grasshopper参数化建模软件

Grasshopper是基于Rhino平台运行的可视化编程软件，利用Rhino中强大的NURBS曲线功能，结合自身功能齐全的多种运算器，特别适合复杂空间结构及自由曲面网格结构的参数化建模。近年来，越来越多的建筑师在建筑方案设计时采用Rhino与Grasshopper相结合的方式，所以结构工程师亟须学习与提升相关参数化设计技巧，以便在方案设计阶段和建筑师快速沟通。国内学者及工程师对Grasshopper参数化建模进行了大量研究并取得了一定成果。北京市建筑设计研究院股份有限公司朱鸣等使用Rhino软件及Grasshopper插件实现双层网壳结构快速建模（图3.3）；高鸣等还将参数化建模应用在空间结构网架、体育场罩棚等设计当中（图3.4）。可视化编程降低了参数化建模的门槛，大大提高了建模效率，但参数化逻辑仅限于建模工作。进行后续分析工作时需要将建立的模型导入计算软件，若几何模型有修改，则需要重新导入并计算。

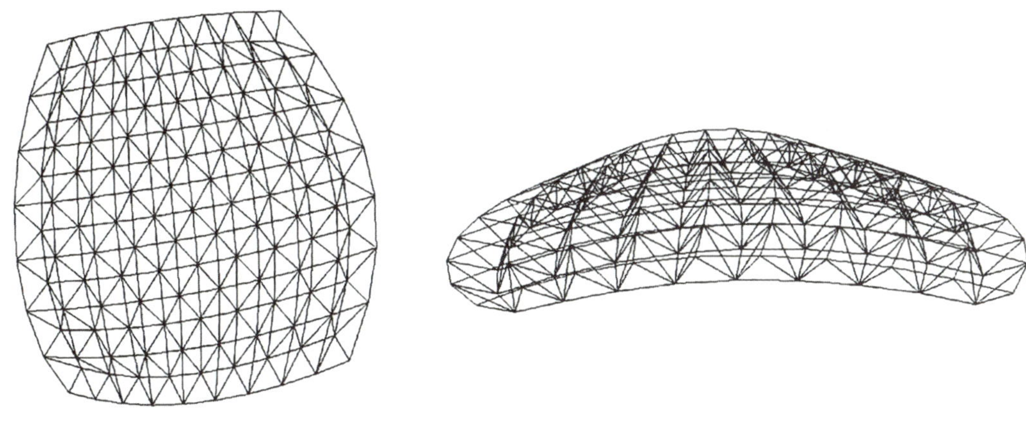

图3.3 Grasshopper双层网壳参数化模型

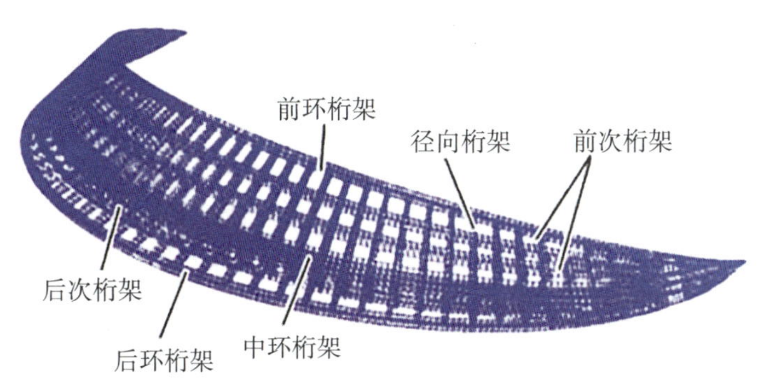

图3.4 Grasshopper体育场罩棚参数化模型

中国建筑西南设计研究院有限公司刘宜丰等基于Grasshopper及Ansys进行了空间结构参数化建模与一体化分析程序的二次开发与应用（图3.5、图3.6）。

华东建筑设计研究院有限公司李彦鹏、周健等将参数化建模应用到浦东机场T3航站楼方案设计阶段的屋盖造型比选中，根据建筑师给定的屋盖自由曲面，通过找形优化得到曲面形态，然后生成结构网架模型（图3.7），并用Karamba3D软件进行一体化分析，在方案阶段即可实时查看不同方案的屋盖挠度、侧移、应力、材料用量等计算结果，从而判断建筑方案的结构可行性。在G60科创云廊项目中，针对自由曲面单层铝合金网壳屋盖，为了实现大跨高比的可能性，其形态的确定以结构效率最高为基本目标，以应变能最小为优化目标，以曲面控制点Z坐标数值为优化变量，通过遗传基因算法进行迭代计算，得到结构受力最为合理的曲面（图3.8）。

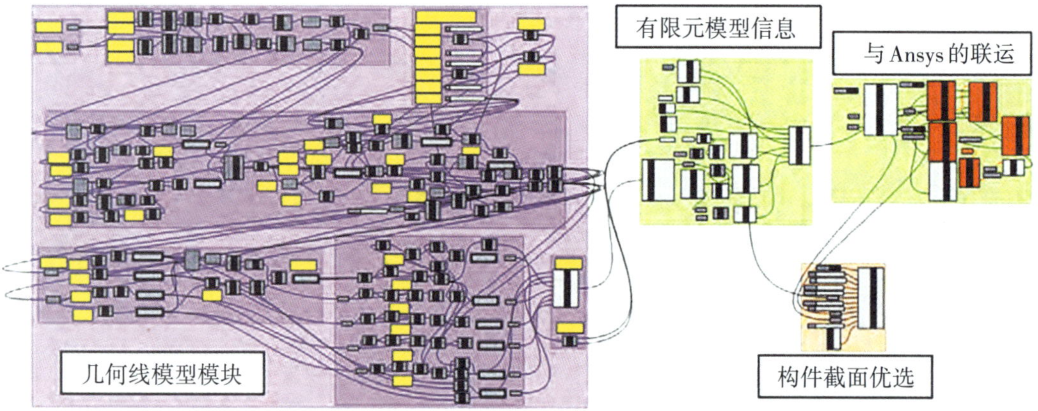

图3.5 Grasshopper程序与Ansys联动示意

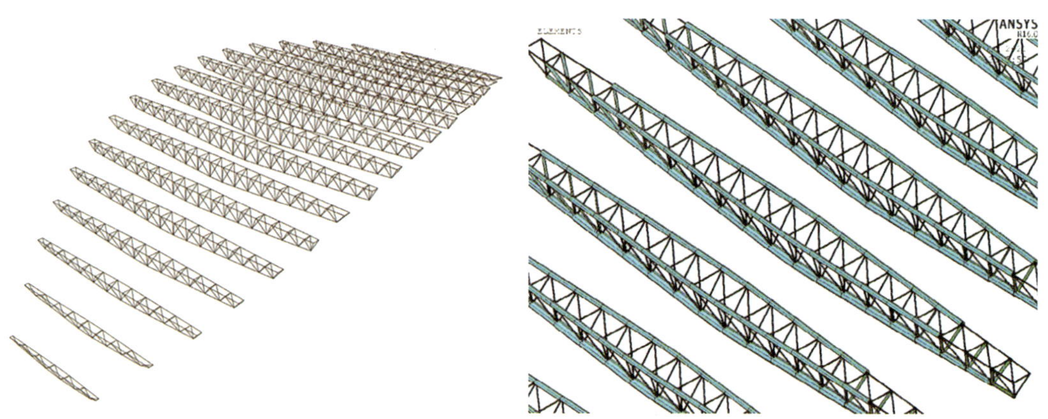

图3.6 Grasshopper参数化模型与Ansys联动示意

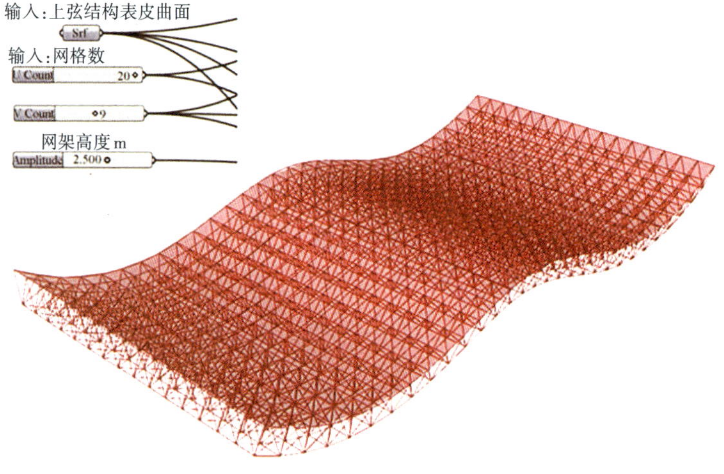

图3.7 Grasshopper自由曲面网架参数化模型

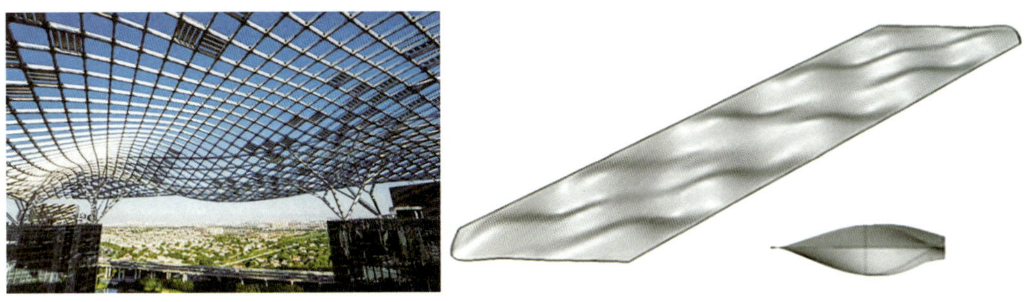

图3.8　Grasshopper在G60科创云廊项目中的应用

后文将以基于Grasshopper平台的参数化建模方法为重点，分别从Grasshopper基本操作、基于Grasshopper的典型空间结构建模方法、空间结构参数化建模及一体化分析方法，以及工程实例等方面开展论述。文中除特别注明及标注的参考文献外，其余所有参数化程序均为本书作者编写。

第二节　Grasshopper空间结构参数化建模基本操作简介

1. Grasshopper启动方法

Rhino 6.0之前的软件版本需要单独安装Grasshopper，当Grasshopper升级时，存在Rhino版本过低而不能匹配的问题。Rhino 6.0及以上版本内置Grasshopper插件，只需要在指令位置输入“Grasshopper”或点击菜单栏中的图标即可打开Grasshopper插件，如图3.9所示。

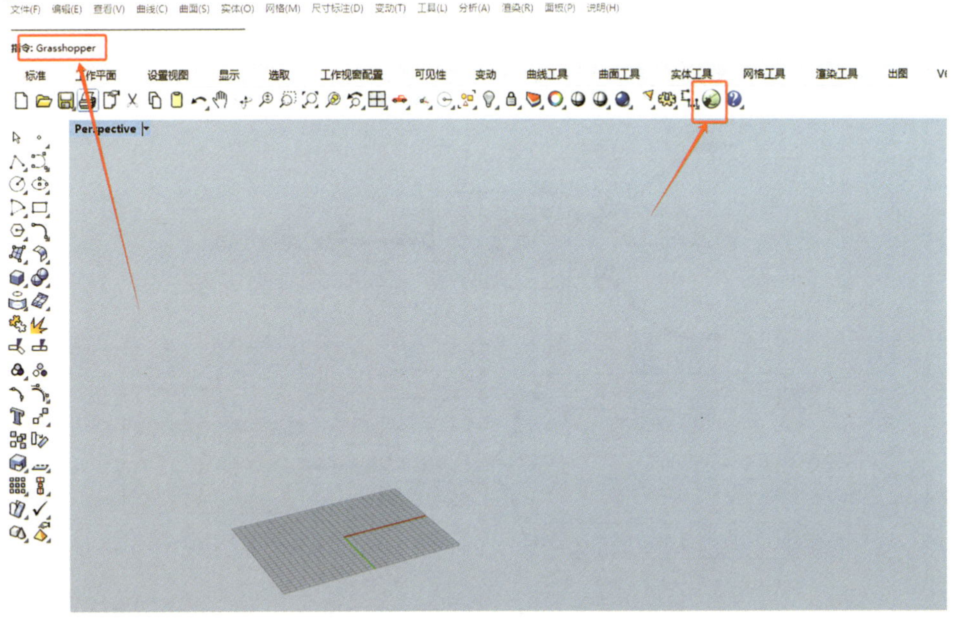

图3.9　Grasshopper打开方式

2. 显示面板

最上面一行菜单栏包括文件管理、显示设置等，可通过File/New Document建立新的文件，编程完成后的Grasshopper文件以“.gh”的格式存储。通过File/Open Document可打开已有的gh文件。如图3.10所示。

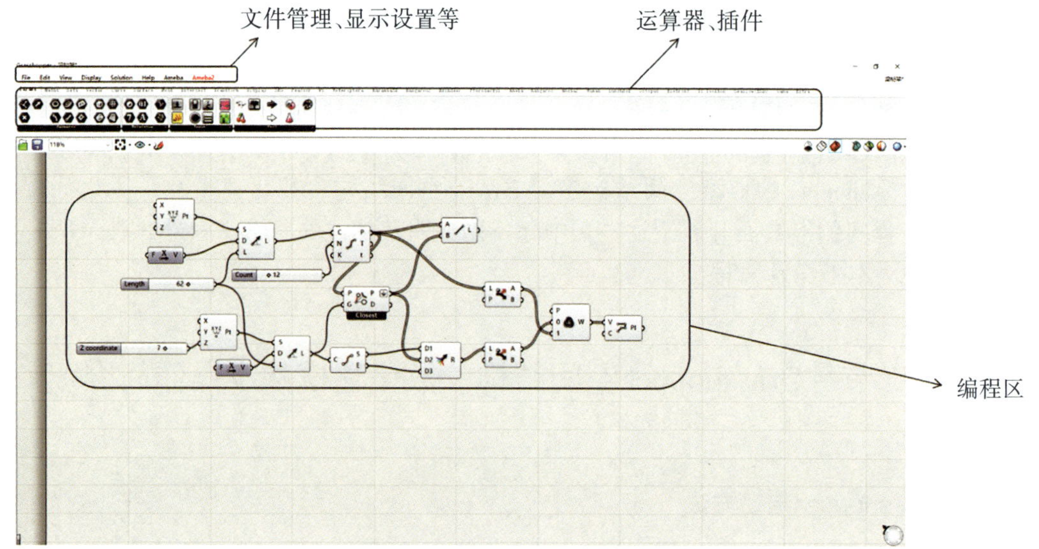

图3.10　Grasshopper显示面板

3. 运算器(电池)

运算器（俗称“电池”）是Grasshopper的基本编程单元，包括输入端和输出端。如图3.11所示的运算器“Circle”，输入端有两个，P（Plane）代表圆周所在的平面，R（Radius）代表圆的半径；输出端C（Circle）即为生成的几何模型。

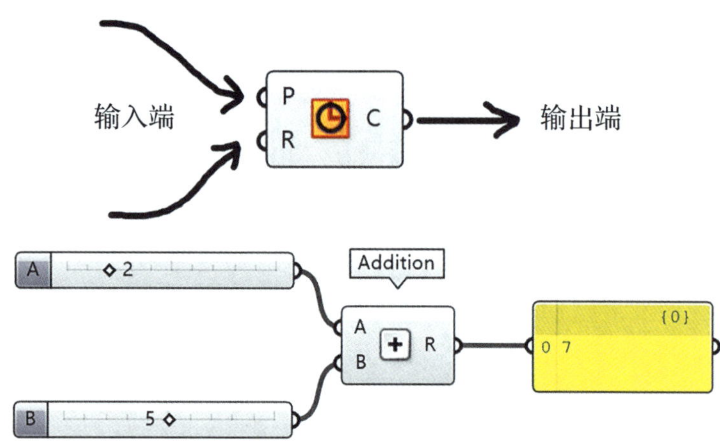

图3.11　Grasshopper运算器及连线操作

Grasshopper中最基本的编程操作为在运算器之间连线，连线代表了它们之间的逻辑关系。如图3.11所示，运算器Addition为加法运算器，在其输入端分别输入两个值"A"和"B"，经过运算即可得到输出端R（Result）的值，结果通过连线到Panel面板显示出来。

运算器的状态通常有四种：正常、数据不齐全、不正常、隐藏（图3.12）。当输入端缺少数据时，显示数据不齐全；当运算逻辑有误或输入端输入的参数类型不符合要求时，则显示不正常；点击隐藏时，该电池代表的物件在Rhino窗口中隐藏。

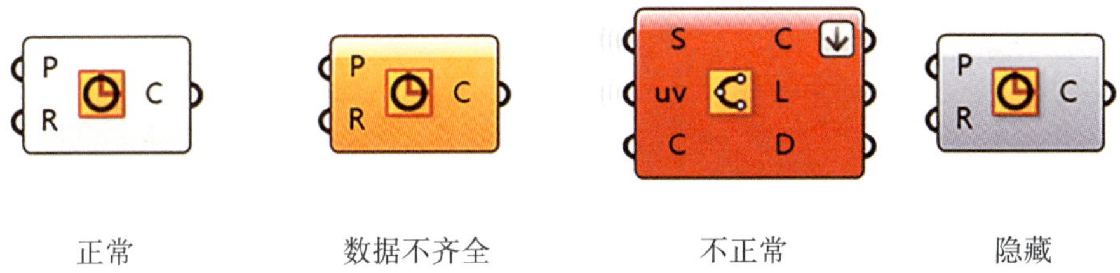

图3.12　Grasshopper运算器(电池)状态

4. 空间结构设计常用参数类型及Grasshopper与Rhino数据交换

空间结构设计常用参数类型包括点（Point）、直线（Line）、曲线（Curve）、面（Surface）、体（Brep），这些参数均在面板Params/Geometry中，如图3.13所示。

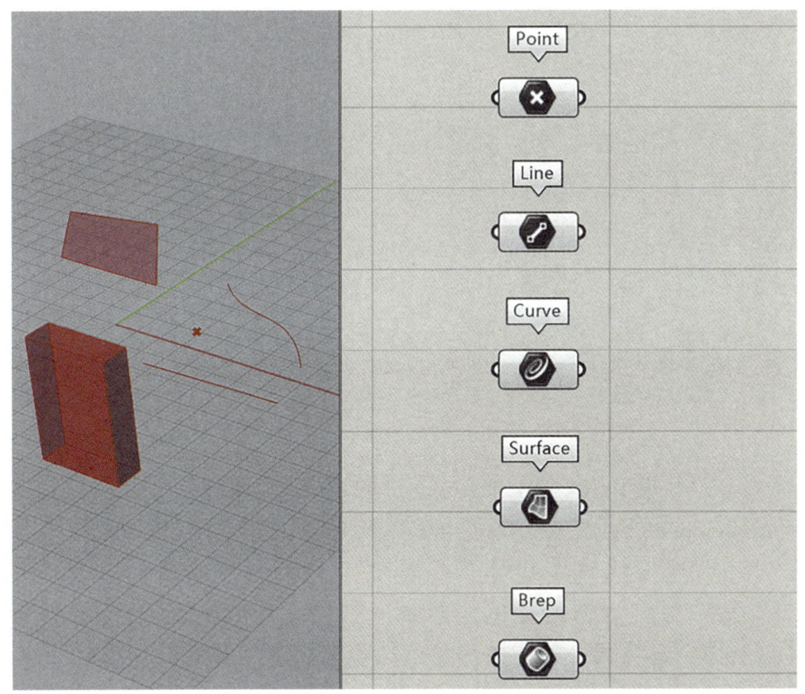

图3.13　Grasshopper常见空间结构参数类型

在Rhino中建立的几何物体，可直接拾取至Grasshopper中，并在Grasshopper中建立对应的参数类型。在Rhino里选中相应物体，点击鼠标右键，选择下拉菜单中的“Set one Line”，即可将Rhino中的物体拾取至Grasshopper中，如图3.14所示。Grasshopper中生成的几何物体也可以通过Bake命令将物体返回至Rhino中，如图3.15所示。

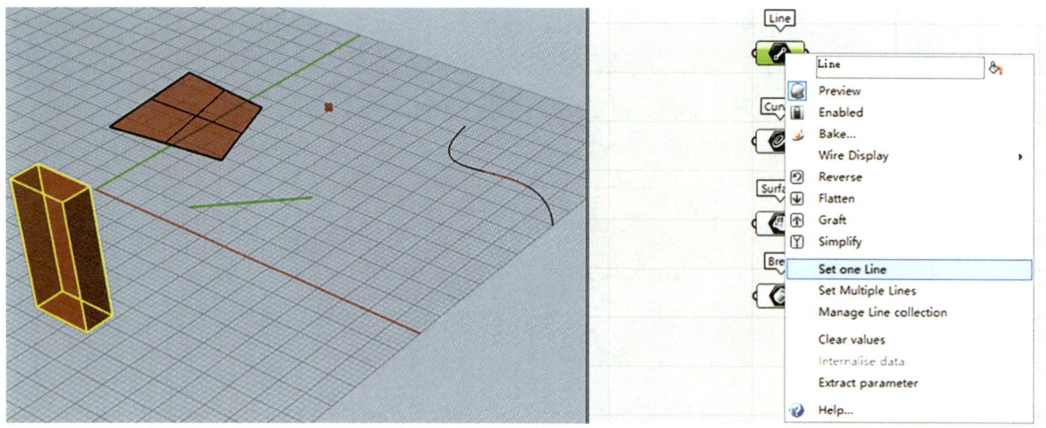

图3.14　从Rhino中拾取物体至Grasshopper

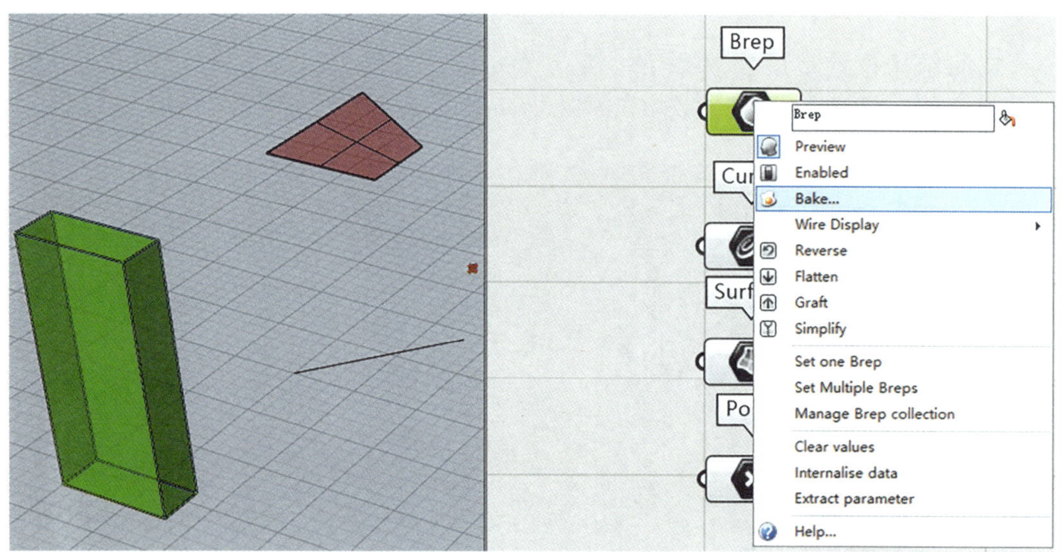

图3.15　Grasshopper返回数据至Rhino

有一点需要重点说明，在Grasshopper中拾取Rhino几何数据后，一旦删除Rhino中的实体数据，Grasshopper中的数据立即丢失。为防止误操作而出现数据丢失，可采用内置化数据的方法，即选中代表该物体的运算器，点击鼠标右键，选择下拉菜单中的“Interlise Data”命令可将数据内置化，即储存在Grasshopper运算器中。此时即使删除Rhino中的几何物体，运算器中的物体信息依然存在。

5. 点建立、线建立及其关联

除上述在Rhino中拾取实体模型的方法外，Grasshopper中还提供了建立点、线等模型的运算器。在面板中依次点击Vector/Point/Construct point建立点，其输入端为点的三个坐标（图3.16）。依次点击Curve/Primitive/Line建立线段，其输入端为线段的两个端点，将之前建立的两个点连线至Line的输入端即可生成线段（图3.17）。对于多段线，可通过Polyline命令生成，即通过一系列点生成多段线，如图3.18，利用Series命令生成数列作为x坐标，采用Expression编辑公式得到x的函数作为y坐标，将生成的一系列点输入Polyline即得到符合函数规律的多段线。

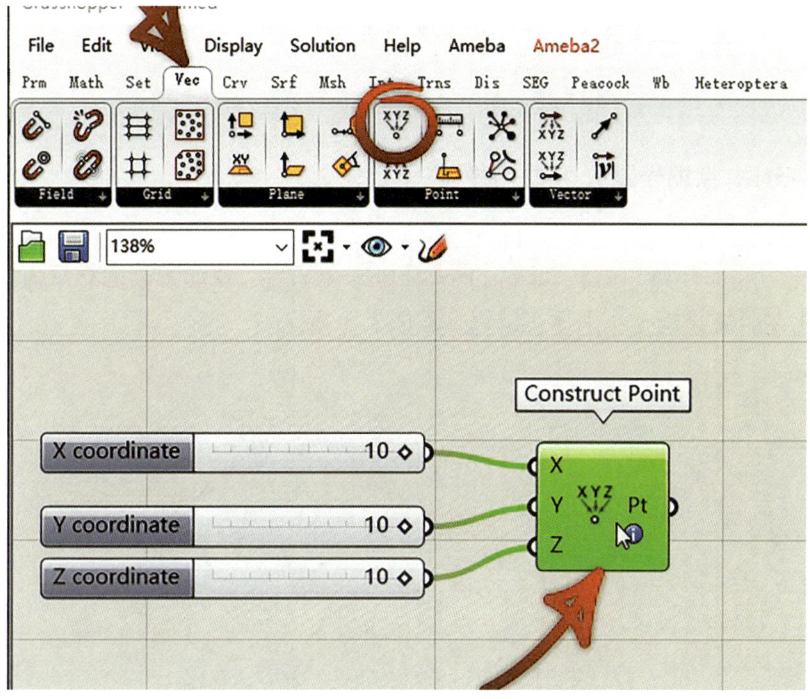

图3.16　Grasshopper中点的建立

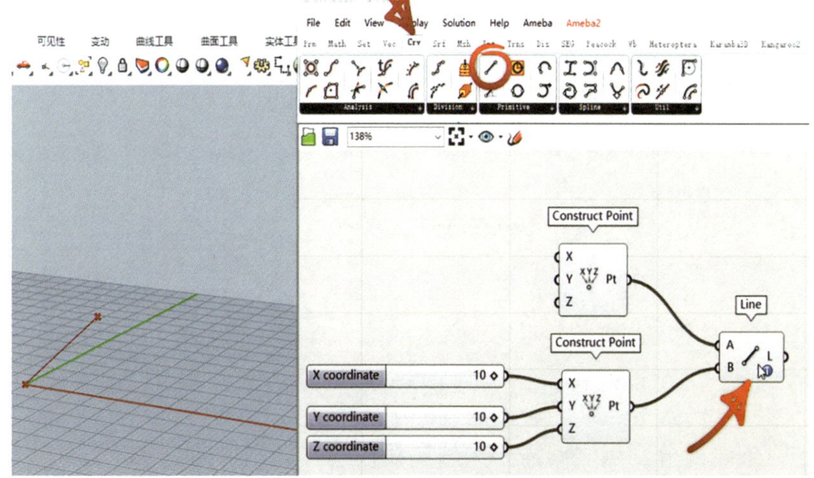

图3.17　Grasshopper中线的建立

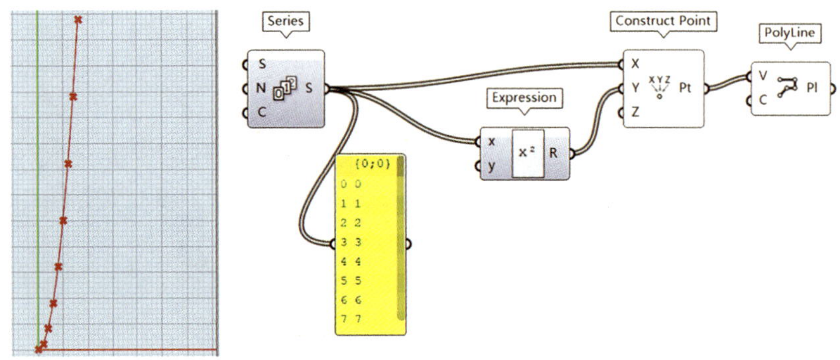

图3.18　Grasshopper中多段线的建立

6. 线的分割、点编号显示、点的偏移

建立线段后，将Line接入Divide Curve的C（Curve）端，通过N（Count）端控制分段数，Divide Curve的输出端P（Points）为分段生成的点。这些点的编号可通过Point List显示，方便在后续建模工作中进行编辑，如图3.19所示。

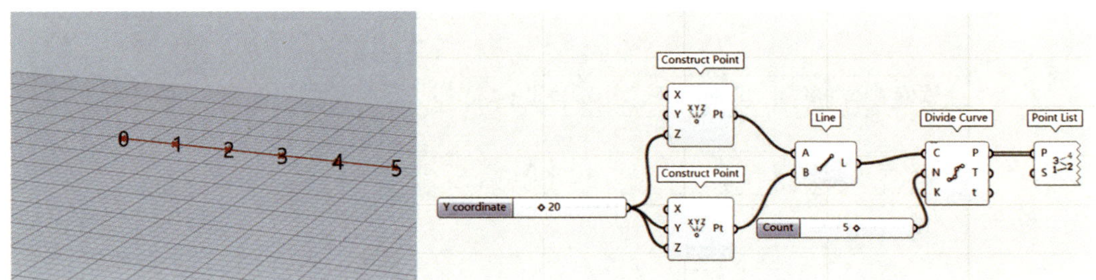

图3.19　Grasshopper中线的分割与点编号显示

分别生成两条线段并分割，将两条线段Divide Curve的输出端P（Points）分别连接至Line的输入端，此时程序默认按编号顺序连接分割点，即按0–0、1–1……的顺序依次连接，如图3.20所示。

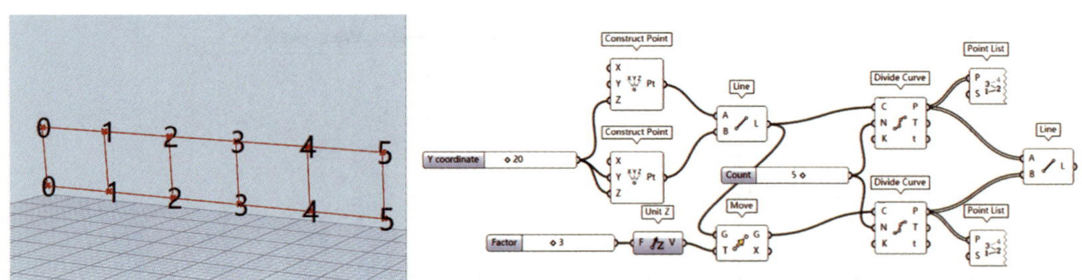

图3.20　Grasshopper中点的连接

如果在两条线段分割点之间需要用斜向线段连接，则可通过Shift List命令对分割点进行偏移（图3.21），Shift List的W（Wrap）端默认为True，此时连接次序依次为0–0、

1-1、2-2、3-3、4-4、5-5［图3.22（a）］。一般情况下，空间结构桁架斜腹杆不需要连接5-5线段，将W（Wrap）端修改为False，此时第二条线段会默认删除最后一个点5，剩余0～4共5组数据，再和第一组线段的0～5共6个点进行配对［图3.22（b）］，程序默认第一组数据多出来的点5和第二组数据最后一个点4进行连接。采用Shortest List命令进行最短配对，该命令自动进行trim end（即按最短配对原则）配对，此时第一组数据多余的点5将不再参与配对［图3.22（c）］。

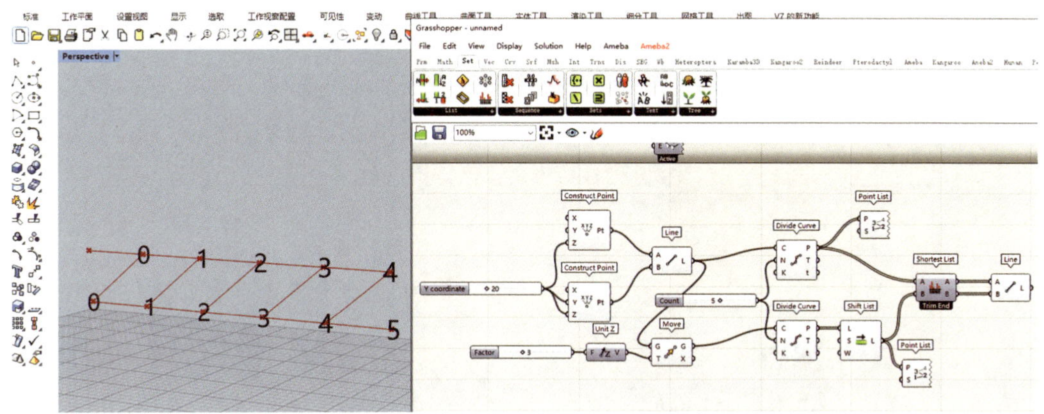

图3.21 Grasshopper中的点偏移后连接

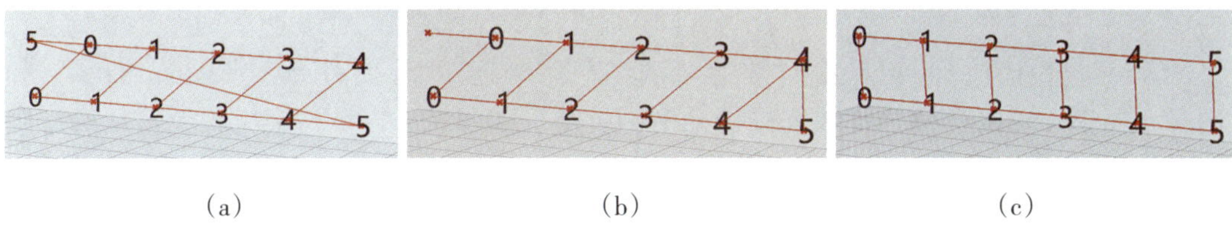

（a） （b） （c）

图3.22 Grasshopper数据匹配方式

7. Grasshopper资料结构

Grasshopper中的数据按层级可分为single data、List和Tree。single data即单个数据，如一个数值、一个点、一条线、一个面，甚至一个单一几何体。List的数据结构为并行的一列数，比如一个数列。Tree表示树形数据，其数据结构为一个二级结构，即一级结构下面还有二级结构。single data、List和Tree这三种数据结构连线也有所不同，分别为单线、双线和粗虚线（图3.23）。

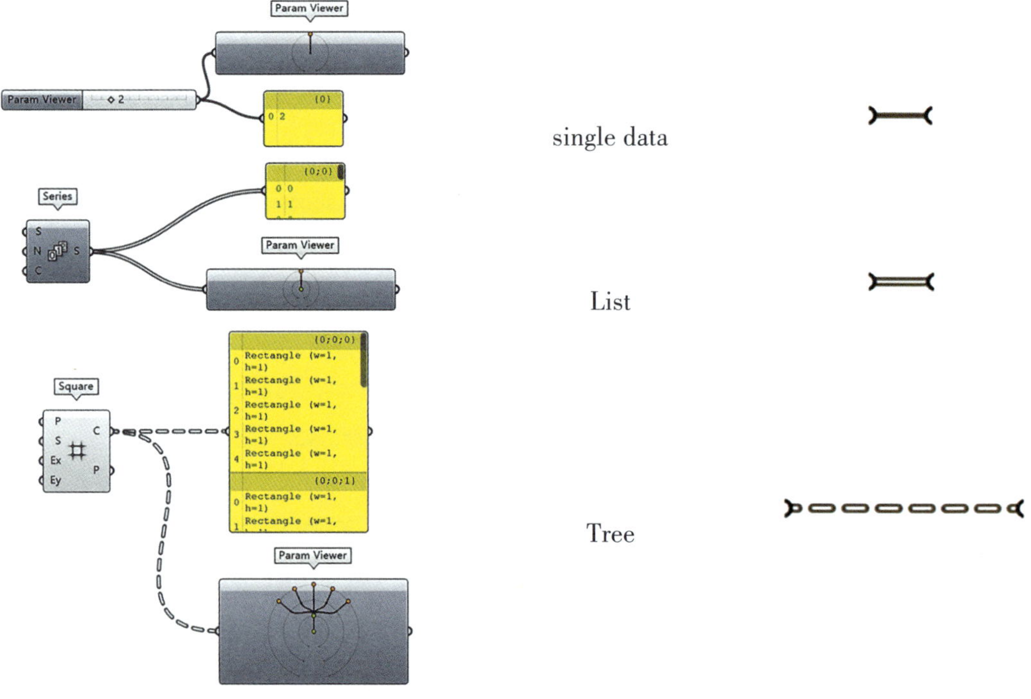

图3.23　Grasshopper数据结构类型

Grasshopper 中不同层级的数据不能直接相连，需要用到“Flatten Tree”和“Unflatten Tree”两个命令对数据进行拍平、折叠。如图3.24，将一个树状数据从两个层级拍平为一个层级。

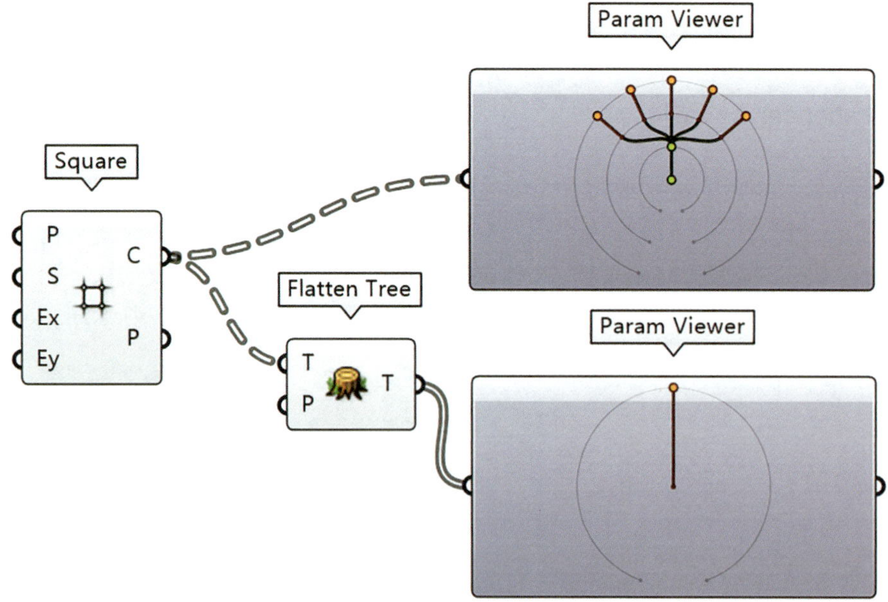

图3.24　Grasshopper数据拍平

8. Grasshopper插件简介

Grasshopper自带的运算器大多是基础的图形和数学运算，在实现复杂任务的时候，还需要通过各种组合达到最终效果，脚本程序的编写较为繁琐。近年来，许多设计师联合程序员对Grasshopper进行二次开发，将一些较为复杂但又常用的功能写成了Grasshopper插件，以便后续使用。正确使用Grasshopper插件能事半功倍，快速实现复杂的逻辑。空间结构建模分析常用的插件主要有Kangaroo、Weaverbird、Ameba、Lunchbox、Karamba3D、Butterfly等，用于物理模拟、形态生成、网格编辑、数据管理和结构分析等。Lunchbox在空间结构网格划分时较为常用，包括以下功能：创建网架或空间桁架（图3.25）、创建参数化曲面和形状（图3.26）、读取并写入Excel文件、图层管理等。其余插件在后文中作详细介绍。

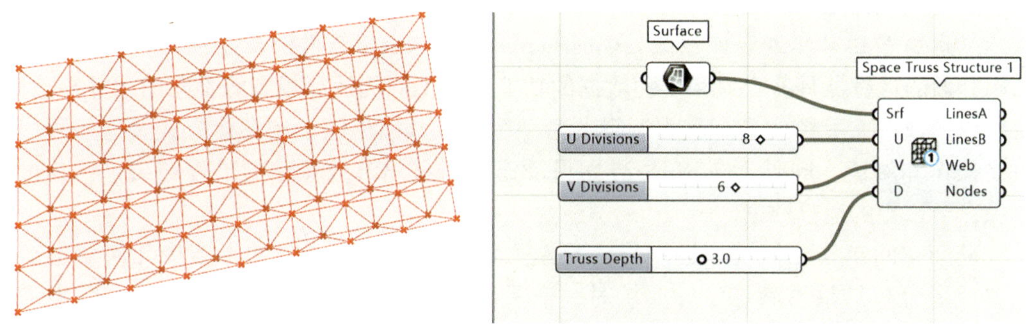

图3.25　Lunchbox生成网架

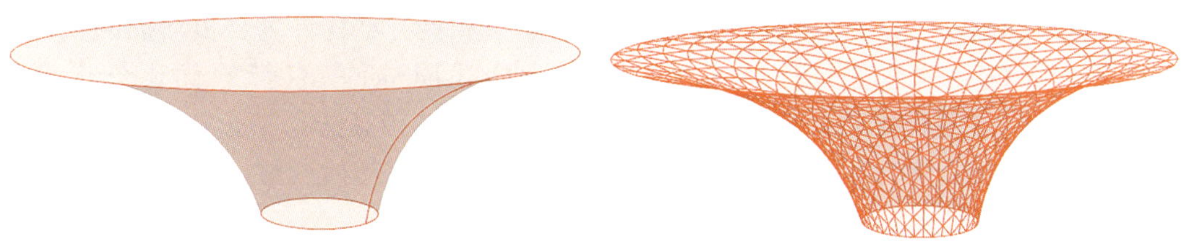

图3.26　Lunchbox生成自由曲面网格

第三节　小　结

本章首先介绍了常用的空间结构参数化建模方法及其优缺点，然后以Grasshopper参数化建模为重点，详细介绍了其面板及运算器、数据结构、可视化编程基本操作以及常用插件，可作为初学者的入门教程。

第四章　Grasshopper的典型空间结构参数化算例

形态复杂的空间结构和自由曲面空间结构的几何模型建立受建筑功能、空间形态表现和构件布置合理性等因素的影响。传统的以楼层为对象的建模方式难以满足复杂空间结构的几何模型建立需求。当前大部分结构设计分析软件均具有基本的参数化建模功能，但其功能单一，仅能针对简单规则的空间结构和层模型结构进行参数化建模，不能满足形态复杂的异形空间结构的建模需求。

参数化设计是一种基于算法思维的设计方法，它将各方面的设计因素组织起来，通过定义运算逻辑来实现设计意图。Grasshopper作为Rhino软件的扩展插件，其内置和可二次开发的运算器具有存储和处理数据的功能。以不同的运算规则将不同的运算器连接，就可以形成一套完整的具有编程逻辑的命令组，且其简洁明了的图形方式又比编写代码更易操作和阅读。同时，在Rhino界面可动态实时显示参数调整的过程和结果，并可完整保存全过程的运算数据。

复杂空间结构几何模型运用传统建模方法一旦建立完成，如果结构几何形态需要调整或者分析结果不满足设计要求时，需重新修改模型并重新计算，工作量巨大。基于参数化的几何模型，结合结构计算的一体化分析方法，可适应几何模型的快速调整，可将控制性参数设置为变量，通过修改参数或调整预先设置的运算逻辑，获得相应运算逻辑下的结构几何模型，便于对多个结构方案的受力性能和经济性进行比选。Rhino软件的NURBS曲线能够通过CAD格式或文本文件格式导出至3D3S、SAP2000等常用的结构分析设计软件，使具有参数化建模功能的模型和具有结构计算分析功能的软件精准对接，形成一体化协同工作模型。同时，Grasshopper中自带的优化分析模块Galapagos提供了两种优化分析算法：模拟退火算法和遗传算法。结合Karamba3D可将结构建模、分析、优化集成在一起，实现可视化实时调整初始变量，并实时显示计算结果，通过指定优化目标，得到合理的初始变量值。

本章基于Grasshopper软件，首先介绍常用空间结构的参数化建模逻辑和步骤，可用于高等院校学生及工程人员学习参考，也可在类似工程中直接应用。其次，以具体工程为实例，介绍了由建筑曲面生成结构几何模型的方法。最后，介绍了几种复杂曲面网格的划分方式。

第一节　由关键参数生成空间结构模型

工业与民用建筑中常见的空间结构有平面桁架结构、立体桁架结构、网架和网壳结构等。

桁架结构是一种由杆件两端相互连接而成的结构，它布置灵活、应用广泛，常被应用于大跨度的场馆、厂房屋盖和桥梁等公共建筑。桁架结构一般由杆件组成三角形单元，其杆件主要承受轴向拉力和压力，该结构能够充分利用材料强度，从而减轻自重。常用的有钢桁架、钢筋混凝土桁架、预应力混凝土桁架、木桁架、钢与木组合桁架、钢与混凝土组合桁架等。图4.1是典型的平面桁架结构。

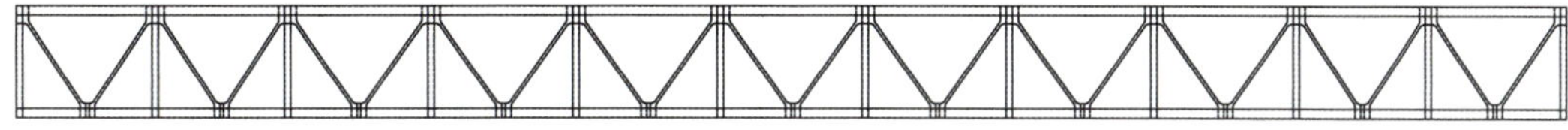

图4.1　平面桁架结构

网架是按一定规律布置的，杆件通过节点连接而形成的平板型或微曲面型空间杆系结构，主要承受整体弯曲内力。网架可采用双层或多层形式，从构成单位上可分为由交叉桁架体系、四角锥体系、三角锥体系等组成的网架。网架的网格高度与网格尺寸应根据跨度大小、荷载条件、柱网尺寸、支承情况、网格形式，以及构造要求和建筑功能等因素综合确定。确定网格尺寸时宜使相邻杆件间的夹角大于45°，且不宜小于30°。图4.2～图4.4是《空间网格结构技术规程》JGJ 7—2010附录A中常见的网架结构形式。

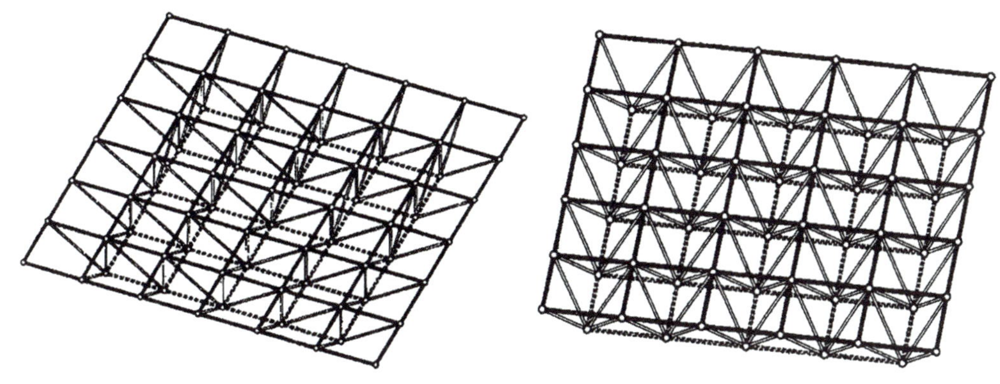

图4.2　交叉桁架体系网架结构

图4.3　四角锥网架结构

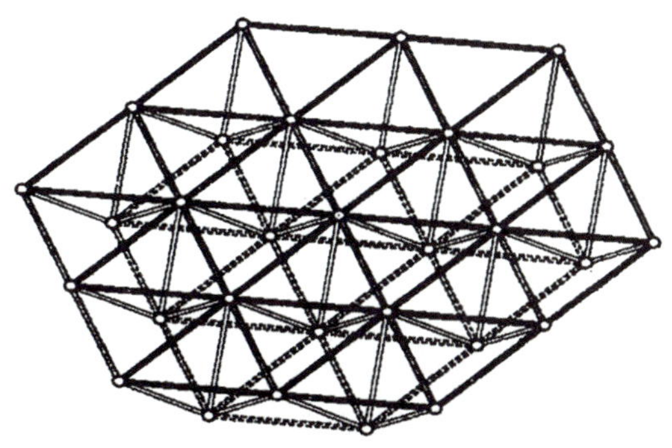

图4.4　三角锥网架结构

网壳结构是按一定规律布置的，杆件通过节点连接而成的曲面状空间杆系或梁系结构，主要承受整体薄膜内力。网壳结构可采用球面、圆柱面、双曲抛物面、椭圆抛物面等曲面形式，也可采用各种组合曲面形式。图4.5、图4.6是《空间网格结构技术规程》JGJ 7—2010附录B中常见的网壳结构形式，分别为肋环型网壳结构和葵花形三向网格结构。

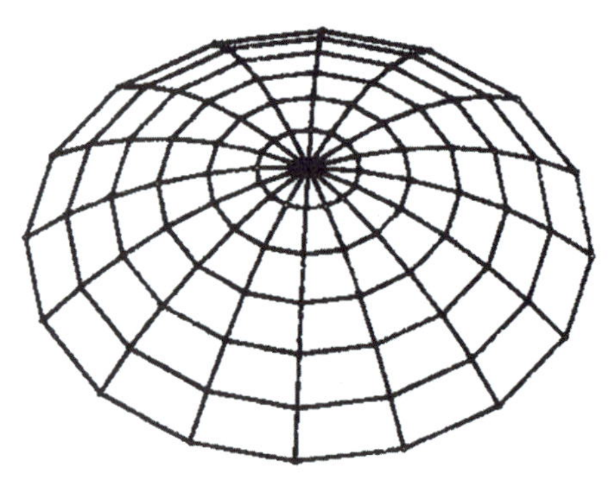

图4.5 肋环型网壳结构

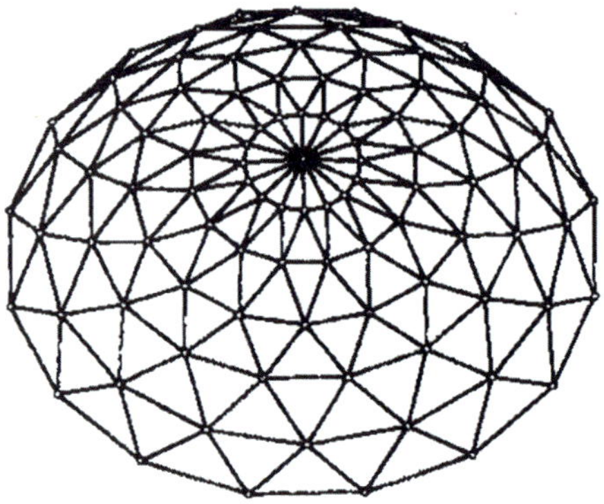

图4.6 葵花形三向网格结构

1. 平面矩形桁架

不同的斜腹杆布置方式可形成各类平面桁架结构，参数化建模通常以桁架跨度、高度和网格数等作为控制性参数。

基于Grasshopper的平面矩形桁架结构运算器的逻辑原理为：由跨度生成桁架上弦杆件，由桁架高度移动形成下弦杆件，通过网格数等分上、下弦杆件形成节点，按照一定的逻辑关系连接上、下弦之间的节点，作为桁架的竖腹杆和斜腹杆。

控制性参数：平面桁架跨度、桁架网格数和桁架高度。桁架跨度由建筑功能需要确定，桁架高度按照桁架受力条件、跨度大小综合确定，桁架的网格数根据结构柱网、桁架高度、相邻杆件间的夹角确定。

同一种结构网格可通过多种不同的逻辑来实现，现提供平面矩形桁架结构的四种参数化建模逻辑。

（1）平面矩形桁架结构1

图4.7为平面矩形桁架结构几何模型1的形成步骤，图4.8为平面矩形桁架结构几何模型1的电池组运算器。由“Line”按输入参数“跨度”生成桁架上弦杆件，由“Move”按输入参数“桁架高度”向着$-Z$方向移动上弦杆件，从而生成下弦杆件。由“Divide”将上、下弦杆按输入参数“桁架网格数”等分，生成平面桁架上、下弦节点数组。

通过“Line”分别对应连接桁架上、下弦节点，形成平面桁架竖腹杆。由“Dispatch”将桁架上、下弦节点数组间隔分组，由“Line”生成单数网格内斜腹杆，由“Shift”偏移上弦A组节点，随后由“Line”生成偶数网格内斜腹杆。

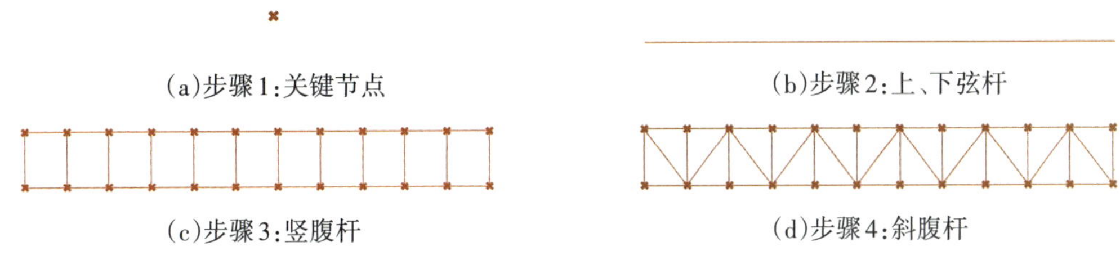

(a)步骤1:关键节点　(b)步骤2:上、下弦杆

(c)步骤3:竖腹杆　(d)步骤4:斜腹杆

图4.7　平面矩形桁架结构几何模型1形成步骤

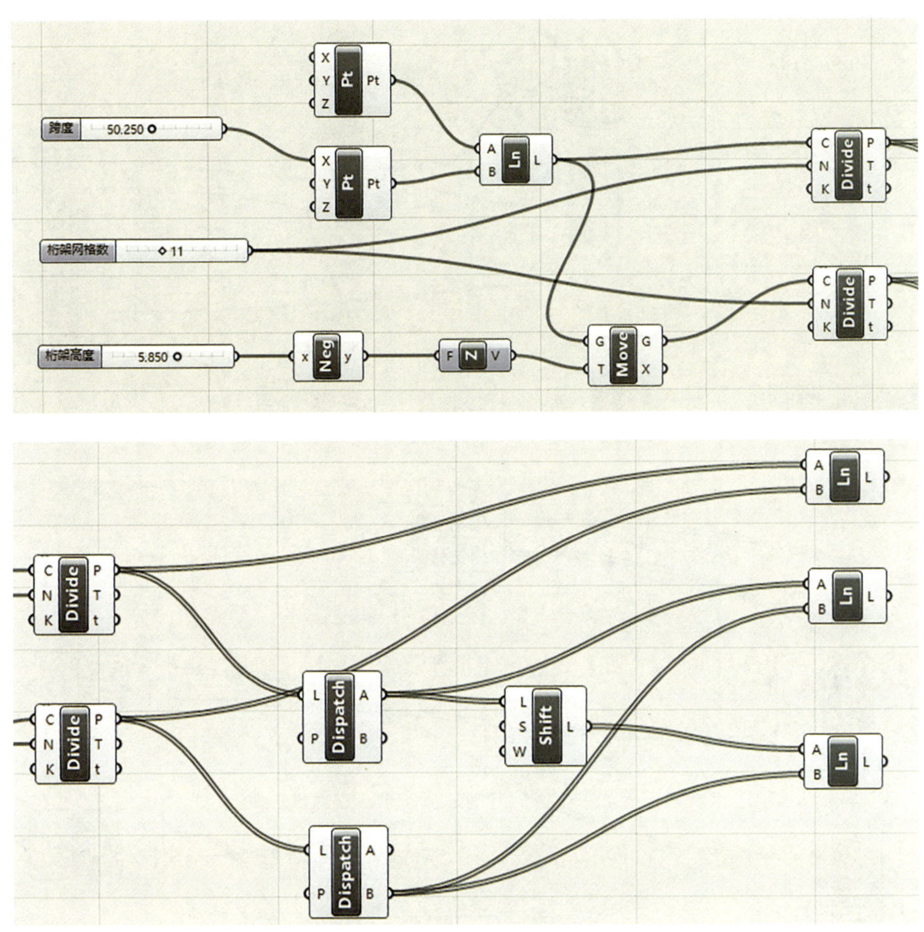

图4.8　平面矩形桁架结构几何模型1运算器

（2）平面矩形桁架结构2

图4.9为平面矩形桁架结构几何模型2的形成步骤，图4.10为平面矩形桁架结构几何模型2的电池组运算器。步骤1～3与平面矩形桁架结构1相同，步骤4的不同之处在于斜腹杆方向不同。由“Dispatch”将桁架上、下弦节点数组间隔分组，由“Line”生成单数网格内斜腹杆，由“Shift”偏移下弦A组节点，最后由“Line”生成偶数网格内斜腹杆。

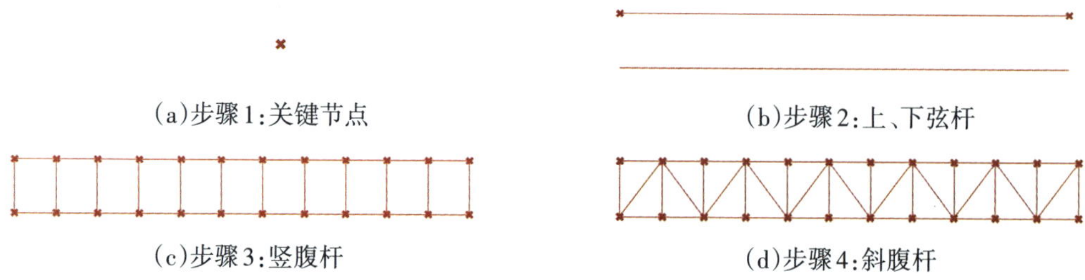

(a)步骤1:关键节点　　(b)步骤2:上、下弦杆

(c)步骤3:竖腹杆　　(d)步骤4:斜腹杆

图4.9　平面矩形桁架结构几何模型2形成步骤

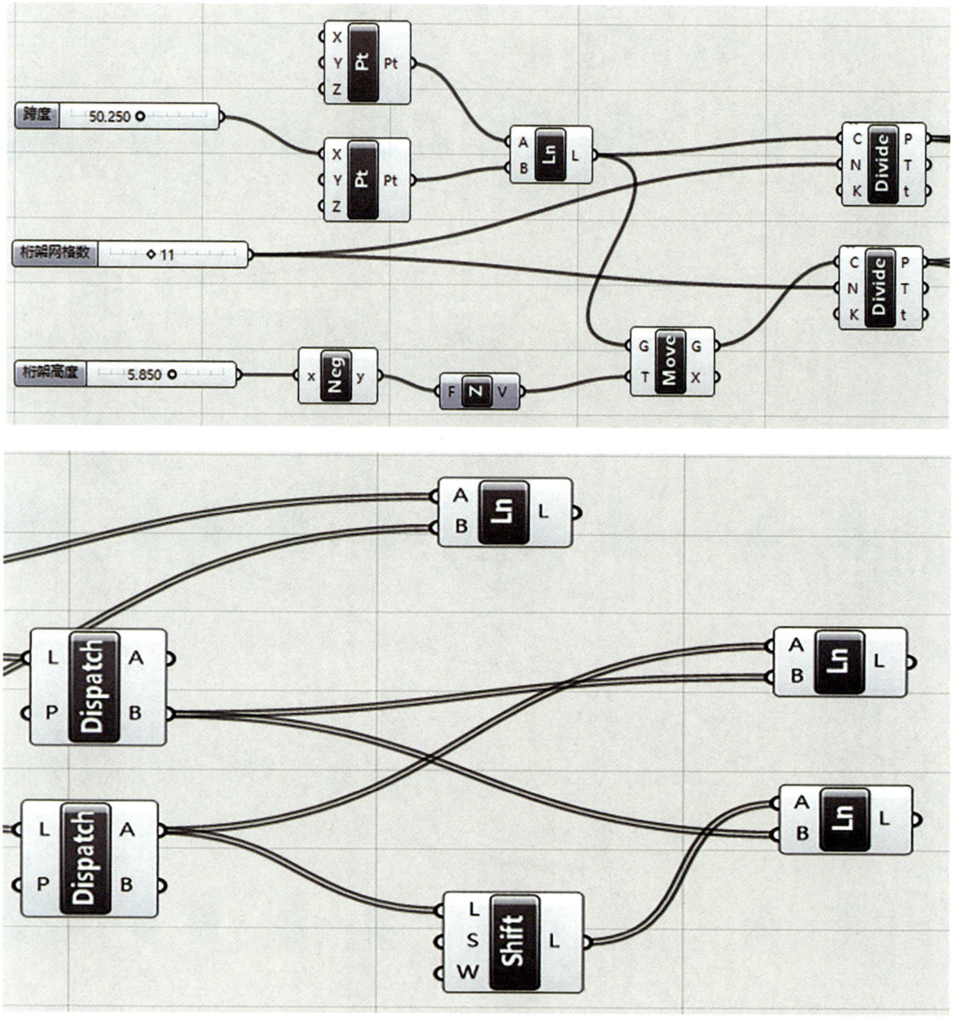

图4.10　平面矩形桁架结构几何模型2运算器

(3) 平面矩形桁架结构3

图4.11为平面矩形桁架结构几何模型3的形成步骤，图4.12为平面矩形桁架结构几何模型3的电池组运算器。步骤1～3与平面矩形桁架结构1、2相同，步骤4生成对称斜

腹杆，由“Split”将桁架上、下弦节点数组按数组长度对半分组，由“Shift”偏移下弦左侧节点和上弦右侧节点，随后由“Line”分别生成斜腹杆。通过“Item”分别提取上弦节点后半组第一个节点和下弦节点前半组最后一个节点，由“Line”分别生成最后一道斜腹杆。

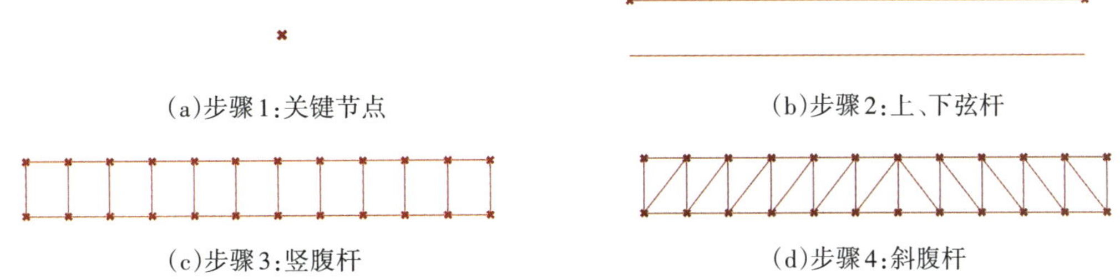

(a)步骤1:关键节点　(b)步骤2:上、下弦杆

(c)步骤3:竖腹杆　(d)步骤4:斜腹杆

图4.11　平面矩形桁架结构几何模型3形成步骤

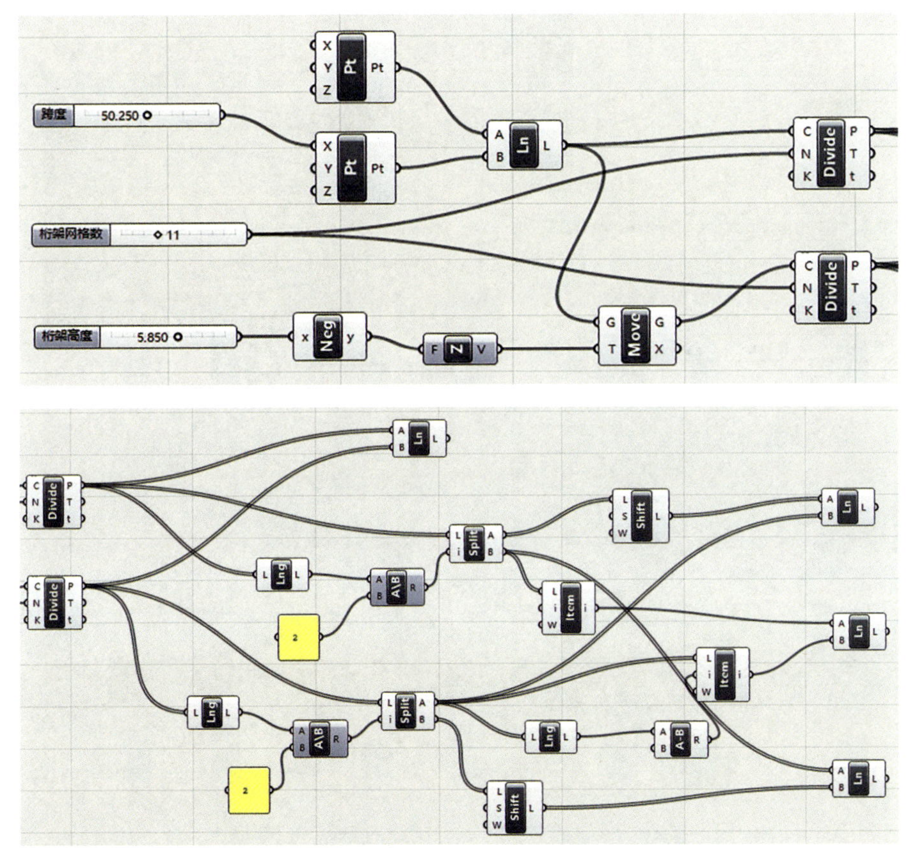

图4.12　平面矩形桁架结构几何模型3运算器

（4）平面矩形桁架结构4

图4.13为平面矩形桁架结构几何模型4的形成步骤，图4.14为平面矩形桁架结构几何模型4的电池组运算器。步骤1～3与平面矩形桁架结构3相同，步骤4形成与平面矩形桁架结构3不同方向的斜腹杆。由“Split”将桁架上、下弦节点数组按数组长度对半分

组，由“Shift”偏移下弦左侧节点和上弦右侧节点，随后由“Line”分别生成斜腹杆。通过“Item”分别提取上弦节点前半组最后一个节点和下弦节点后半组第一个节点，由“Line”分别生成最后一道斜腹杆。

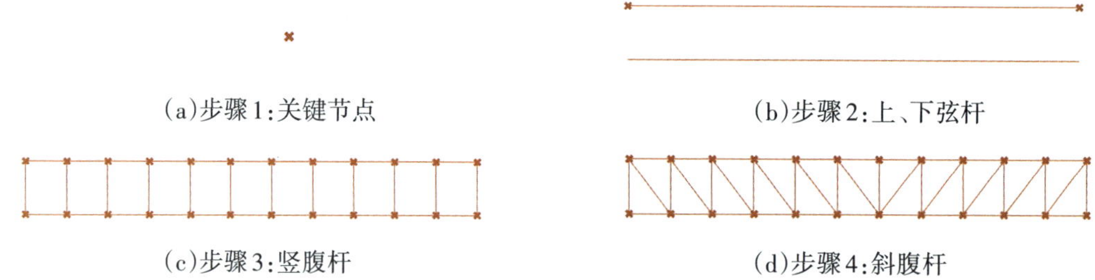

图4.13　平面矩形桁架结构几何模型4形成步骤

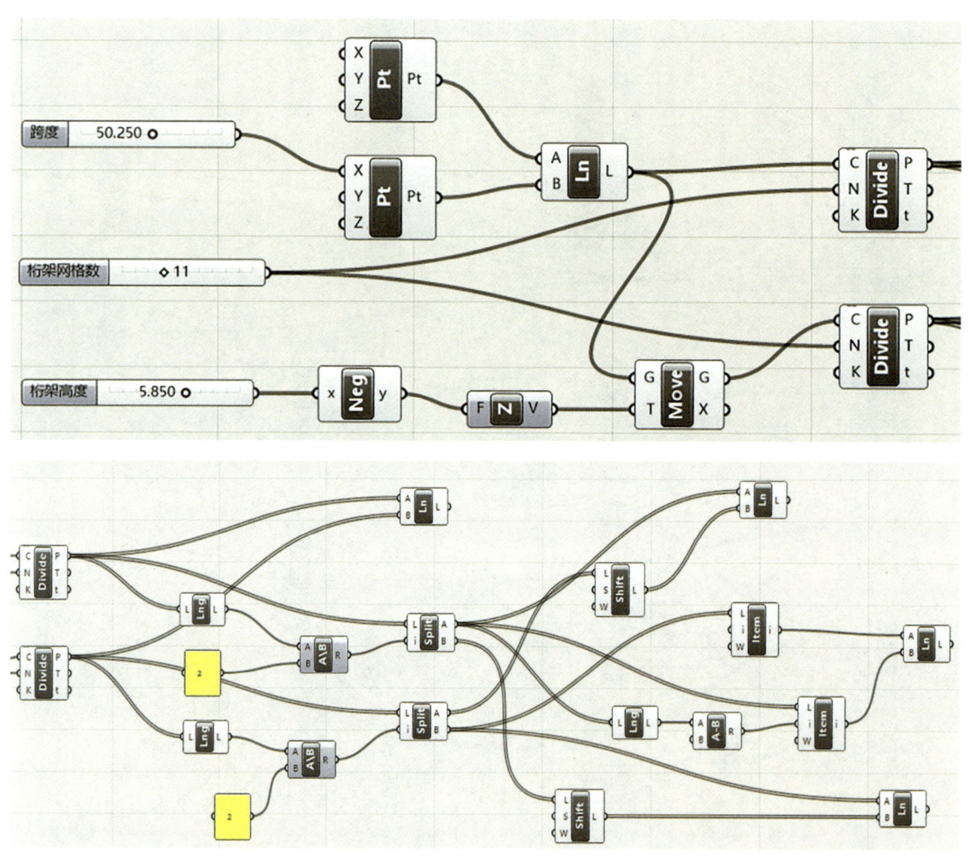

图4.14　平面矩形桁架结构几何模型4运算器

2. 平面梯形桁架

平面梯形桁架结构运算器的逻辑原理为：由跨度生成桁架下弦直线，由边高度和中间高度偏移出上弦直线，通过网格数等分上、下弦节点，按照一定的逻辑关系连接上、下弦之间的节点，形成桁架的竖腹杆和斜腹杆。

控制性参数：平面梯形桁架跨度、梯形桁架边高度和中部高度、梯形桁架单侧网格数。桁架跨度由建筑功能确定，桁架高度按照桁架受力条件、跨度大小综合确定，桁架的网格数根据结构柱网、桁架高度、相邻杆件间的夹角确定。

（1）平面梯形桁架结构1

图4.15为平面梯形桁架结构几何模型1的形成步骤，图4.16为平面梯形桁架结构几何模型1的电池组运算器。由“Pt”和“Move”按输入参数“平面梯形桁架跨度”和“梯形桁架边高度和中部高度”生成梯形桁架关键节点，分别为4个边节点和2个中间节点。由“Line”通过关键节点分别生成上、下弦杆（4条，对称）。

通过“Line”分别对应连接桁架上、下弦节点，形成梯形桁架竖腹杆。由“Divide”将弦杆按输入参数“梯形桁架单侧网格数”生成对应的节点数组。由“Shift”偏移节点，随后由“Line”分别生成斜腹杆。

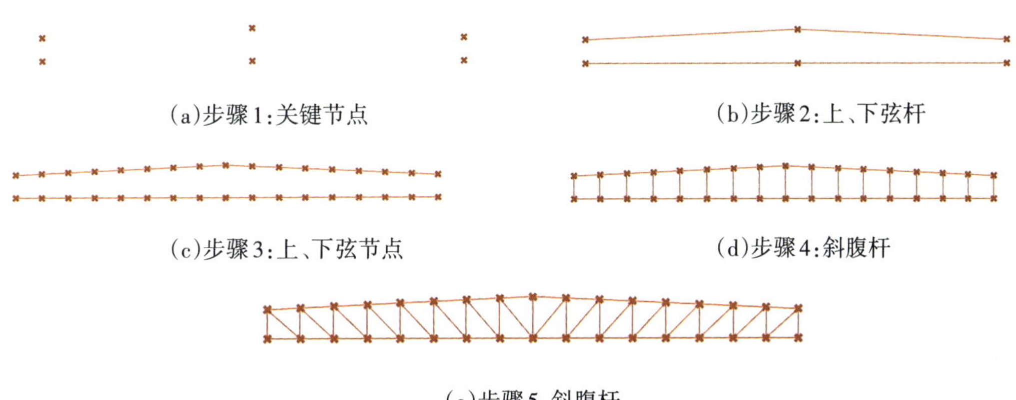

图4.15　平面梯形桁架结构几何模型1形成步骤

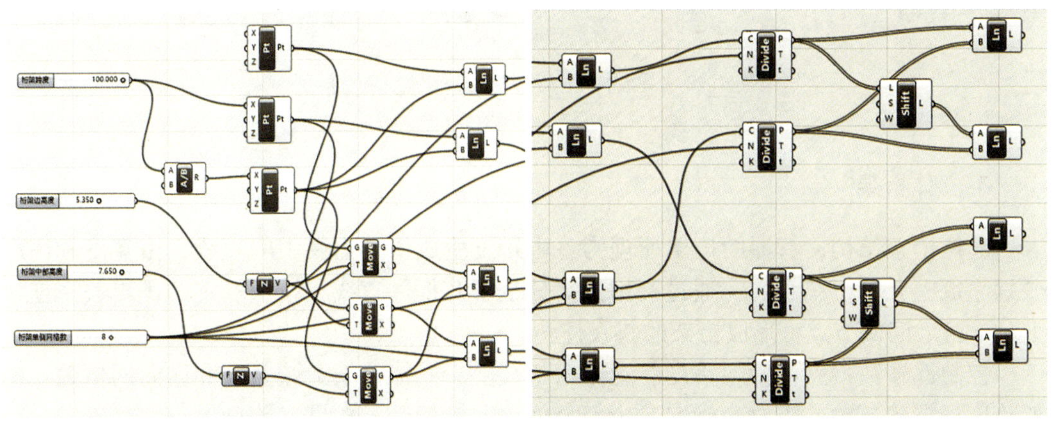

图4.16　平面梯形桁架结构几何模型1运算器

（2）平面梯形桁架结构2

图4.17为平面梯形桁架结构几何模型2的形成步骤，图4.18为平面梯形桁架结构几何模型2的电池组运算器。步骤1～4与平面梯形桁架结构1相同，步骤5生成与平面梯形桁架结构1不同方向的斜腹杆。由“Divide”将弦杆按输入参数“梯形桁架单

侧网格数”生成对应的节点数组。由“Shift”偏移节点，随后由“Line”分别生成斜腹杆。

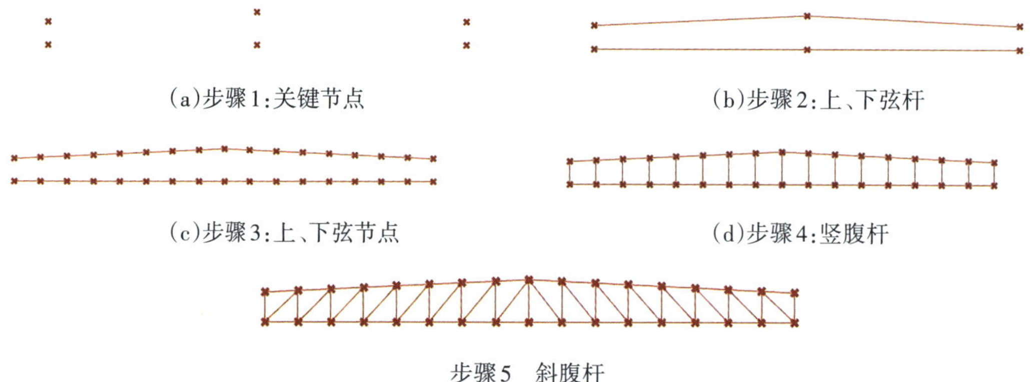

图4.17　平面梯形桁架结构几何模型2形成步骤

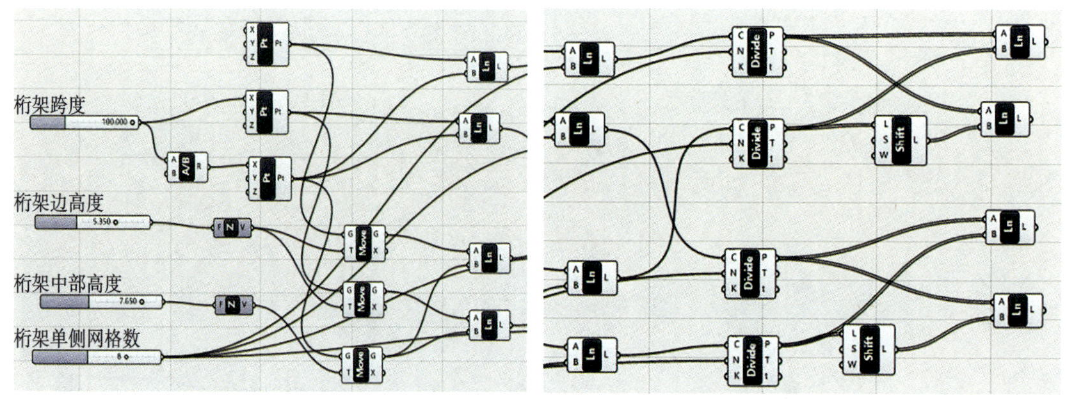

图4.18　平面梯形桁架结构几何模型2运算器

3. 立体桁架

立体桁架结构运算器的逻辑原理为：由跨度生成桁架上弦中间直线，由宽度和高度分别生成上弦和下弦直线，通过网格数等分上下弦杆件直线，按照一定的逻辑关系连接上、下弦之间的节点，形成桁架的斜腹杆。

控制性参数：立体桁架跨度、立体桁架高度、立体桁架上弦宽度和纵向网格数。桁架跨度根据建筑功能需要来确定，桁架高度按照桁架受力条件、跨度大小综合确定，桁架的网格数根据结构柱网、桁架高度、相邻杆件间的夹角确定。

图4.19为立体桁架结构几何模型的形成步骤，图4.20为立体桁架结构几何模型的电池组运算器。由“Pt”、“Move”和“Line”按输入参数“桁架跨度”形成弦杆辅助线、由“Move”按输入参数“上弦宽度/2”和“桁架高度”分别形成两根上弦杆和一根下弦杆，由“Divide”按输入参数“网格数”生成上、下弦杆节点，由“Line”和“Shift”通过弦杆节点生成上、下弦杆和斜腹杆。

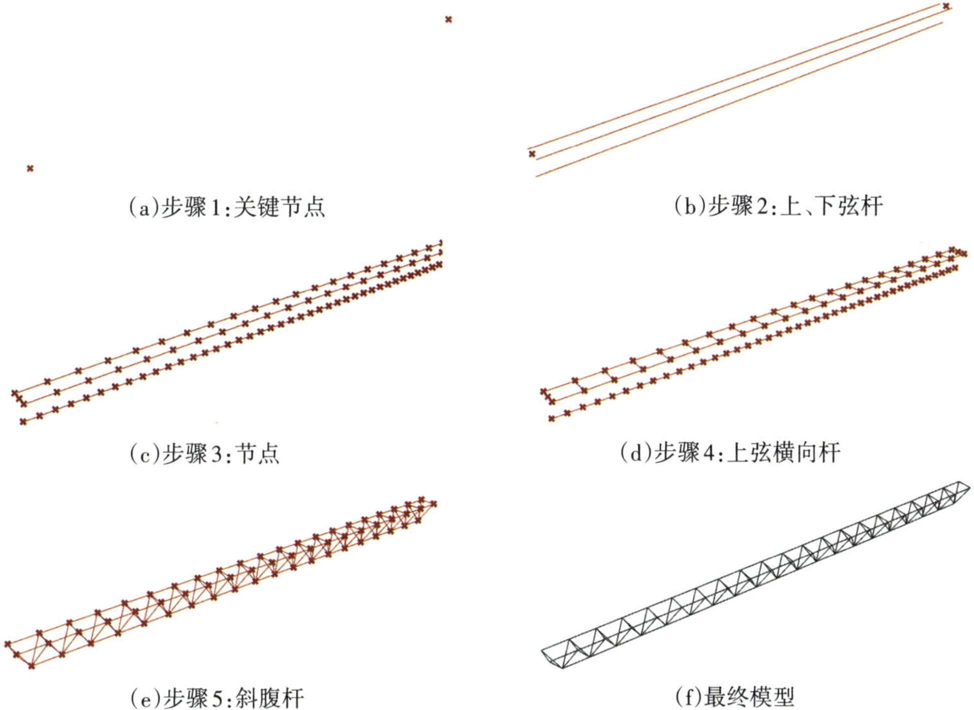

(a)步骤1:关键节点　(b)步骤2:上、下弦杆

(c)步骤3:节点　(d)步骤4:上弦横向杆

(e)步骤5:斜腹杆　(f)最终模型

图4.19　立体桁架结构几何模型形成步骤

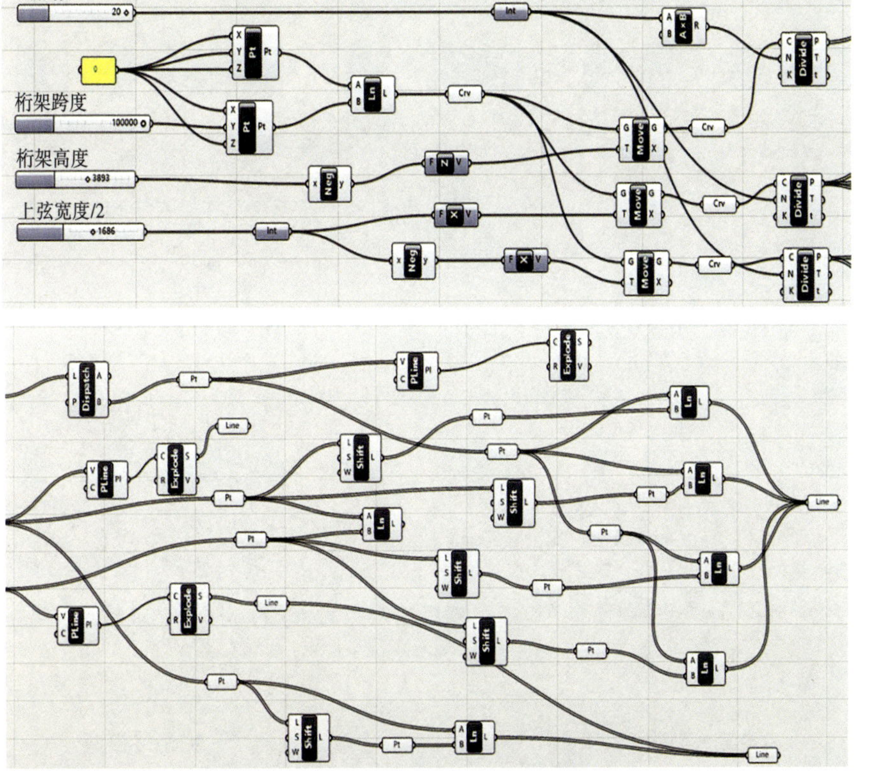

图4.20　立体桁架结构几何模型运算器

4. 平板网架结构

以正放四角锥网架为例，由网架高度、上下弦网格尺寸等作为控制性参数生成平板网架结构模型。使用该电池组的过程中，可根据荷载条件、柱网尺寸、支承情况、网格构造要求等因素确定网架结构的网格尺寸和网架高度，以生成符合具体项目条件的网架结构几何模型。

平板网架结构运算器的逻辑原理为：由上、下弦网格尺寸生成多条相互垂直的直线，由网架高度偏移出上、下弦之间的距离，通过线与线之间的交点得到网架所有节点，对这些节点进行数据处理，按照一定的逻辑关系连线，形成网架的上弦、腹杆和下弦杆件。

图4.21为平板网架结构几何模型的形成步骤，图4.22为平板网架结构几何模型的电池组运算器。

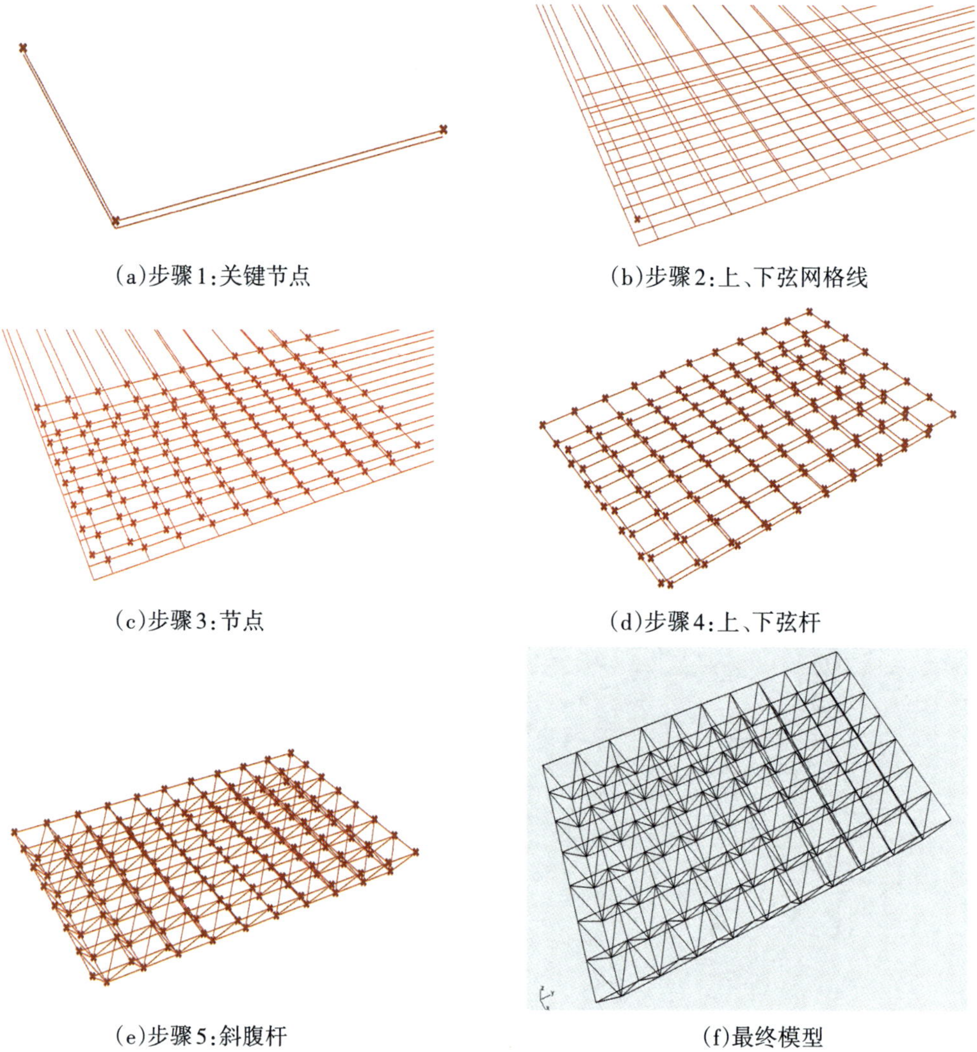

(a)步骤1:关键节点

(b)步骤2:上、下弦网格线

(c)步骤3:节点

(d)步骤4:上、下弦杆

(e)步骤5:斜腹杆

(f)最终模型

图4.21　平板网架结构几何模型形成步骤

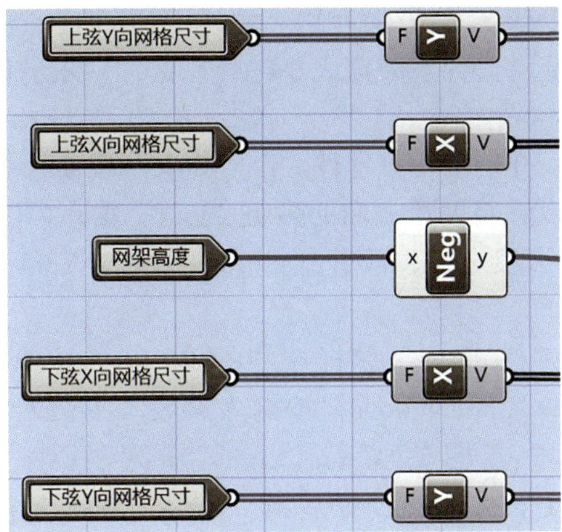

(a)平板网架结构模型控制性参数

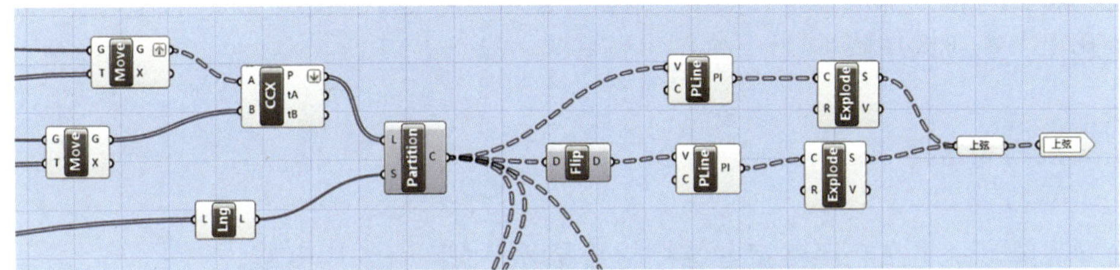

(b)平板网架结构模型上弦杆件生成

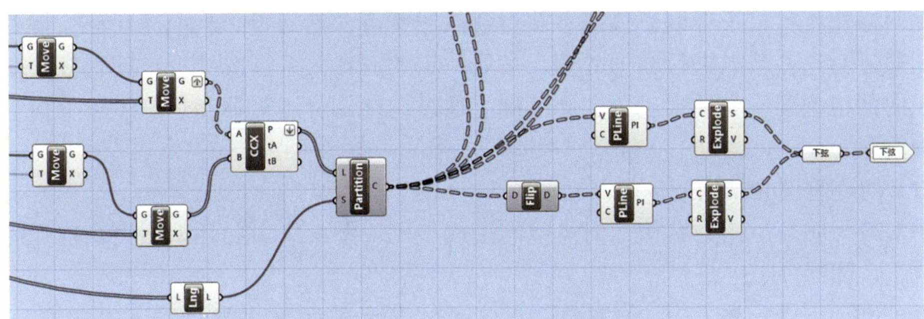

(c)平板网架结构模型下弦杆件生成

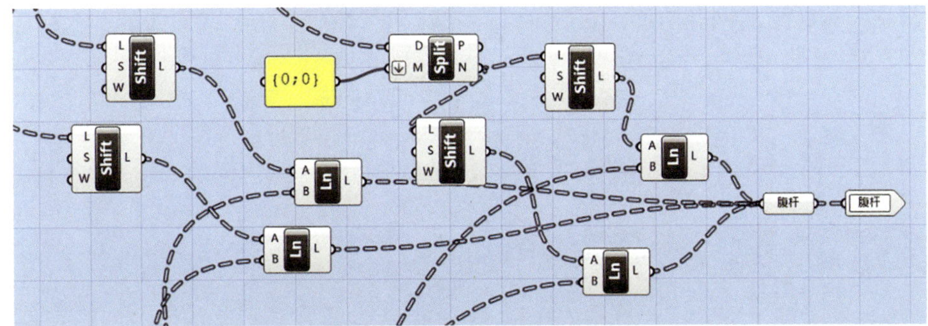

(d)平板网架结构模型腹杆生成

图4.22 平板网架结构几何模型运算器

控制性参数：包括上弦X、Y方向网格尺寸，下弦X、Y方向网格尺寸和网架高度。其中网架高度按照网架受力条件、跨度大小综合确定，网架的网格尺寸根据结构柱网、网架高度、相邻杆件间的夹角确定。

网架上弦杆：包括X、Y向的上弦杆件。由“Move”按输入参数“上弦网格尺寸”生成两个方向的多组“Line”，将两个方向的多组“Line”输入“CCX”产生上弦节点，由“Partition”将节点按一定长度分组，最后由“PLine”和“Explode”产生两个方向的上弦杆件。

网架下弦杆：包括X、Y向的下弦杆件。由“Move”按输入参数“网架高度”生成下弦两个方向的“Line”，由“Move”按输入参数“下弦网格尺寸”生成两个方向的多组“Line”，将两个方向的多组“Line”输入“CCX”产生下弦节点，由“Partition”将节点按一定长度分组，最后由“PLine”和“Explode”产生两个方向的下弦杆件。

网架腹杆：由“Shift List”偏移、删除节点数组数据，通过“Line”将上弦节点和下弦节点相连，形成网架腹杆。

5. 单层网壳结构

由网壳跨度、矢高、网格宽度等控制性参数生成网壳结构模型。

网壳结构运算器的逻辑原理为：由中心点、跨度和矢高确定网壳曲面；由中心点、跨度和网格宽度生成投影网格弧线，并得到弧线交点，然后投影到网壳曲面，得到网壳节点；通过对这些节点进行数据处理，按照一定的逻辑关系连线，形成网壳杆件。肋环型、三向网格型等网壳形式也可在此基础上通过调整部分运算器和运算逻辑等得到对应的结构模型。

（1）肋环型网壳结构

图4.23为肋环型网壳结构几何模型的形成步骤，图4.24为肋环型网壳结构几何模型的电池组运算器。

由“Pt”按既定的坐标形成网壳中心点，按输入参数“半径”和“矢高”通过“Move”形成左、右端节点和顶点。由左、右端节点和顶点通过“Arc”形成圆弧，随后由“Revsrf”旋转形成网壳曲面。

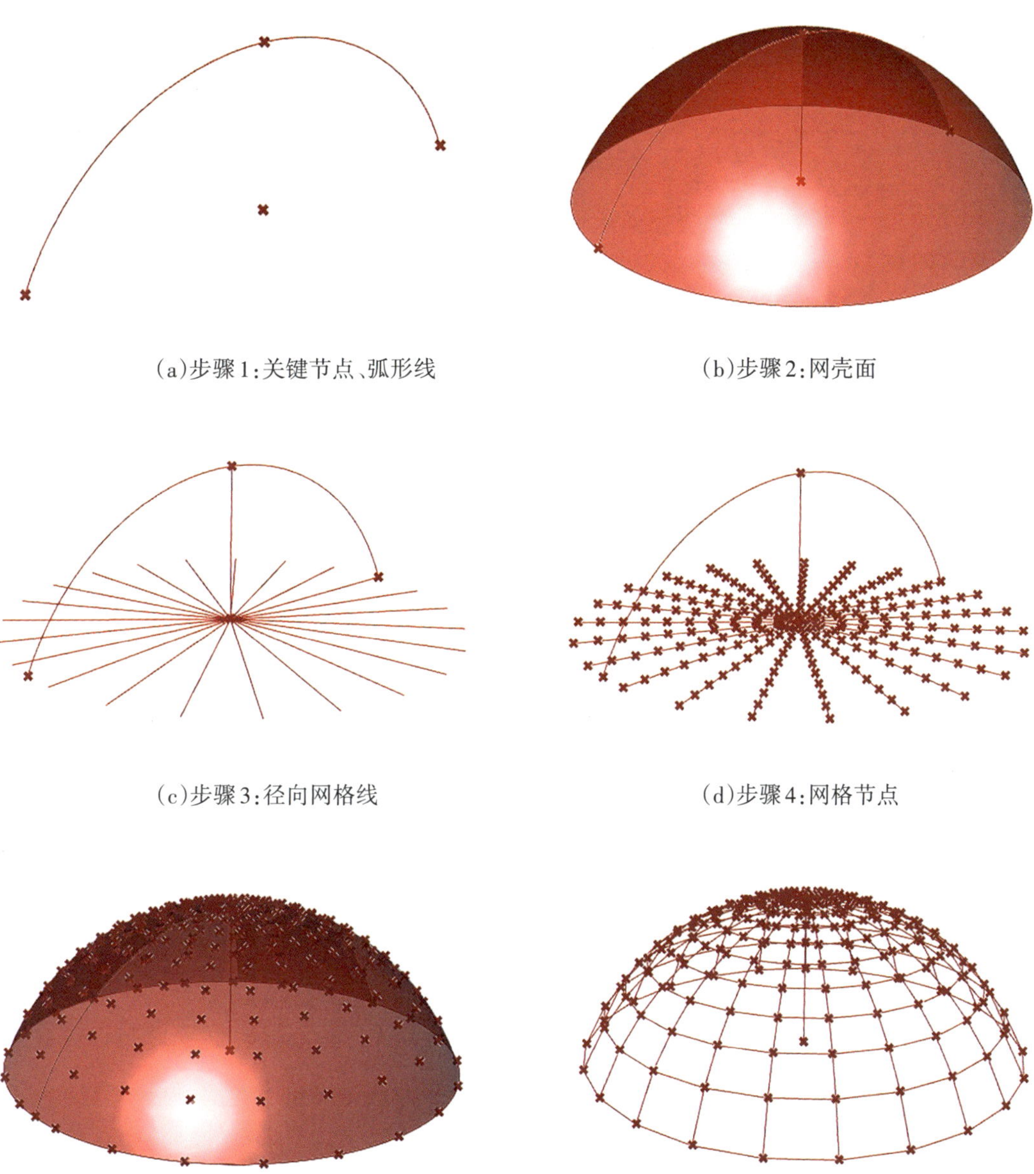

(a)步骤1:关键节点、弧形线　(b)步骤2:网壳面

(c)步骤3:径向网格线　(d)步骤4:网格节点

(e)步骤5:网壳面节点　(f)步骤6:网壳结构网格

图4.23　肋环型网壳结构几何模型形成步骤

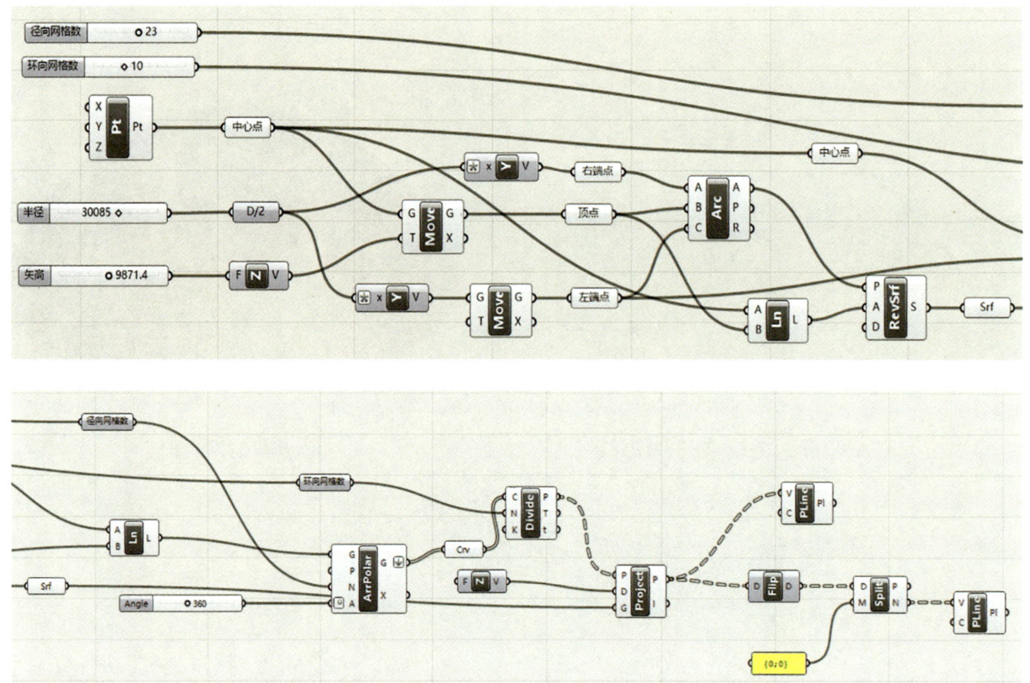

图4.24　肋环型网壳结构几何模型运算器

按输入参数“径向网格数”和径向直线，通过“ArrPolar”以360°阵列形成平面径向网格线，按输入参数“环向网格数”通过“Divide”等分平面径向网格线形成等分节点。基于网壳曲面，由“Project”将等分节点垂直投影到网壳曲面，形成网壳结构节点。由“PLine”形成网壳径向网格杆件，由“Flip”转置网壳节点矩阵，由“PLine”形成网壳环向网格杆件。

（2）葵花三向网格结构

图4.25为葵花三向网格结构几何模型的形成步骤，图4.26为葵花三向网格结构几何模型的电池组运算器。

由“Pt”按既定的坐标形成网壳中心点，按输入参数“半径”和“矢高”通过“Move”形成左、右端节点和顶点。由左、右端节点和顶点通过“Arc”形成圆弧，随后由“Revsrf”旋转形成网壳曲面。

按输入参数“网格宽度”由“Arc”形成平面径向网格弧线，由“Mirror”镜像，再由“ArrPolar”以360°阵列形成平面径向网格线。由“CCX”形成所有平面径向网格线的交点，“CullPt”删除重复节点。基于网壳曲面，由“Project”将所有节点垂直投影到网壳曲面，形成网壳结构节点。由“PLine”形成径向网格杆件，由“Flip”转置网壳节点矩阵，由“PLine”形成环向网格杆件。

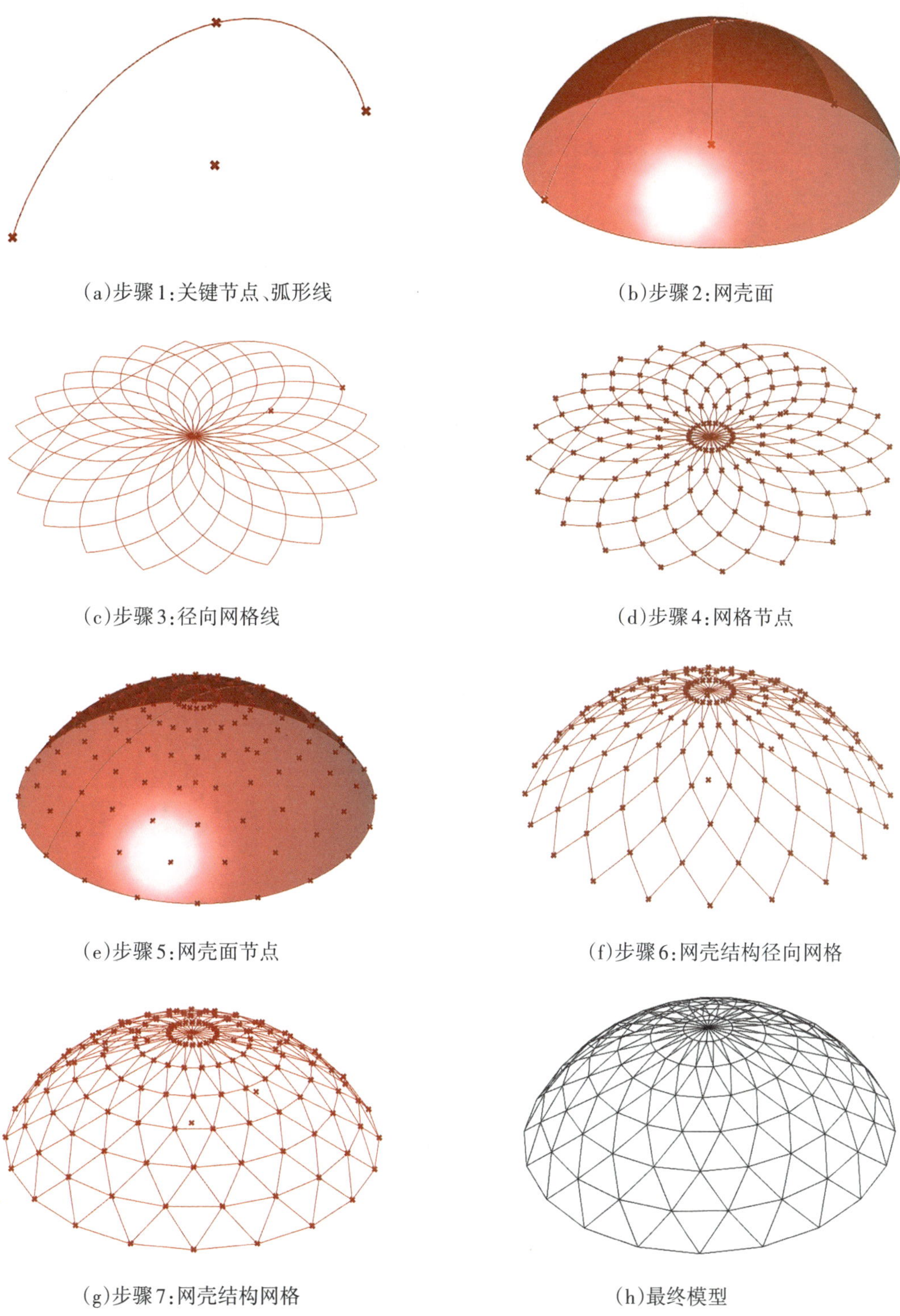

图4.25 葵花三向网格结构几何模型形成步骤

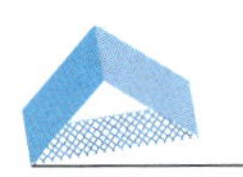

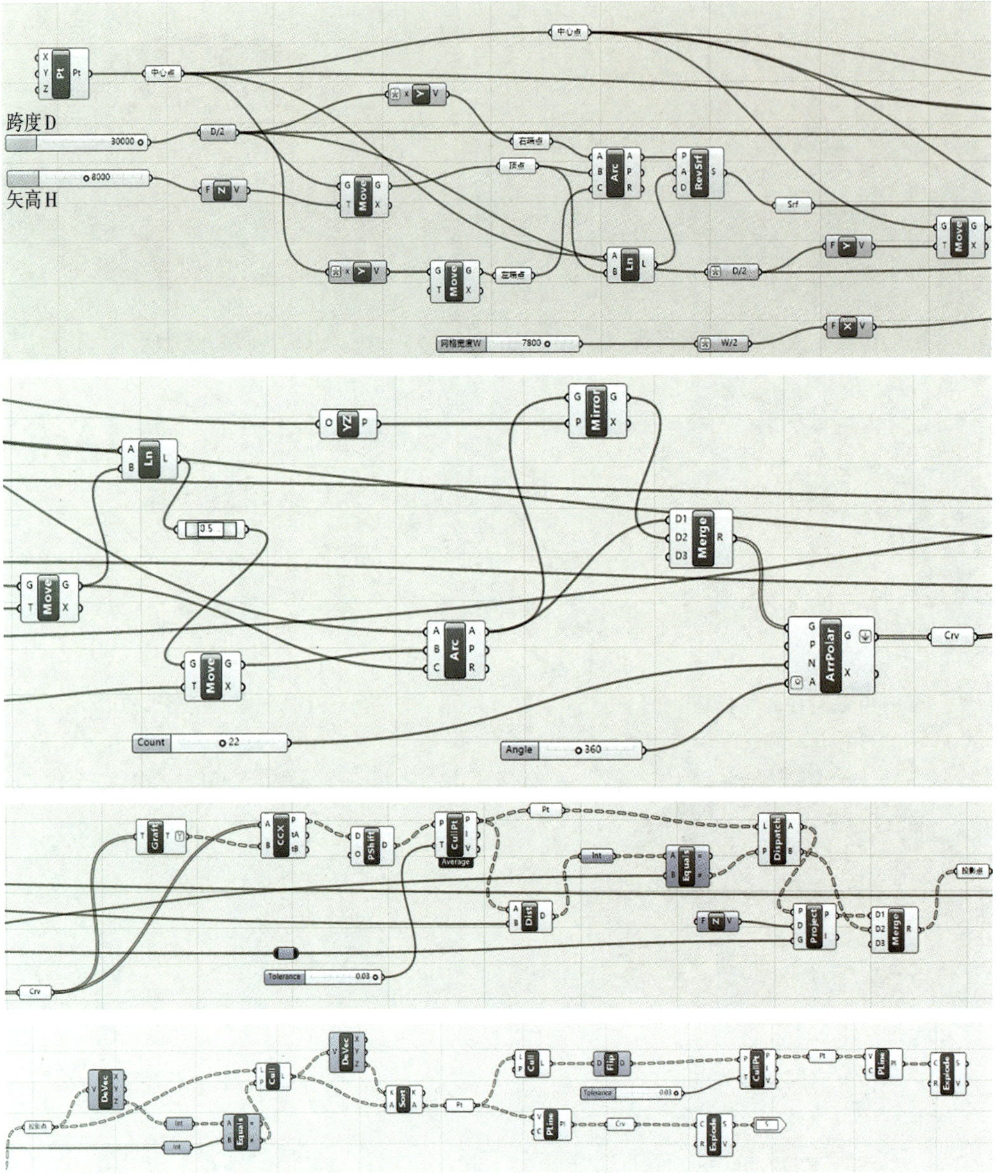

图4.26　葵花三向网格结构几何模型电池组

第二节　由建筑曲面生成结构模型

随着经济的不断发展和社会需求的不断增长，建筑的体量越来越大，建筑形体也越来越复杂。Rhino软件以其在处理自由曲面、异形曲面方面的特长而被越来越多的建筑师应用在方案创作中。对结构工程师来说，怎么把Rhino空间异形曲面快速转化成结构模型，是结构计算分析前的关键步骤。传统的手动建模方式效率低下且准确率不高。基于

Rhino的Grasshopper插件可以实现与建筑Rhino模型的无缝衔接，并可通过电池组对Rhino空间曲面进行编辑处理。

1. 某曲面屋盖

图4.27所示为某场站曲面屋盖表皮模型，图4.28为屋盖部分柱网布置，其短向跨度为84 m，长向跨度为132 m。类似这样的不规则曲面难以通过常规的建模方法快速建模，同时常规模型极有可能存在与建筑曲面本身的契合度不够精准的问题，并且建筑方案一旦修改，建模的返工量极大。

结构设计师可直接利用建筑屋盖的曲面来建模，在建筑曲面的基础上扣除建筑面层做法厚度后生成结构面，然后通过柱网、网架高度等限制条件，对相关数据逻辑进行调整和处理，可很快生成结构几何模型。这样生成的结构几何模型与建筑曲面具有高度的一致性，且网架高度、结构网格尺寸等关键参数可以实时调整，进行多方案的对比分析。其参数化建模运算逻辑流程图详见图4.29。

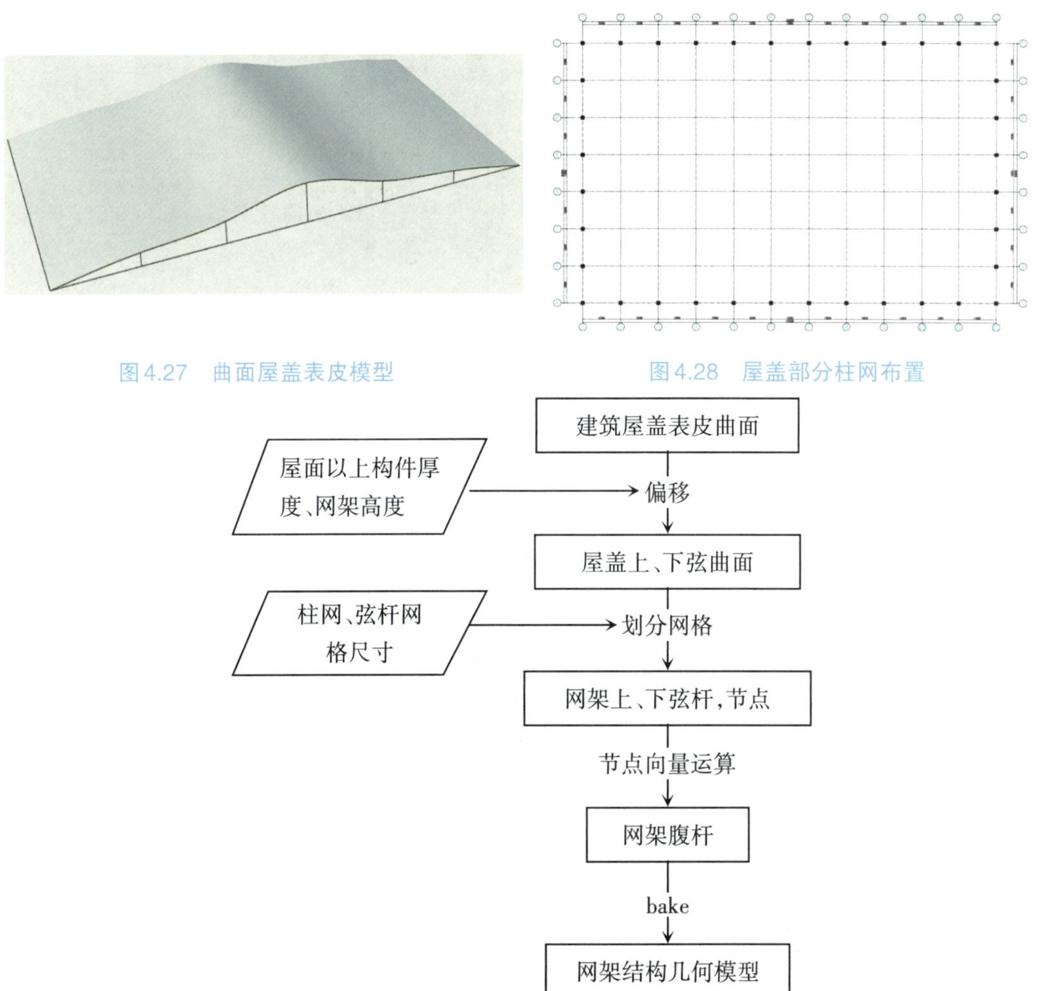

图4.27　曲面屋盖表皮模型

图4.28　屋盖部分柱网布置

图4.29　曲面屋盖网架参数化建模流程

（1）曲面网架结构

如图 4.30 所示为基于空间曲面生成网架结构模型的运算器，其主要控制性参数为上下弦网格尺寸、基准曲面、网架高度等，其中确定上下弦网格尺寸时应充分考虑柱网及网架支座的位置。尽管 Grasshopper 的插件 LunchBox 中自带的部分运算器可快速生成空间网架结构、平面桁架结构等，但其不能考虑支座及柱网对网格尺寸的限制。图 4.31 为基于该运算器形成的曲面网架三维图，图 4.32 和图 4.33 分别为曲面网架顶视图和立面图。

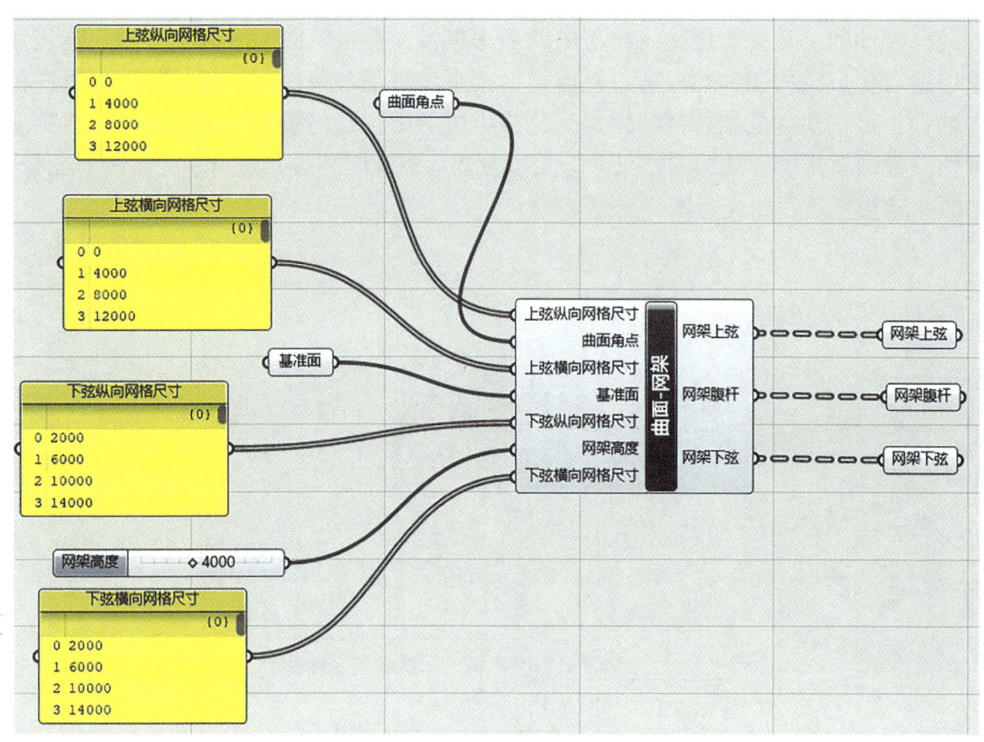

图 4.30　曲面网架运算器

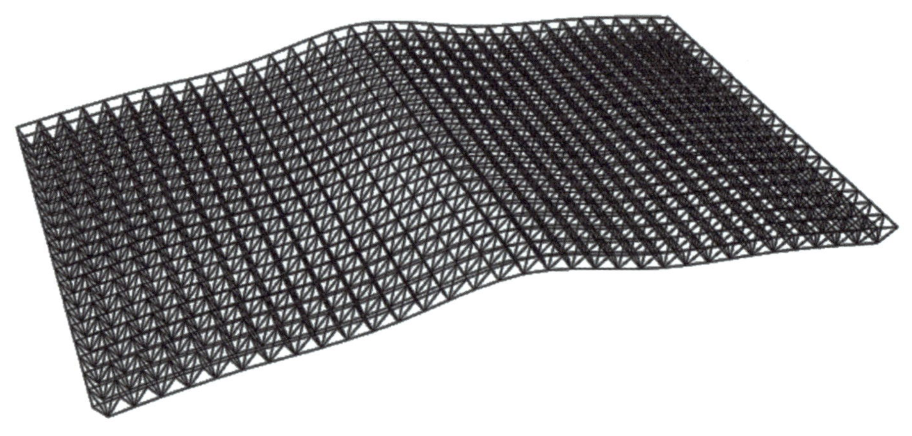

图 4.31　曲面网架三维图

图4.32　曲面网架顶视图

图4.33　曲面网架立面图

（2）曲面—平面桁架结构

如图4.34所示为基于空间曲面生成平面桁架结构模型的运算器，其主要控制性参数为桁架网格尺寸、基准曲面、桁架高度等。其中确定桁架网格尺寸时应充分考虑柱网及桁架支座的位置。同时，可通过布尔值运算器随时改变斜腹杆的方向。图4.35和图4.36分别为基于该运算器形成的曲面—平面桁架结构三维图和立面图。

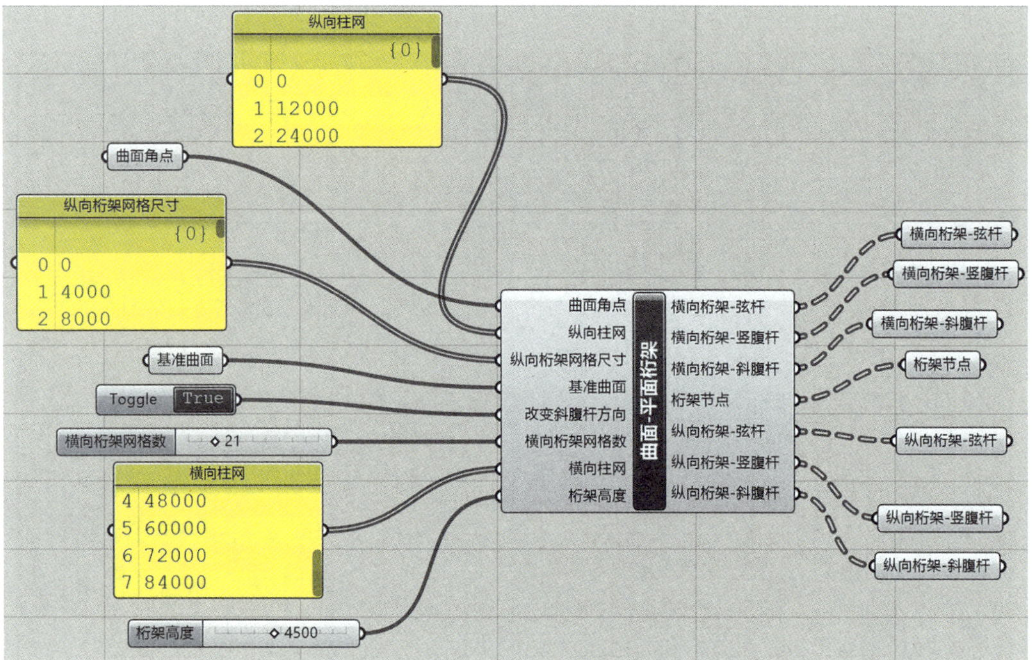

图4.34　曲面—平面桁架运算器

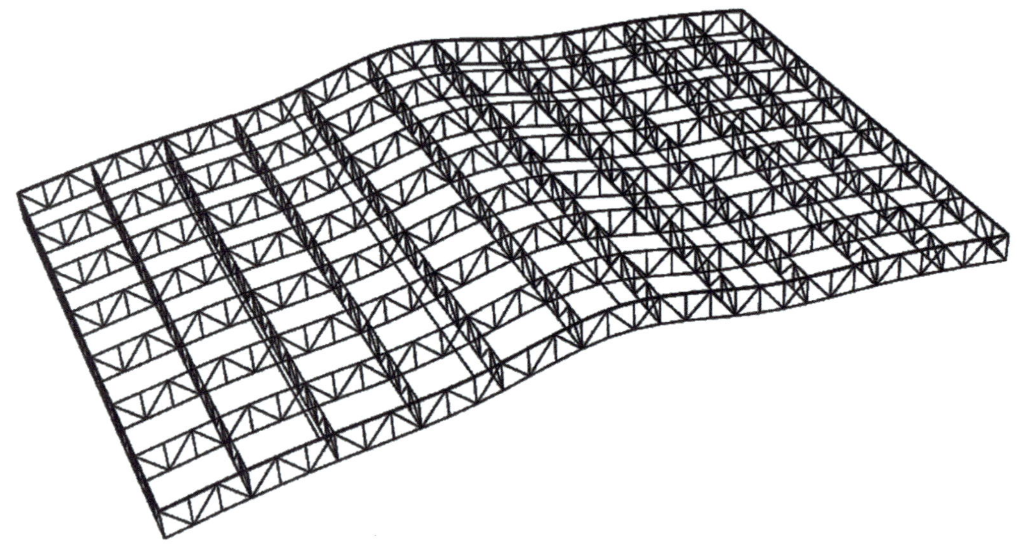

图4.35　曲面—平面桁架三维图

图4.36　曲面—平面桁架立面图

2. 某看台罩棚

一般学校操场的看台罩棚采用悬挑结构，图4.37为某看台悬挑桁架建模运算器。其将悬挑桁架高度、柱网尺寸等作为关键参数，以屋盖空间曲面为基准面，通过对点、线数据关系的处理，生成悬挑立体桁架结构模型。图4.38和图4.39分别为看台悬挑立体桁架整体几何模型图和看台悬挑桁架立面图。

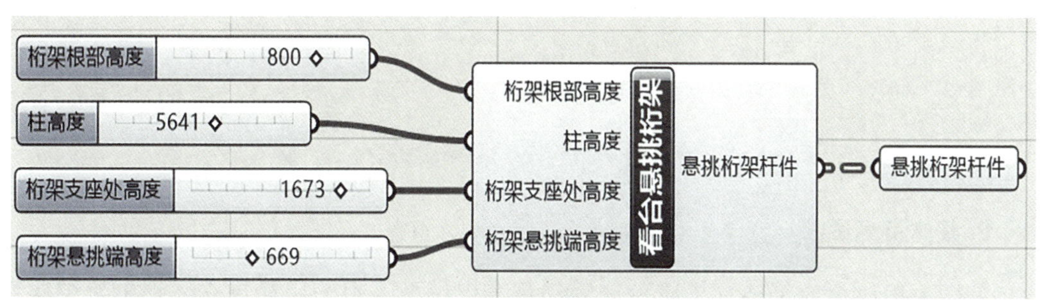

图4.37 看台悬挑桁架建模运算器

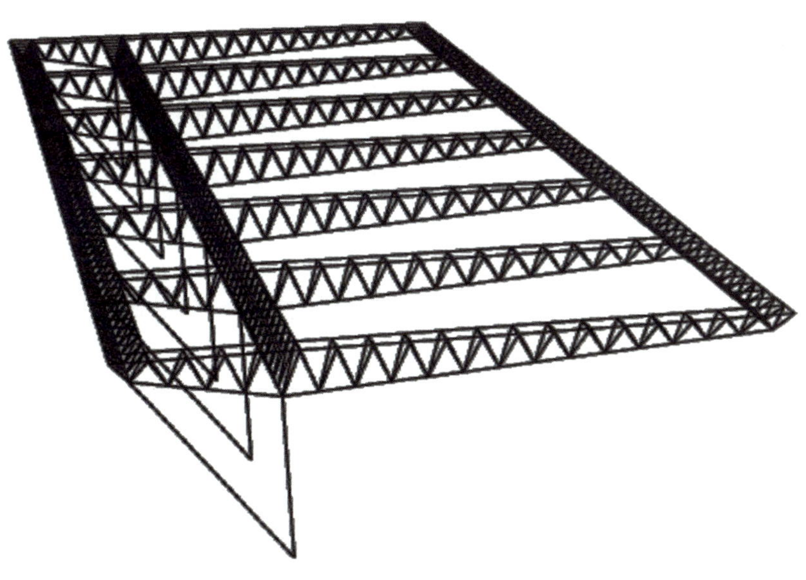

图4.38 看台悬挑立体桁架整体几何模型

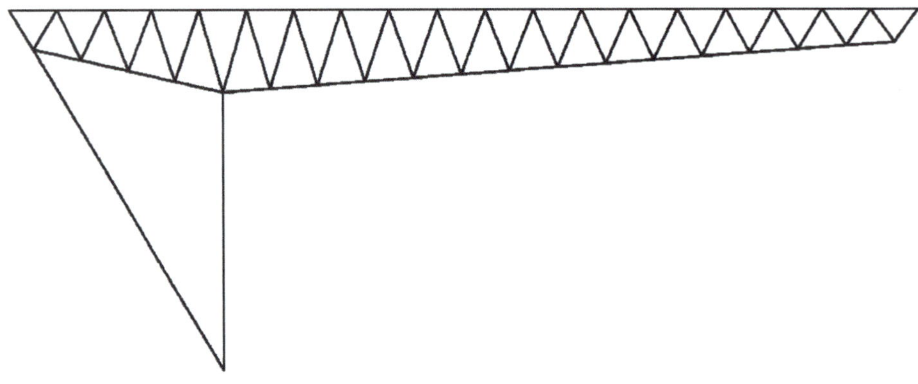

图4.39　看台悬挑桁架立面图

3. 某体育场罩棚

如图4.40所示为某体育场看台罩棚建筑表皮模型，拟采用悬挑立体钢桁架结构方案，其中罩棚高度为43.45 m，悬挑长度为53.25 m。该空间结构形态复杂，包含杆件众多，采用传统方式建模难度大、效率低，且容易出错。该空间结构由向着体育场中心方向的多榀径向立体桁架组成，并设置一定数量的环向桁架和联系杆件，整体结构具有很强的规律性，其特点适宜运用参数化建模，采用Rhino+Grasshopper软件参数化建立几何模型。

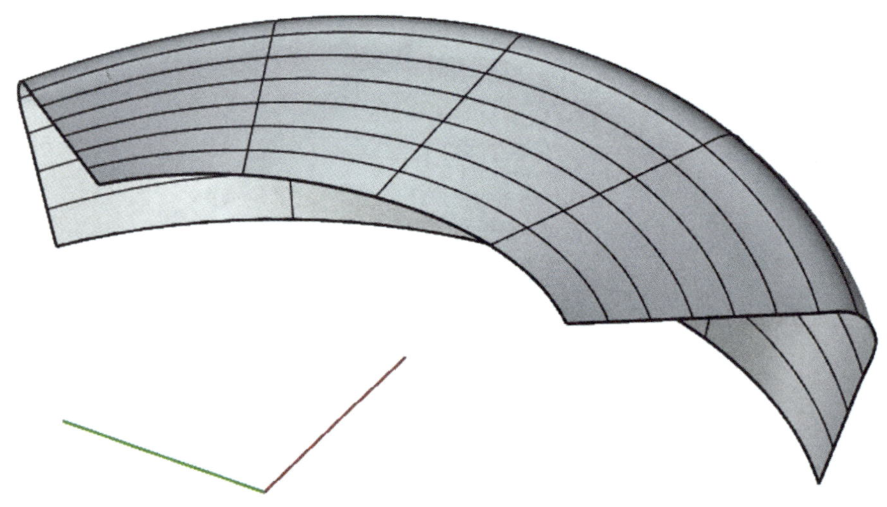

图4.40　体育场罩棚建筑局部表皮

将该结构立体桁架平面定位、桁架根部和端部高度、立体桁架上弦杆件间的宽度、杆件尺寸和环向桁架位置等都设定为变量参数，结构模型可根据建筑方案和结构受力性能要求随时作调整，充分发挥参数化建模的优势。以图4.40所示的看台罩棚建筑表皮曲面为基准面，通过“Move”命令偏移形成径向立体桁架外侧曲面，由桁架定位平面通过“Brep/Plane”命令与桁架外侧曲面相交生成立体桁架外侧弦杆。随后，由点线偏移、点向量交叉运算得到径向立体桁架内侧弦杆和腹杆。提取对应部位径向桁架的节点向量，通过“Flip Matrix”命令形成环向桁架节点向量，由向量运算得到环向桁架和环向连接杆件。最后，采用“Bake”命令提取径向立体桁架、环向桁架和连接杆件，形成最终看台罩棚结构几何模型。

图4.41为体育场罩棚局部悬挑立体桁架结构，图4.42为体育场罩棚局部悬挑立体桁架结构顶视图，图4.43为某一榀悬挑立体桁架结构，图4.44为体育场屋盖罩棚立体桁架结构组合示意图。

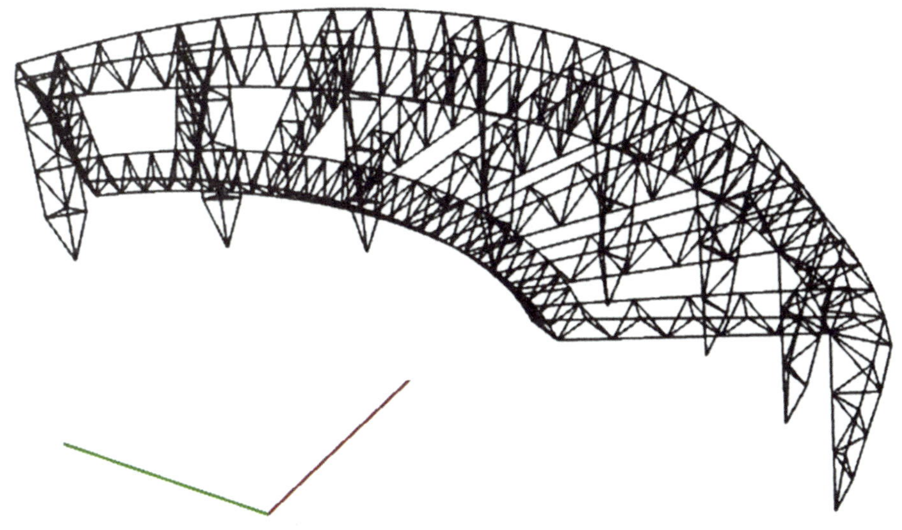

图4.41　体育场罩棚局部悬挑立体桁架结构

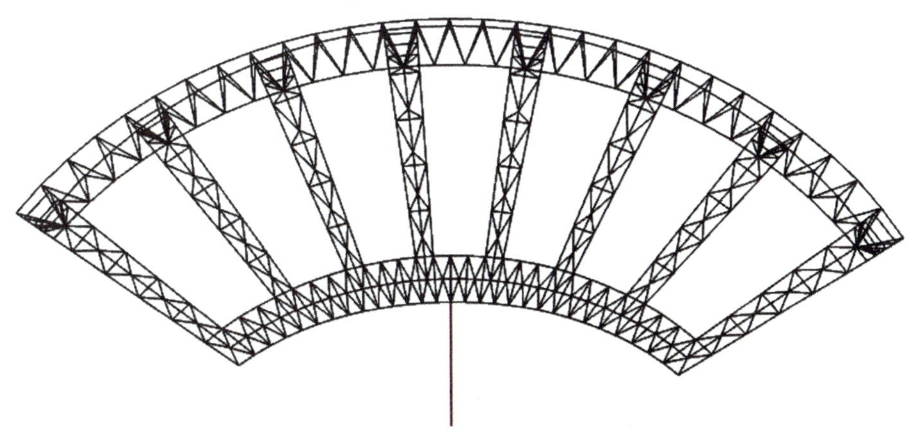

图4.42　体育场罩棚局部悬挑立体桁架结构顶视图

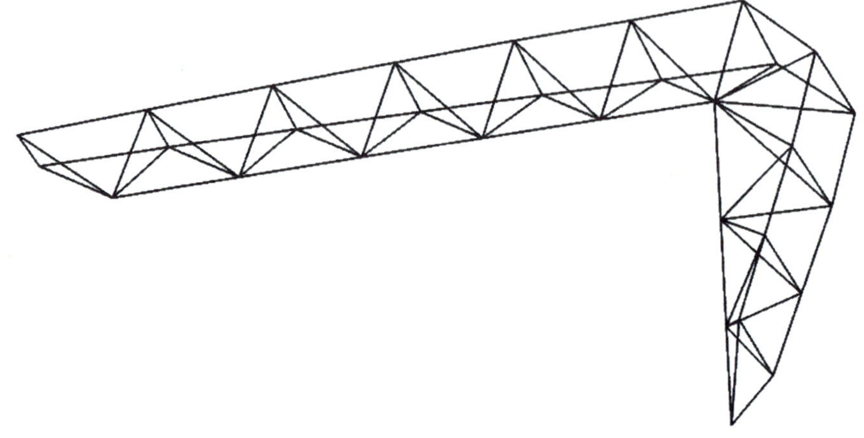

图4.43 某一榀悬挑立体桁架结构

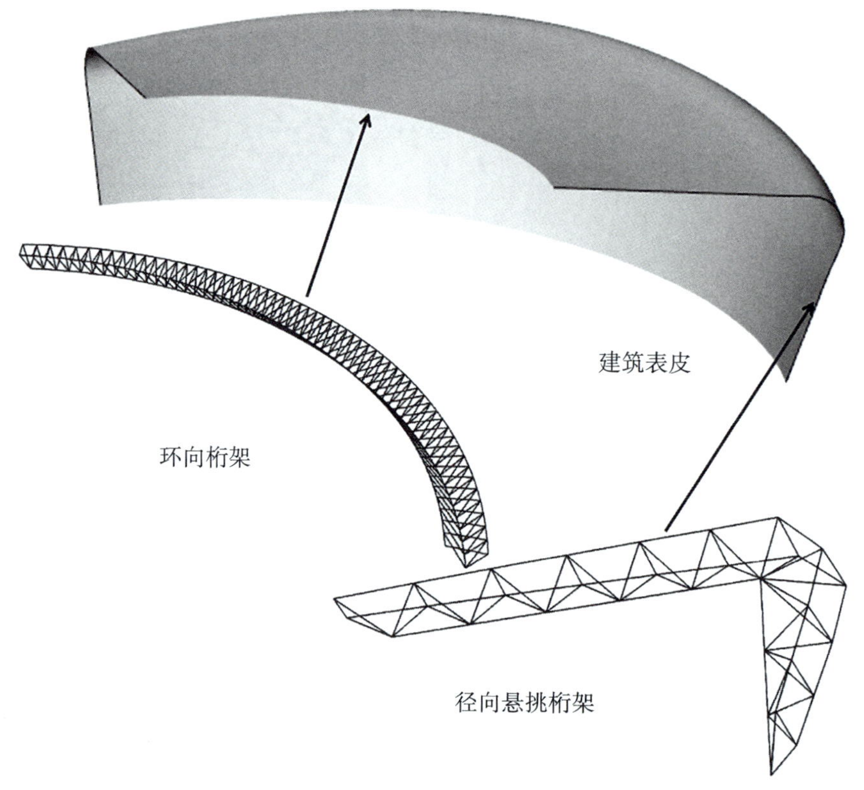

图4.44 体育场罩棚立体桁架结构组合示意图

4. 某城市中心广场

基于Rhino+Grasshopper软件参数化建立的几何模型可与常用计算软件互转数据，形成一体化计算分析模型。图4.45所示为某城市中心广场花瓣形空间网格结构，该花冠结构平面呈椭圆形，长轴尺寸为84.20 m，悬挑为24.00 m；短轴尺寸为46.40 m，悬挑为14.00 m；总高18 m，外挑部分高8 m。根据该建筑外形表达和形态意象要求，初步确定采用局部双层网壳结构方案，用Rhino+Grasshopper参数化建模，用SAP2000软件进行结构计算分析。

该模型由建筑专业提供Rhino表皮曲面（图4.45），结构专业依据该曲面和网格尺寸提取控制性曲线（图4.46），由“Divide”命令划分各曲线，并控制杆件尺寸，由“Polyline”“Line”和“Shift List”命令分别连接各曲线和相邻曲线上的分割点，形成单层网格结构模型。由于悬挑根部受力较大，单层网壳结构难以满足受力要求，故通过“Offset Surface”命令形成上弦曲面，采用前述建立单层网格类似的逻辑形成局部双层网格结构模型。

图4.45 某城市中心广场花瓣形空间网格结构

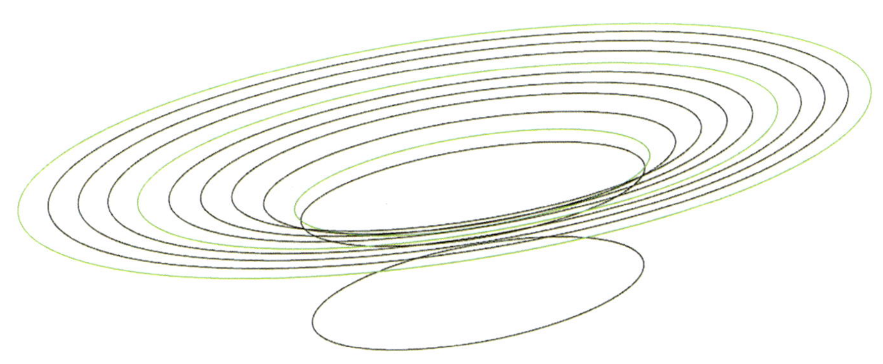

图4.46 控制性网格曲线

参数化建立的几何模型（图4.47）经数据转换导入SAP2000计算软件（图4.48），通过调整杆件截面，初定方案的结构刚度和承载力能够满足规范要求，如表4.1所示。结构在荷载标准组合作用下，长轴方向挠度为118 mm，挠跨比为1/205；短轴方向挠度为106 mm，挠跨比为1/130，满足《空间网格结构技术规程》JGJ 7—2010的要求，结构整体用钢量为559.9 t。为了得到更优的受力体系和更经济的用钢量，将网格尺寸、局部双层网壳高度和腰带桁架的设置作为关键参数，优化结构内力、杆件尺寸和用钢量。最终优化结果如表4.1所示，尽管结构两个方向的挠度轻微增大，但整体用钢量减少了18.5%至456.2 t，结构经济性得到了明显改善，杆件受力亦得到有效控制。

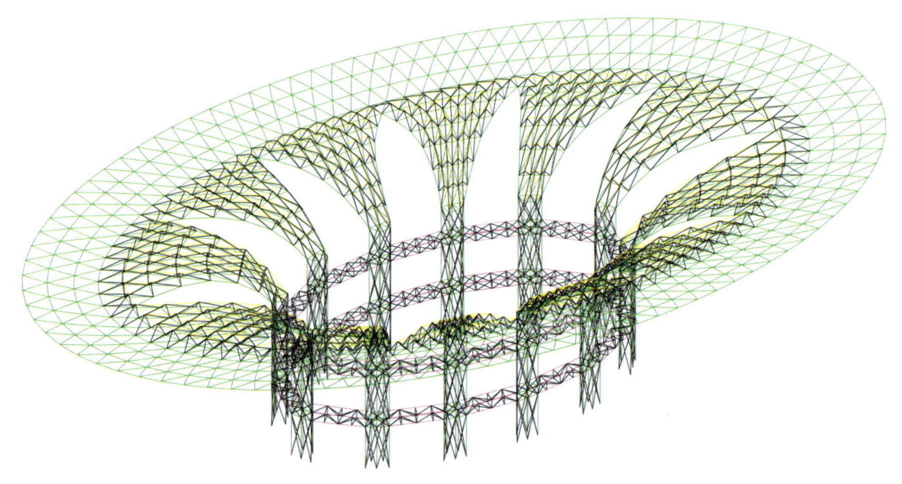

图4.47　整体网格结构几何模型

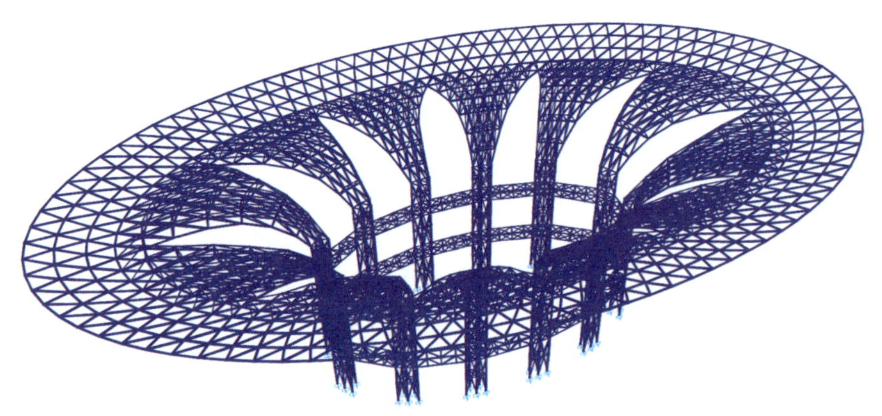

图4.48　SAP2000结构计算模型

表 4.1　花冠结构优化指标对比

指标		初定方案	优化后
杆件最大应力比		0.995	0.893
挠跨比	长轴方向	1/205	1/203
	短轴方向	1/130	1/116
用钢量		559.9 t	456.2 t

第三节　异形曲面网格线

近些年来，建筑师们为了在市场竞争中赢得优势，建筑方案越来越复杂化、个性化、异形化，建筑总体或局部总会附带不规则的异形曲面。对这些空间的、不规则的异形曲面，进行网格划分是结构计算分析的第一步。靠手工划分这些异形曲面的网格得到结构杆件几乎是不可能实现的。除用有限元软件划分网格的思路外，下面分别介绍用Grasshopper网格运算器划分不规则曲面从而得到高质量网格的几种方法。

1. 自由曲面结构线提取结构网格线

图4.49是某观光塔建筑的Rhino模型，它的外围护结构为类似“围巾”形式的不规则空间曲面。通过图4.50的Grasshopper相关运算器抽取曲面结构线，并以网格数量控制杆件长度，得到结构线网格划分效果如图4.51所示。

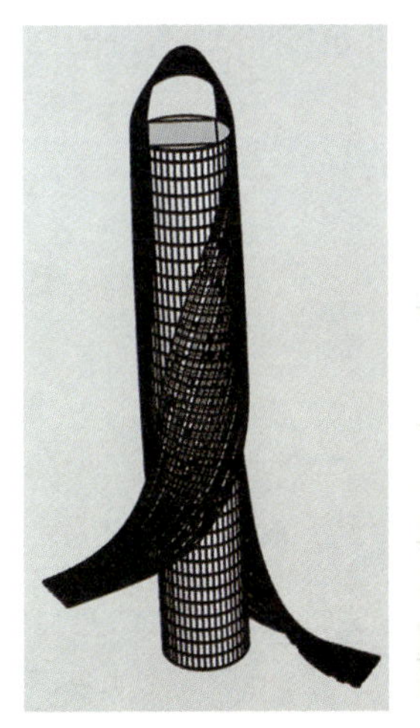

图4.49　某观光塔建筑模型

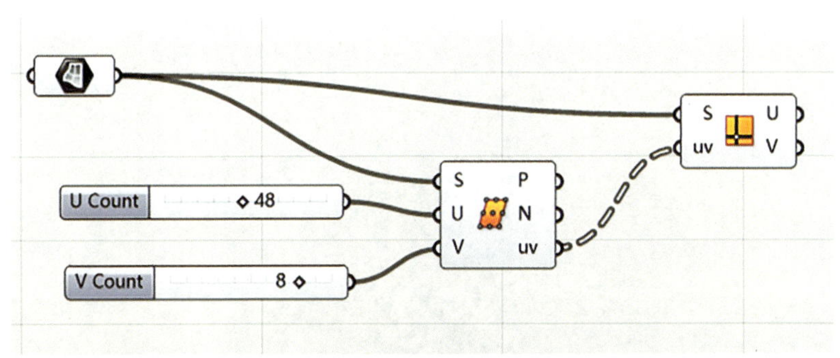

图4.50　抽取结构线建模方式的运算器

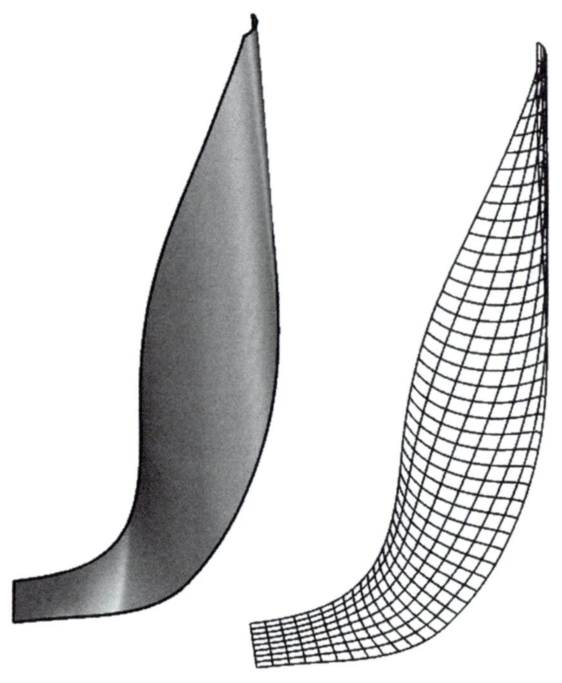

图4.51　外围护结构网格划分

2. 三角形网格

图4.52是某大门建筑的Rhino模型，由多个拱形曲面组合而成。提取其中一个拱形曲面，如图4.53所示，进行三角形网格划分。根据图4.54所示的Grasshopper运算器“TriRemesh”，可将多重曲面或网格快速转化为高质量的各向同性三角形网格。三角形网格划分效果如图4.53所示，网格划分质量整体较高，且在尖角处也能得到不错的网格质量。

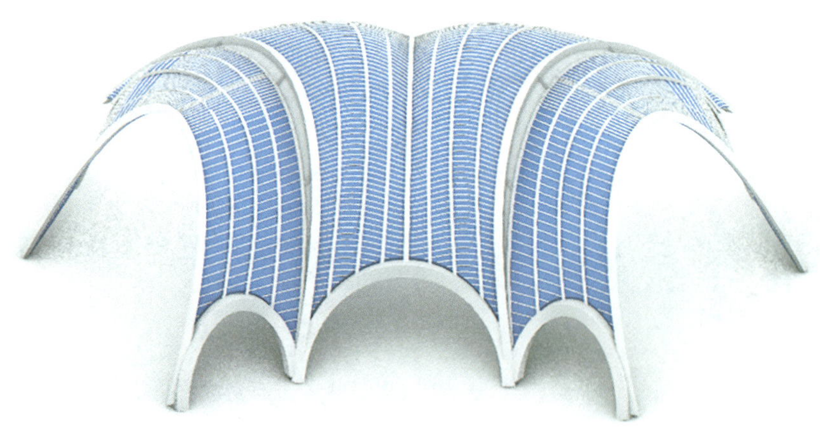

图4.52　某大门建筑模型

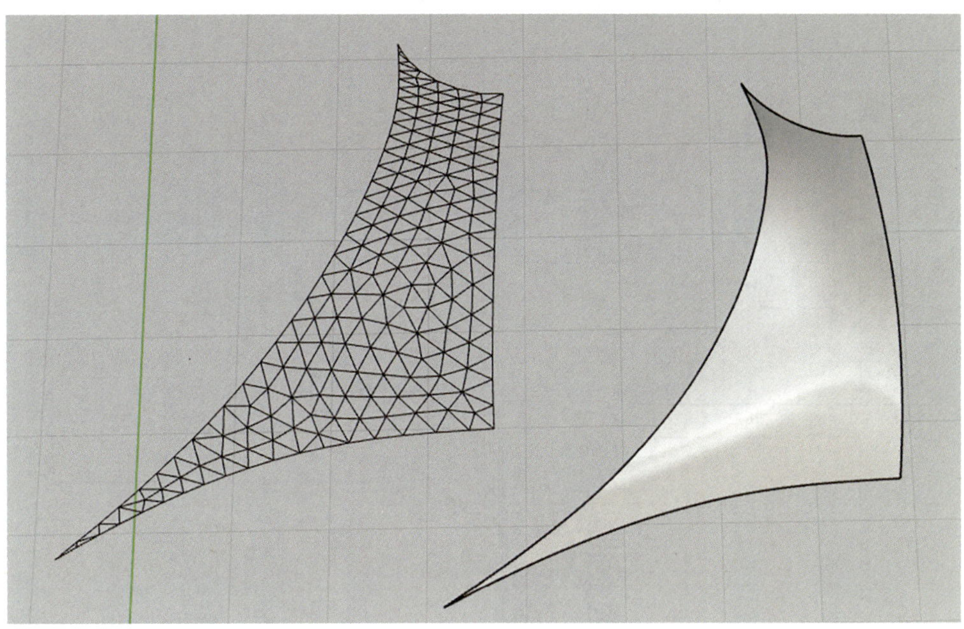

图4.53 三角形网格划分

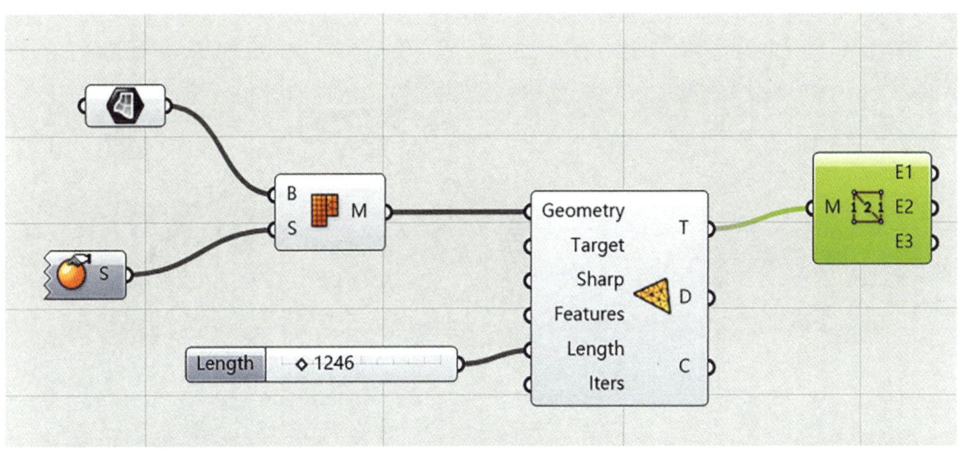

图4.54 三角形网格划分运算器

3. 四边形网格

Grasshopper运算器“QuadRemesh”是一个自动重新计算“mesh”结构的工具，其特点是可以在基本保持原始形状不变的情况下重新生成合理的四边形单元网格结构。配合“QuadRemesh”（图4.55）进行参数调整通常可以得到不错的网格划分效果，图4.56为一椭球面及其四边形网格划分。

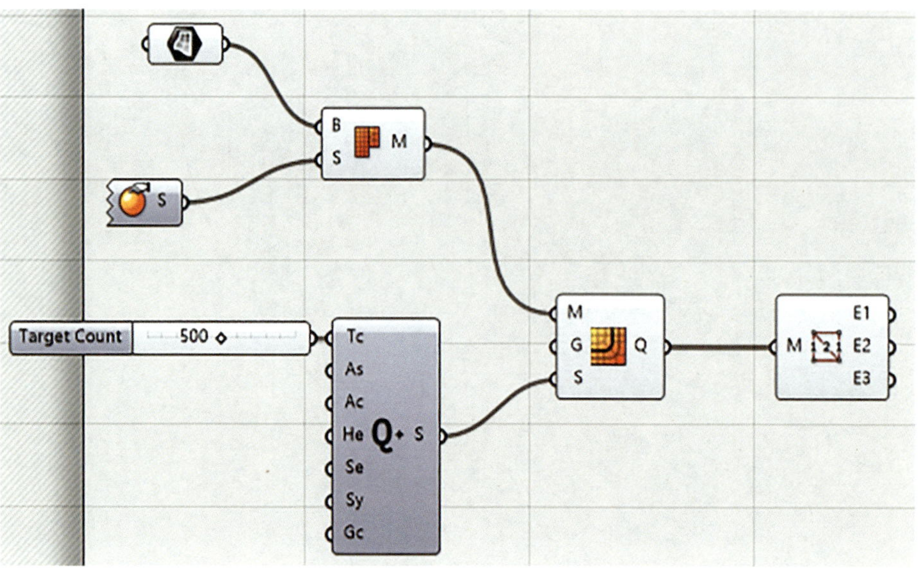

图4.55　四边形网格划分运算器

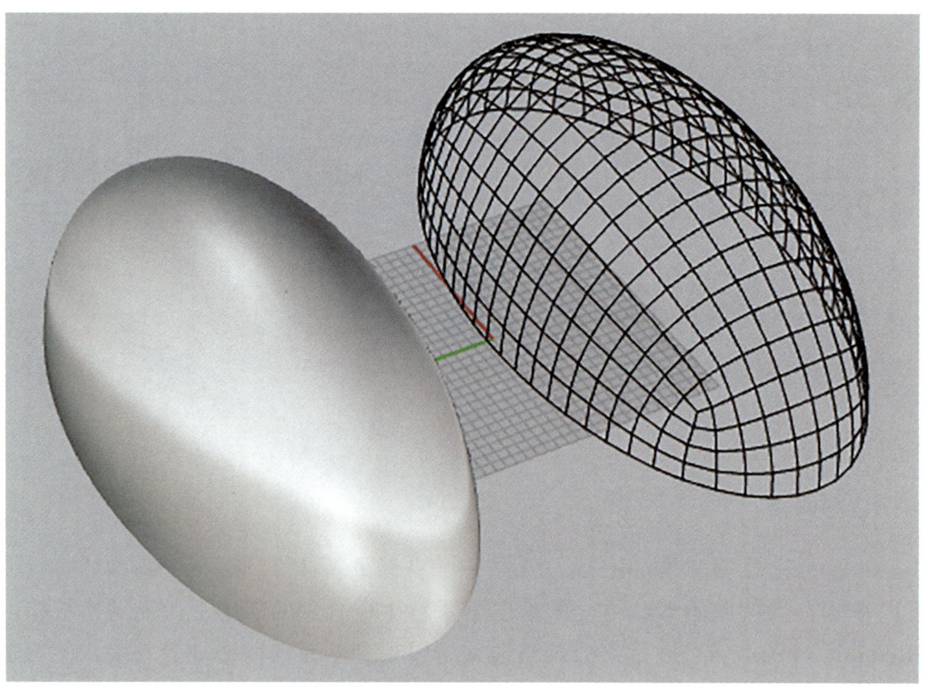

图4.56　椭球面四边形网格划分

第四节 小 结

本章基于Rhino+Grasshopper软件，首先介绍了常用空间结构（平面矩形桁架、平面梯形桁架、立体桁架、平板网架和网壳结构）的参数化建模逻辑和步骤。随后，以四个具体工程为实例，介绍了由建筑曲面生成结构几何模型的思路和方法。最后，介绍了抽取结构线、三角形和四边形网格等几种复杂曲面网格的划分方式。

第五章　空间结构参数化模型一体化分析及优化方法

第一节　参数化模型一体化分析方法简介

1. 传统参数化建模加有限元软件分析方法

在空间结构传统的参数化建模方法中，参数化部分往往仅指几何模型，而不包括分析。即在Grasshopper或其他软件中建立参数化几何模型，然后按杆件截面分图层Bake至Rhino，从Rhino中导出dxf文件，然后在有限元分析软件Midas Gen、SAP2000等中导入dxf文件并分图层赋予杆件截面、材料属性，再定义支座、荷载等，最后进行有限元分析（图5.1～图5.4）。这种方法比起传统手工建模，在几何模型建模方面取得了长足的进展，一些依靠手工难以完成的复杂结构模型通过参数化建模得以实现，并且可实时调整几何模型，但这种方法的缺点是不能进行一体化分析。由上面的步骤可见，参数化只能调整几何模型部分，当需要调整方案或分析结果不理想时，可通过调整参数来调整几何模型，但后续分析部分都需要按步骤重新导入有限元软件，并重复之前的计算分析工作。

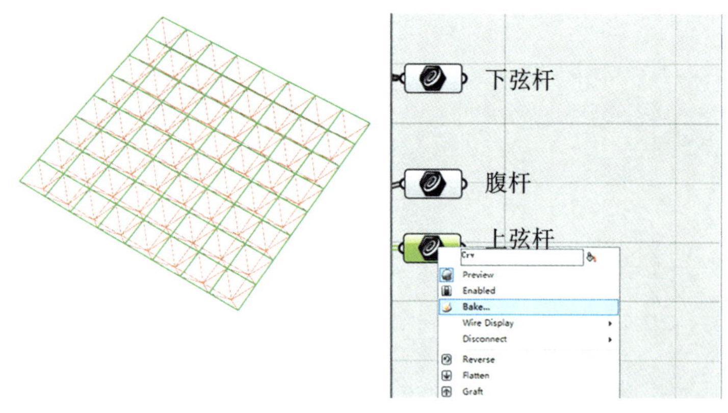

图5.1　Grasshopper网架Bake至Rhino模型示意

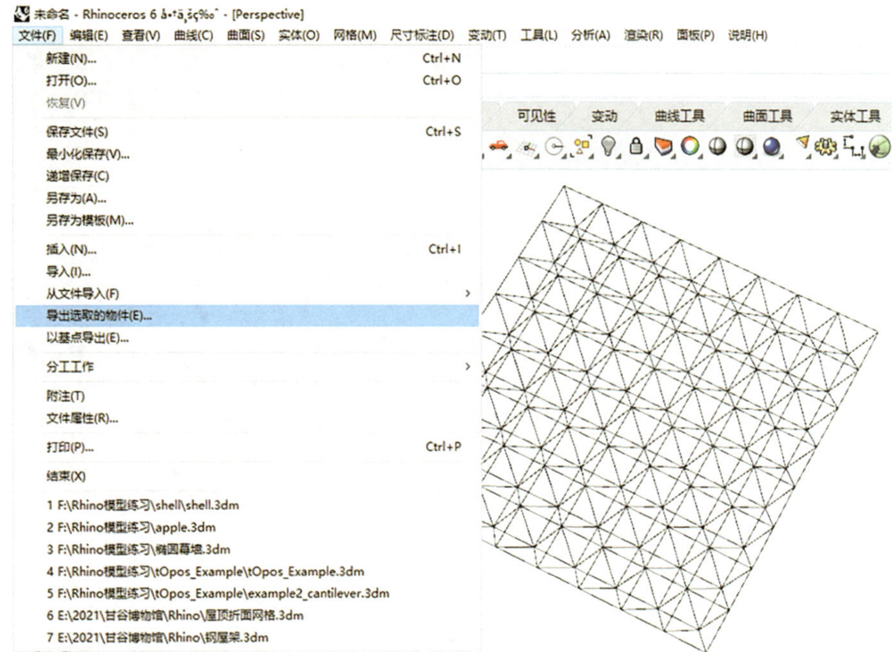

图 5.2　网架 Rhino 模型导出 dxf 文件示意

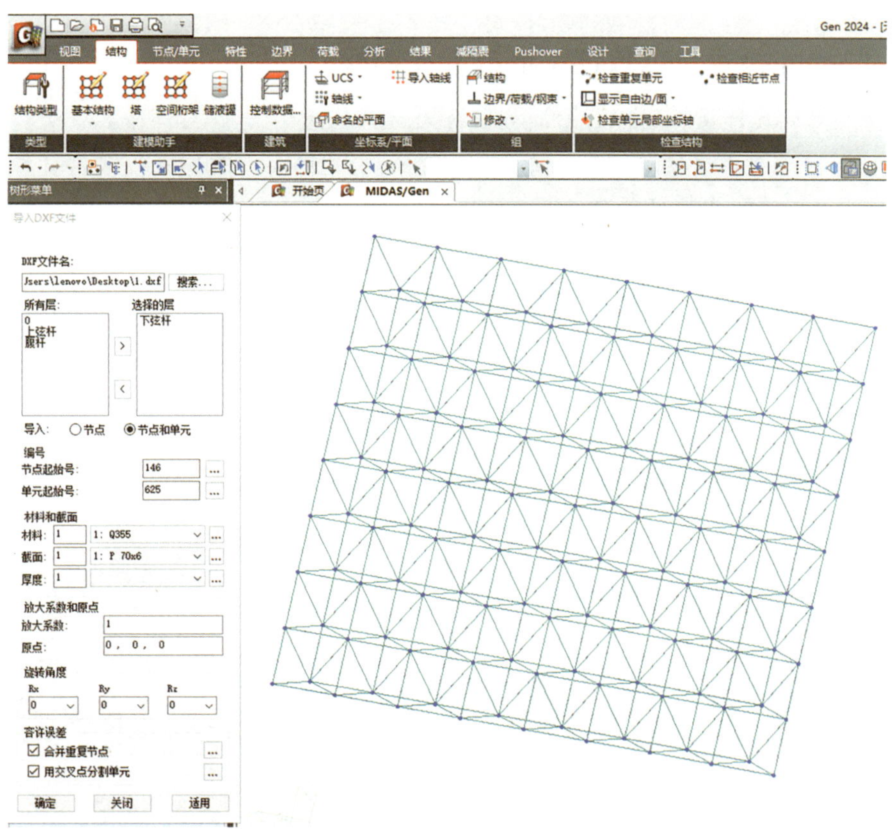

图 5.3　dxf 文件导入 Midas Gen 并赋予截面示意

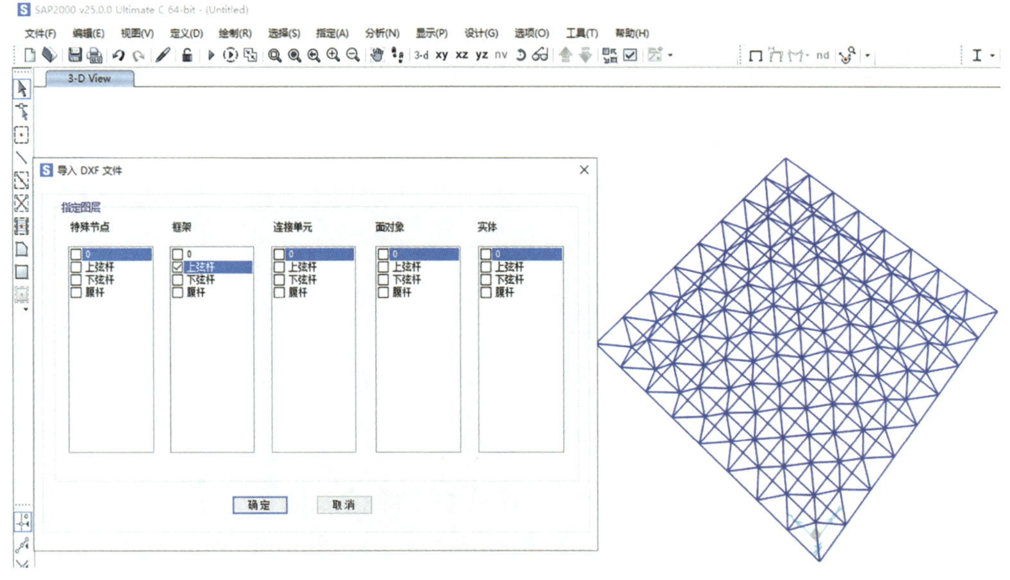

图 5.4 dxf 文件导入 SAP2000 示意

传统参数化建模加有限元软件分析方法不能实时查看分析结果，且操作效率并不高，因此亟须寻找一种参数化建模加一体化分析的方法。

2. 基于有限元插件 Karamba3D 的一体化分析技术

传统的参数化建模加有限元软件分析方法中，参数化模型一旦建立，当结构几何形态需要调整或者分析结果不满足要求时，则需重新导入有限元软件进行计算，工作量较大。Karamba3D 是一款由维也纳应用艺术大学和 B+G 结构工程事务所于 2010 年联合开发的有限元程序，基于 Rhino+Grasshopper 平台运行，并可与 Grasshopper 进行交互式操作。Karamba3D 可以完全嵌入 Grasshopper 的参数设计环境，处理杆系结构及薄壳的参数化几何模型，并进行有限元计算和分析，应用项目案例及程序操作界面见图 5.5、图 5.6。

图 5.5 Karamba3D 应用项目案例

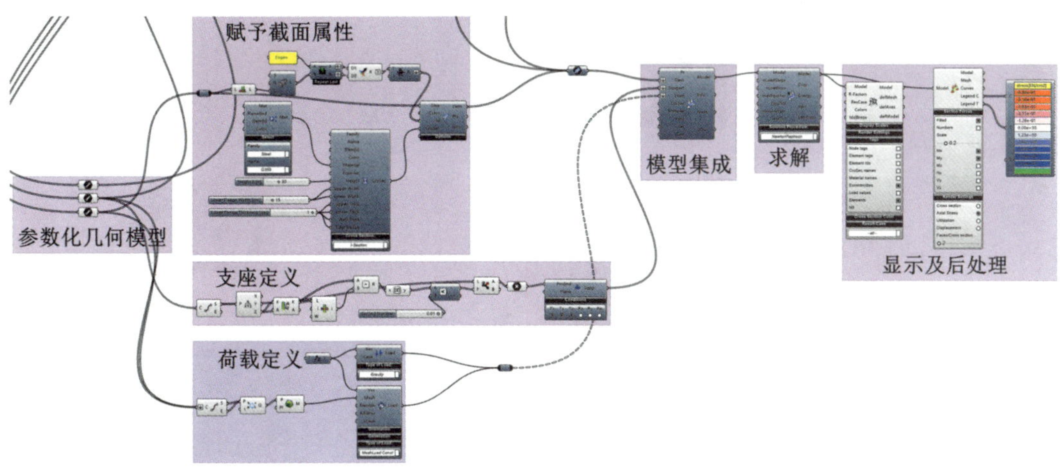

图5.6 Karamba3D程序操作界面

3. 其他一体化分析插件

Rhino为方便扩展其功能和使用户能够对其进行定制开发，提供了多种开发方式，其中常用的有宏指令、脚本、插件程序三种开发方式。近年来，国内外许多高校、科研机构及设计院基于C#、Python等编程语言，结合Midas Gen、ETABS、SAP2000等有限元软件API对其进行了二次开发，创建了基于Grasshopper的一系列结构参数化建模及一体化分析插件（图5.7），下面作简要介绍。

奥雅纳工程顾问公司（ARUP）基于Rhino和Grasshopper平台开发了Salamander插件，可将Grasshopper中的几何模型赋予结构属性，并转换模型至ETABS、SAP2000等结构分析软件中进行分析计算。

中南建筑设计院股份有限公司开发了一款基于Grasshopper的Swallow插件，可以将Rhino中模型的几何数据和结构数据写入e2k、s2k文件中，然后用ETABS或SAP2000读取，从而将Rhino中的模型（包括几何信息、结构信息）快速导入有限元软件中进行后续的计算分析工作。程序中可定义层高、截面、荷载和节点约束等属性，并将这些属性与Grasshopper中的几何模型绑定后组装成结构分析模型，然后利用OpenAPI接口将该模型导入有限元软件中进行计算分析。如图5.8所示，首先在Grasshopper中建立网壳参数化几何模型，运用Swallow插件中的命令，赋予杆件截面属性、材料属性，并施加荷载，启动SAP2000，将有限元模型全部导入并开始运算分析。当需要修改模型时，仅需要在Grasshopper中拖动相关控制参数，然后重新导入SAP2000即可。

图5.7　一体化分析平台

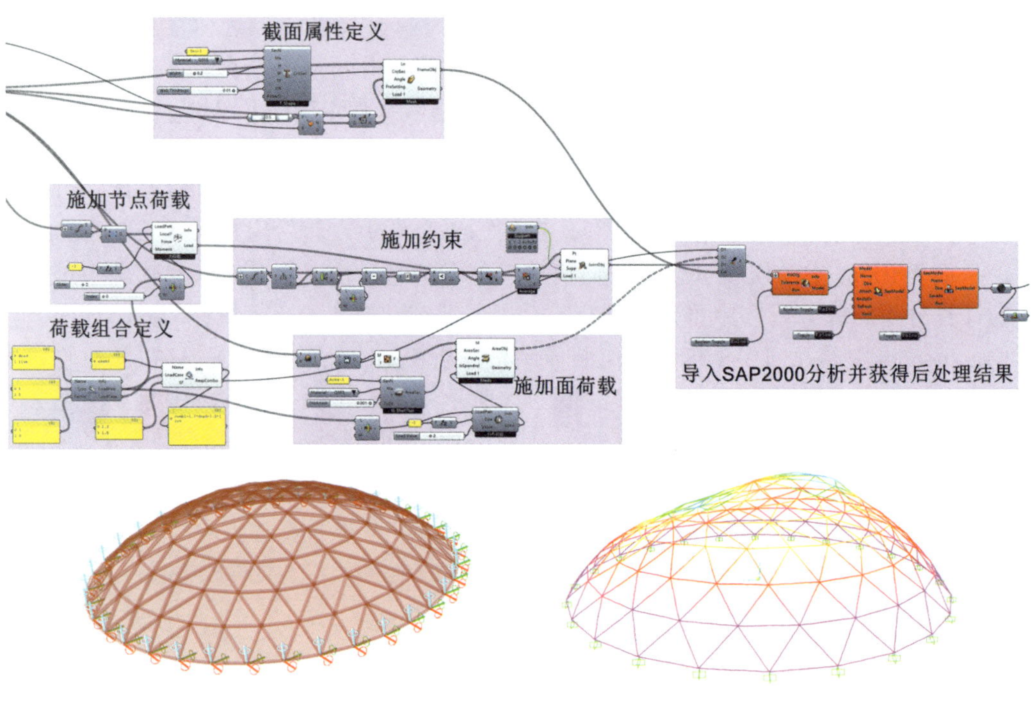

图5.8　网壳结构SAP2000一体化分析结果(屈曲模态)

中国建筑设计研究院有限公司开发了Euler、Thunder bird等插件，拥有基于Grasshopper平台的参数化功能，可快速创建复杂空间结构的三维模型（点、线、面）并赋予结构属性（截面、荷载、约束等），并可通过Midas Gen API实现三维几何模型与Midas Gen的实时联动（图5.9）。利用这些插件可以快速创建从简单框架到任意复杂异形的空间结构，不仅可以将结构的几何信息（点、线、面）导入，还可以将结构的力学信息（荷载、截面、约束等）实时导入（图5.10、图5.11）。

另外，东南大学基于Rhino+Grasshopper参数化平台，采用C#语言开发了空间网格结构专用数字化设计系统——GHSap。插件包含截面创建、单元创建、荷载施加、模型组装与分解、计算分析、结果提取等多个模块，可实现复杂空间结构的找形分析、参数化建模、自动化分析、方案比选、优化设计等。

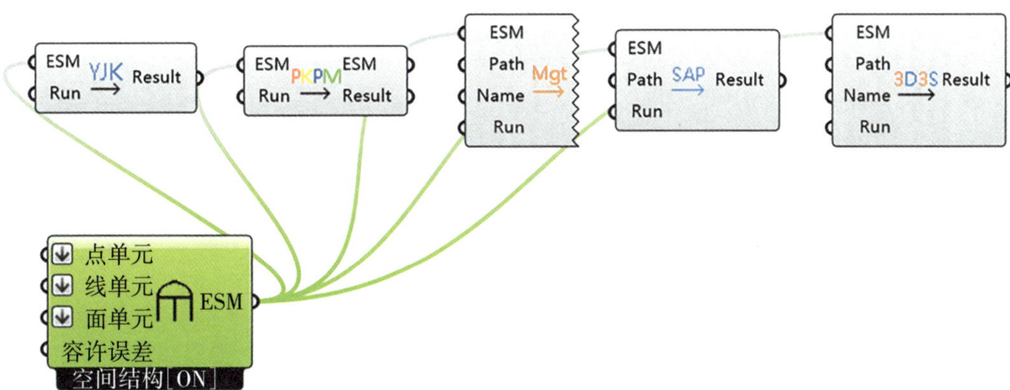

图5.9　Euler插件模型转换

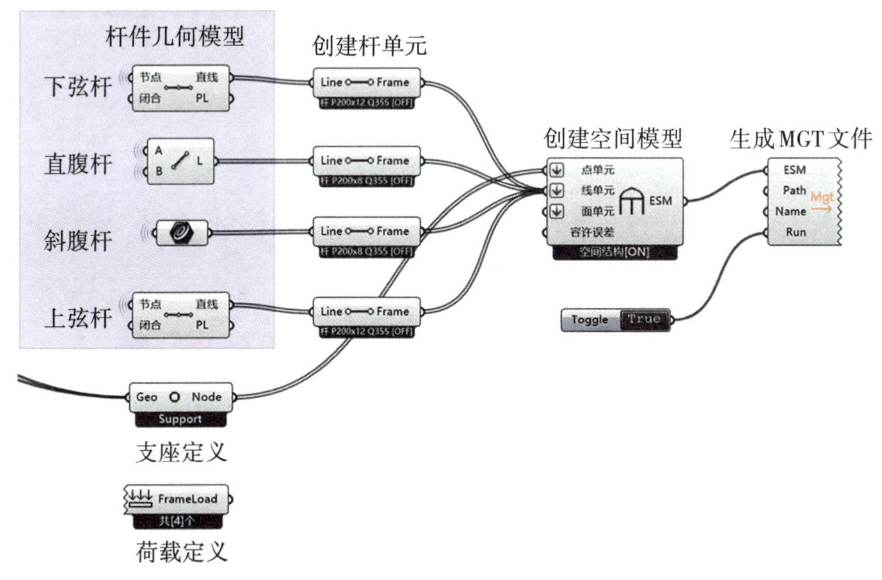

图5.10　Euler插件操作界面

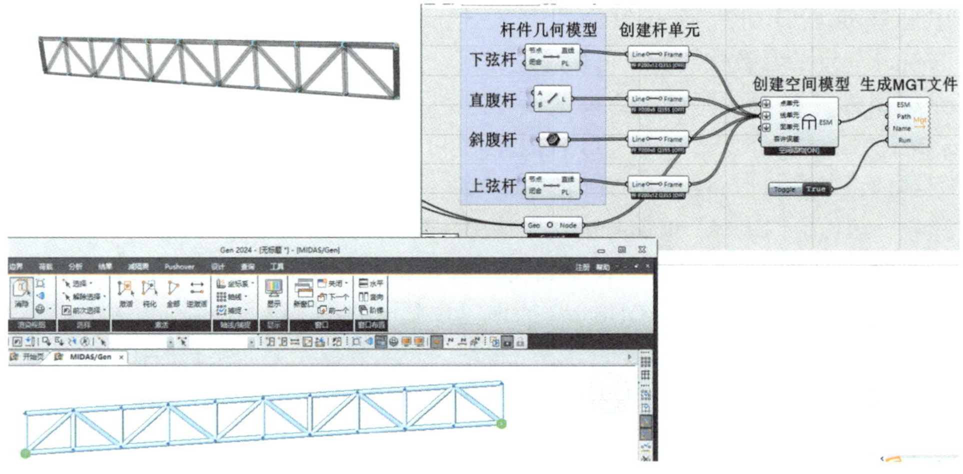

图5.11　Euler与Midas Gen互动操作

第二节　基于Karamba3D的参数化模型一体化分析方法基本操作

1. Karamba3D菜单栏介绍

Karamba3D菜单栏中的功能从左往右依次如图5.12及表5.1所示。

图5.12　Karamba3D菜单栏

表5.1　Karamba3D菜单栏功能

菜单栏	功能
License(使用授权)	“License”运算器包含当前使用版本的授权相关信息，以及如何获取专业版Karamba3D的相关信息等
Params(参数)	包含有关Karamba3D分析对象的各类数据，如：梁、荷载、模型等
1.Model(模型)	用于创建断面、材料均为默认设置的基础模型
2.Load(荷载)	用于定义外力的运算器
3.Cross Section(断面)	包含可用于创建和选择构件断面的运算器
4.Materials(材料)	用于定义和选择材料的运算器
5.Algorithms(算法)	用于分析结构模型的运算器
6.Results(结果)	用于检索运算结果的运算器
7.Export(输出)	将Karamba3D模型输出至RStab和Robot等程序
8.Utilities(实用程序)	包含额外的几何体功能，便于处理和优化模型

Grasshopper是一种面向对象的可视化脚本环境，可提供点、曲线、面等元素，并用于几何计算。Karamba3D在Params中可设置如下用于构建结构模型的实体（表5.2）。

表5.2 Karamba3D实体类型

实体类型	含义
Model(模型)	包含了与结构相关的所有信息
Element(构件)	可以是梁、桁架、壳体或弹性元件
Element Set(构件集)	按照给定顺序将构件进行组合,用户可在通用名称下访问各个构件
Joint(连接)	定义相邻构件之间的关联性
Load(荷载)	施加于结构上的外力
Cross-section(断面)	定义结构构件的断面几何形状
Material(材料)	提供关于断面构成的物理行为信息
Support(支撑件)	定义结构与地面的连接方式

2. Karamba3D一体化分析步骤

（1）定义截面属性

在Grasshopper中，直线是构成梁、桁架的基础，网格和面则是构成壳体的基础。现以一个简支梁模型为例进行说明。

首先在Grasshopper中建立直线Line；然后利用Material/Material Selection命令定义材料属性，输入Cross Section的输入端，并采用Cross Section命令定义截面类型及大小；在Model/Line To Beam输入端输入定义好的截面属性，再输入Line，从而创建梁单元；最后将梁单元接入Asseble Model进行集成，再接入Results/Model View（模型视图）和Results/Beam View（梁视图）进行模型显示，如图5.13所示。

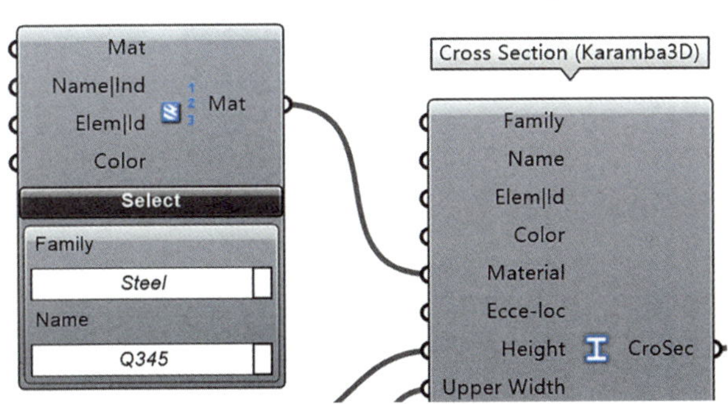

图5.13 Karamba3D建立简支梁过程

（完整图片见目录处二维码）

需要说明的是，在Karamba3D中，材料的定义有两种方式：一是通过手动设置材料的力学性能来定义材料［Material Properties，图5.14（a）］，二是从预先定义的材料库中选择材料［Material Selection，图5.14（b）］。

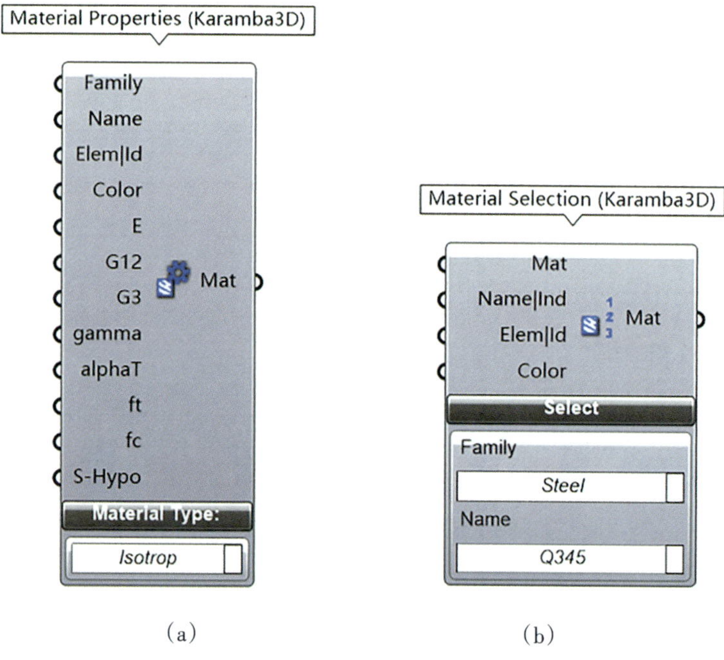

(a)　　　　(b)

图 5.14　Karamba3D 材料的定义

Karamba3D 提供了梁、壳体等构件的断面定义。可以使用“Cross Section”运算器生成上述构件。其底部下拉列表可用于选择断面类型，包括工字型、箱型、圆管型，以及设置壳体厚度等，如图 5.15 所示。

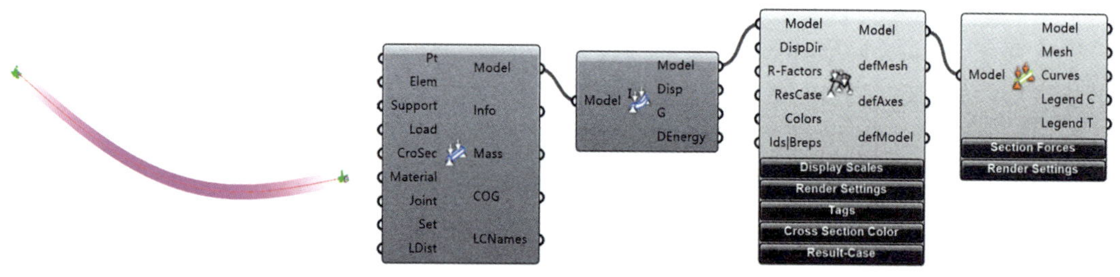

图 5.15　Karamba3D 断面的定义

（完整图片见目录处二维码）

Karamba3D 中有三个用于结构模型可视化的运算器，“Model View”“Beam View”和“Shell View”，分别用于设置基本的可视化属性，如位移比例因子、符号大小、显示荷载工况数量，梁的可视化，壳体的可视化等，如图 5.16 所示。

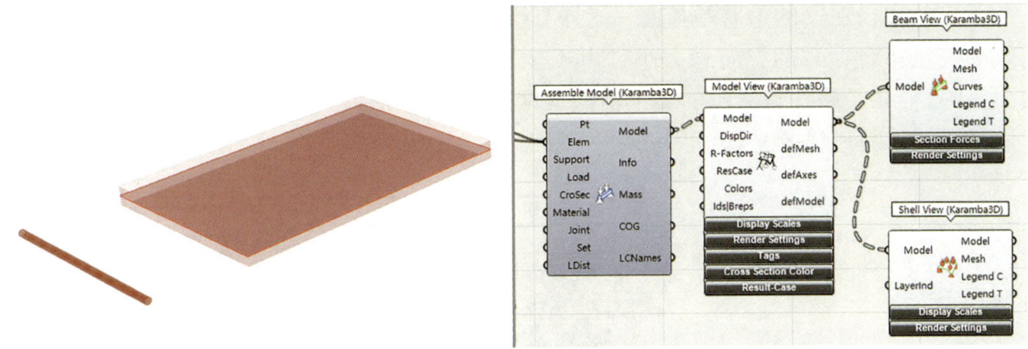

图 5.16　Karamba3D 中三个用于模型可视化的运算器

（2）施加约束、荷载

Model/Support 用于定义约束，在三维分析时每个节点有六个自由度，其中三个平动自由度 Tx、Ty、Tz 为图中绿色箭头，三个转动自由度 Rx、Ry、Rz 为图中紫色圆圈。Pos/Ind 用于输入节点坐标或编号。输出端接至 Assemble Model 即可，如图 5.17 所示。

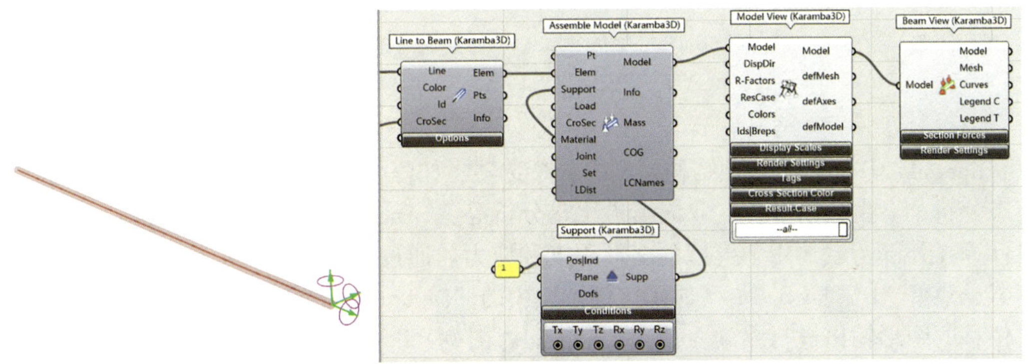

图 5.17　Karamba3D 中施加约束、荷载

Karamba3D 目前支持以下类型的荷载：重力荷载、点荷载、缺陷荷载、预应力荷载、温度荷载、面荷载以及支座处的位移荷载。“Load” 运算器底部的下拉对话框允许用户选择不同类型的荷载，如图 5.18 所示。重力荷载（①）作用于整体结构；点荷载（②）可通过节点指定；梁荷载（③）作用于梁单元；④为预应力荷载；⑤为温度作用；⑥为作用于网格的均布荷载。

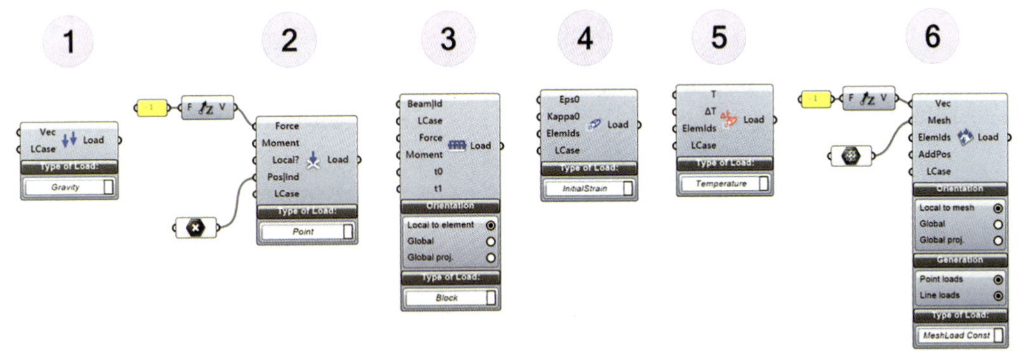

图 5.18　Karamba3D 荷载类型

图5.19中，在梁的悬臂端施加一个1 kN的集中荷载。“Force（力）”输入端口处输入的矢量指定荷载的方向和大小，由于全局坐标系Z轴指向上方，其向下作用的荷载则为负的z分量。将任意数量的集中荷载、网格荷载等和一个重力荷载组合起来，又可以形成任意数量的荷载工况。

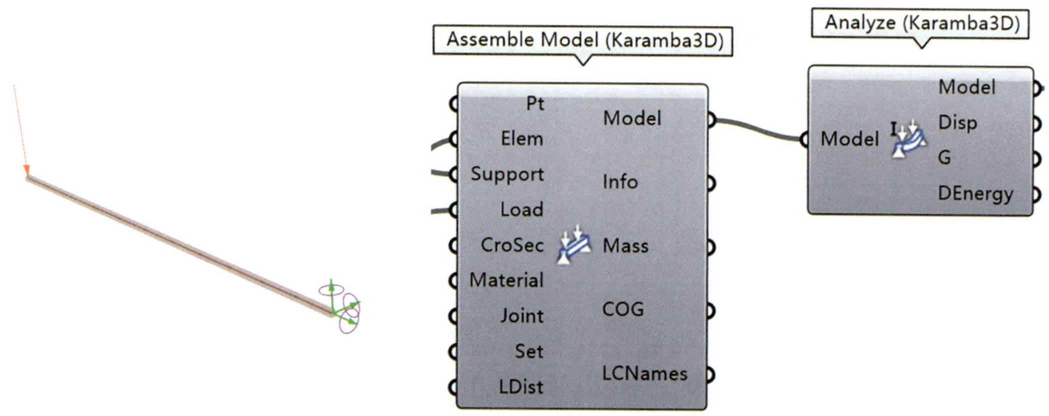

图5.19　Karamba3D悬臂梁端部集中荷载
（完整图片见目录处二维码）

（3）运算分析与结果显示

Karamba3D提供了多种结构模型的分析选项，如静力分析、大变形分析、屈曲分析、模态分析、自由振动分析、双向渐进优化分析等。“Analyze（分析）”运算器（图5.20）可计算在外部荷载作用下模型的变形程度和应力。通过“Model View（模型视图）”运算器子菜单“Display Scales（显示比例）”中的“Deformation（变形）”滑块，用户可以对位移的图形输出进行缩放。使用“Legend（图例）”运算器可获得与挠度输出颜色相对应的数字。

除挠度之外，Karamba3D提供了丰富的后处理结果，如能量、位移、反力、应力应变、材料利用率、轴力、弯矩、壳体力流线、壳体应力迹线等，均可通过不同的后处理运算器进行显示。

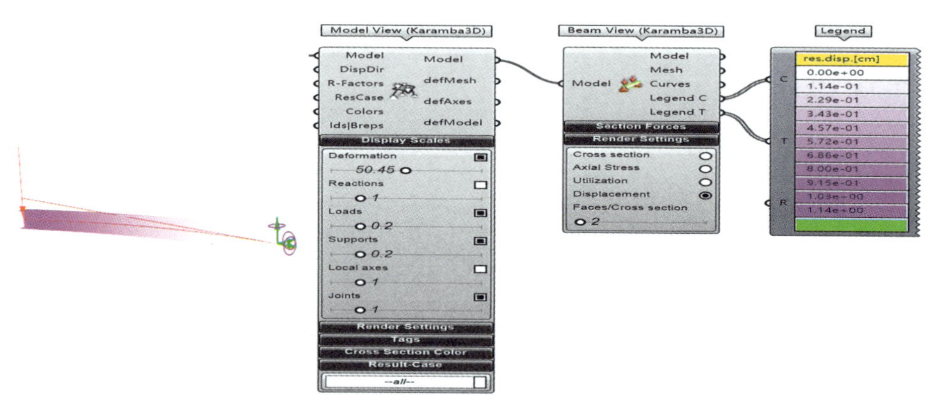

图5.20　Karamba3D悬臂梁挠度计算
（完整图片见目录处二维码）

第三节　空间结构参数化找形方法

1. 逆吊找形

逆吊法是一种通过物理实验手段探索空间结构形态的方法，它利用柔性结构在重力作用下除重力仅受拉力的原理，通过将结构物倒挂在空中，调整重量和支撑点来探索结构的形态和受力情况。从结构形态学的角度看，逆吊法的本质是实现零弯矩结构。该方法最早是在19世纪70年代由Antoni Gaudi率先在古埃尔领地教堂的建筑设计中尝试使用。之后，瑞士工程师Heinz Isler首次提出将“反转的原理”应用于RC壳曲面上。图5.21分别是Antoni Gaudi和Heinz Isler的悬链模型。

由英国工程师Daniel Piker开发的Kangaroo Physics是一款基于Grasshopper平台的动力学模拟插件，可利用计算机快速构建粒子弹簧系统来进行找形，并且可以在计算机中模拟逆吊法的过程，使设计师在设计的过程中不再需要实际操作物理实验，仅凭计算机模拟即可进行找形。Kangaroo具有非常多的网格优化算法，可以在找形过程中对初始网格进行优化，生成高质量网格。

（1）二维悬链拱

图5.22所示为Kangaroo插件中生成悬链线的流程。首先建立一条直线，将线等分并在等分点处采用Load施加向下的重力荷载，通过Anchor命令固定线的两个端点。悬链线自身的材料特性可通过Length运算器的两个输入端——刚度（Strength）和静止长度系数（Length）来体现。悬链线仅能受拉力，倒置悬链线则可获得同等荷载下仅受压力的拱。

（2）三维悬链网

三维悬链网的受力特性与悬链线相同，在实际逆吊法找形的过程中，首先将选定的面网格化，通过静止长度系数（Length）来描述面的面外刚度；其次将网格四个角点固定，利用Load命令施加模拟的重力荷载，让网格在空中自然下垂；最后得到三维悬链网，如图5.23所示。

图5.21　逆吊法实验模型

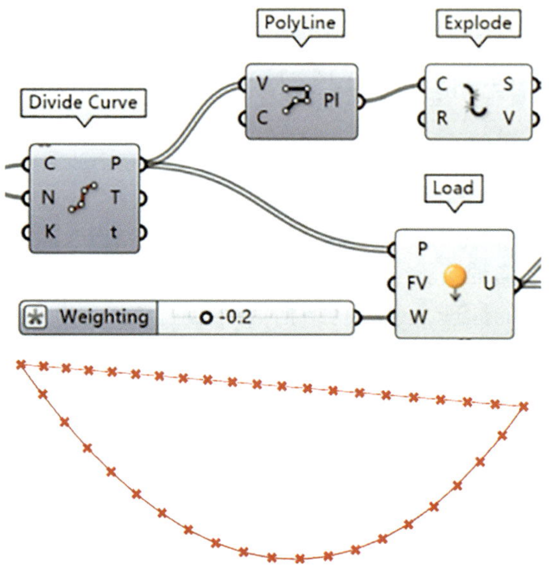

图 5.22　Kangaroo 中生成二维悬链线

（完整图片见目录处二维码）

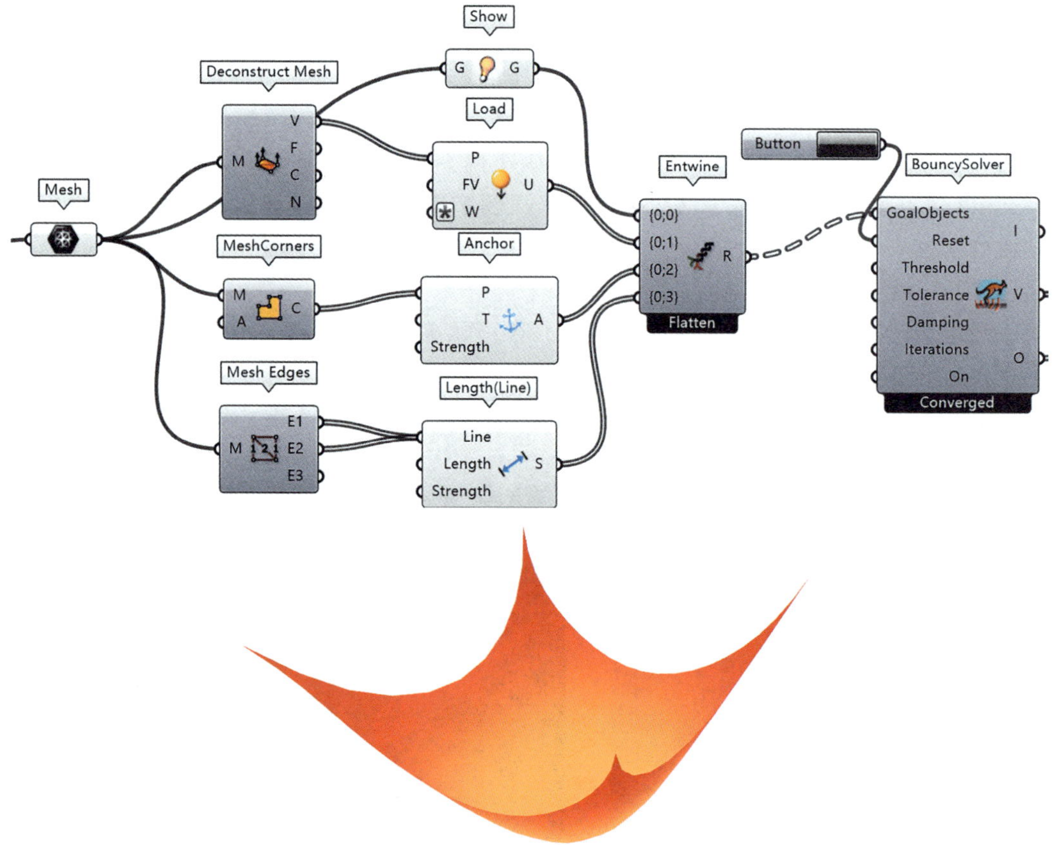

图 5.23　Kangaroo 中生成三维悬链网

2. 张拉膜结构找形

在Grasshopper平台中利用Kangaroo插件，工程师可以通过控制基本膜面的几何尺寸、膜的弹性系数、锚固点位置以及施加的力等参数来控制膜结构找形过程（图5.24）。

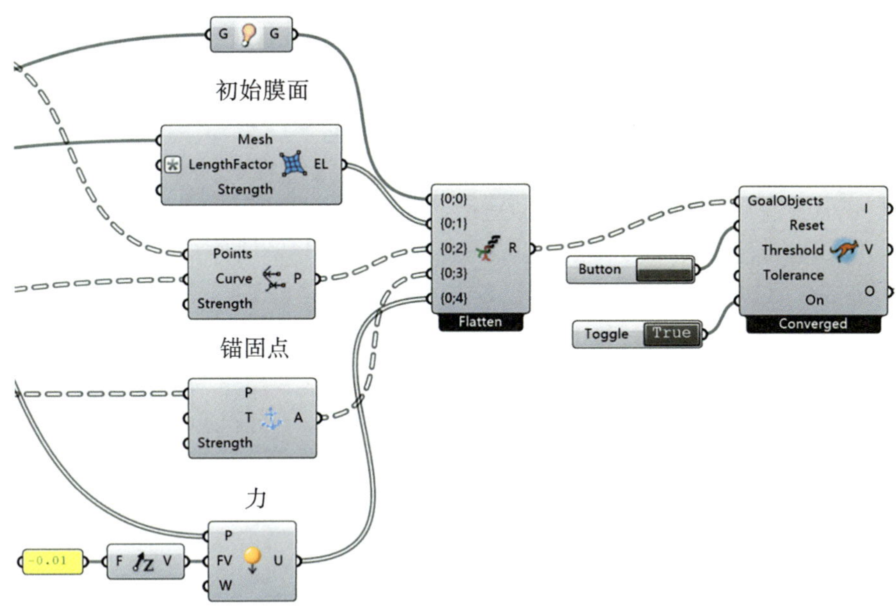

图5.24　Kangaroo中膜结构程序界面

Kangaroo插件模拟膜结构找形的过程：1.建立初始形体，用网格建立膜面，用线建立杆、柱、索（图5.25）；2.确定边界条件，即结构系统的锚固点，如立柱、拉杆及地面支撑点等；3.用粒子系统算法模拟膜结构受力，得到膜结构初始几何形态；4.参数化调整膜结构形态，直至达到满意的建筑形态（图5.26）。这种找形方法省去了反复协调建筑形态与结构受力、修改计算模型的工作量，提高了工作效率。

图5.25　Kangaroo中膜结构初始形态　　图5.26　Kangaroo中膜结构找形形态

第四节　空间结构的参数化优化方法

1. 优化算法

目前Grasshopper自带的优化运算器Galapagos中提供了两种优化分析方法：遗传算法和模拟退火算法。遗传算法借鉴生物"优胜劣汰、适者生存"的进化理论，通过计算机模拟生物的生存机理和行为活动，求解优化问题的最优解。模拟退火算法来源于固体退火原理，固体升温时其内部粒子无序运动，而缓缓降温过程中粒子逐渐恢复有序状态，最终内能最小时达到平衡态。Galapagos适用于单目标优化问题的求解。对于多目标优化问题可采用Octopus插件，Octopus为Grasshopper的二次开发插件，引入了帕累托最优原理，可以完成多目标的优化。

如图5.27所示，Galapagos和Octopus运算器均有一个Genome，Genome端用于输入优化问题的变量，通常通过Slider或Gene Pool定义一个或一组变量。Galapagos的Fitness端，用于输入优化的目标，仅与一个对象（单目标）相关联；Octopus的Octopus端，可与多个对象（多目标）相连。

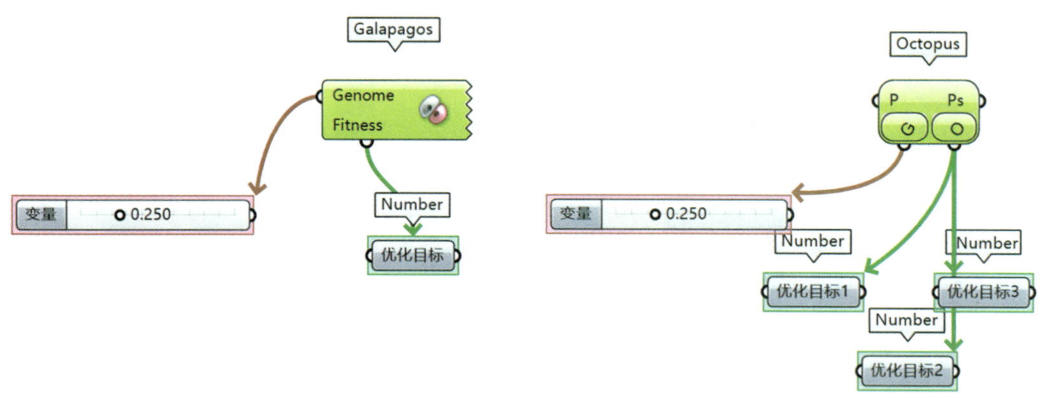

图5.27　两种优化运算器Galapagos与Octopus

采用Grasshopper建立参数化空间结构模型，利用Karamba3D对参数化模型进行有限元分析，可实时调整结构几何模型并得到分析结果，如调整网格大小、支座约束形式、荷载大小、树状柱支撑位置等，从而快速比选结构方案优劣。以模拟退火算法和遗传算法为基础，利用优化分析模块Galapagos和Octopus，结合Karamba3D，可将结构建模、分析、优化集成在一起，实现可视化实时调整优化变量，实时计算并显示计算结果，通过指定优化目标，得到合理的优化变量值。实现了建筑与结构、结构几何模型与有限元模型以及结构优化过程的可视化联动，可极大提高工作效率。

2. 拱和壳的形态优化

自由曲面薄壳结构以其独特的造型和视觉表现力成为空间结构发展的一个重要方向。著名空间结构专家Eduardo Torroja曾说："最优结构依赖于其自身受力之形体，而非材料之潜在强度。"即要求建筑的造型与结构的受力状态协同。在Grasshopper平台中，常用的找形优化方法有以下三种：一是逆吊法，二是采用遗传算法或模拟退火算法对设计变量进行优化，三是Karamba3D自带的大变形模拟分析（原理与Kangaroo逆吊相似）。以下分别以二维拱和三维壳体为例，介绍拱壳结构找形、优化的常用方法。

（1）示例一

二维折线形结构两端为铰接支座，支座间距为常量，受均布线荷载q作用。求解折线形结构的最佳形态，使得在均布荷载作用下结构的弯矩最小。Galapagos的优化算法适用于单目标优化，将优化目标设置为弯矩，变量为折线形结构的分段数（图5.28）。采用遗传算法，程序可快速寻找最优解（图5.29）。设置的最大分段数即为最优变量，故折线形结构形态越接近拱形，其受力效率越高（图5.30）。

（2）示例二

为了实现壳体厚度的最小化，最大限度地利用壳体受压的结构性能，此示例展示在均布荷载作用下，如何找到一个受力效率最高的曲面。壳体四个角点的位置已确定，且四个角点均为铰接约束，壳体曲线表达采用悬链线，使用Galapagos进行单目标优化，根据壳体弯矩找到混凝土壳的最佳高度（图5.31）。

将基于Octopus优化得到的曲面［图5.32（a）］与利用逆吊法得到的曲面［图5.32（b）］进行对比，可见两者是比较接近的。这也验证了逆吊法与基于遗传算法的优化方法在同等边界条件下进行结构形态优化是殊途同归。

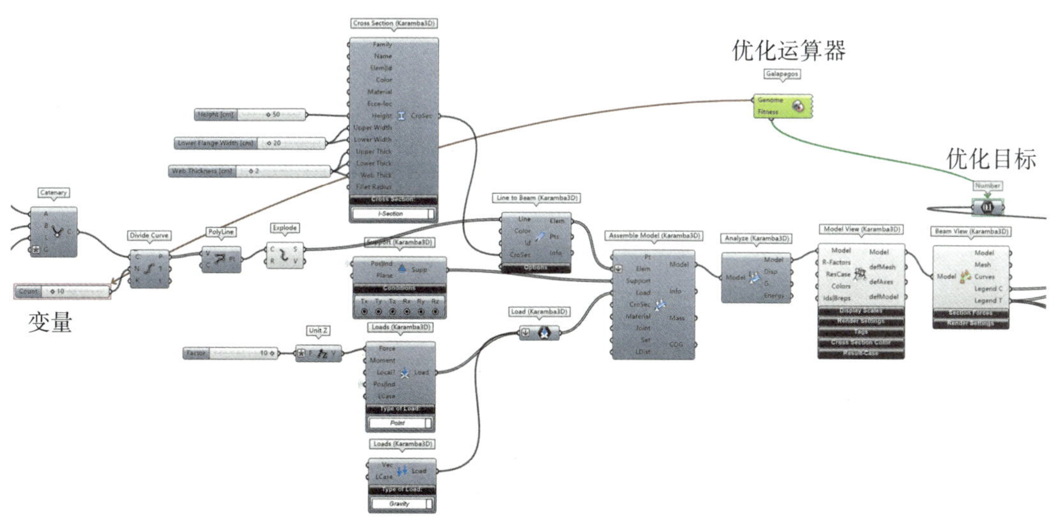

图5.28　Galapagos二维拱优化程序

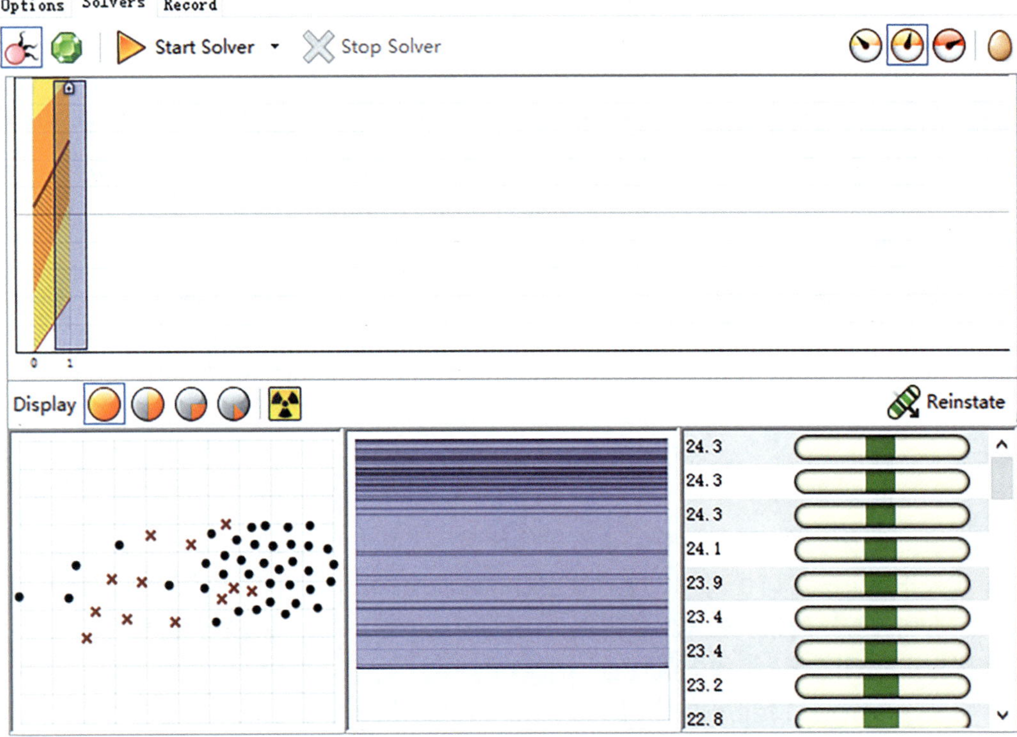

图 5.29　Galapagos 二维拱遗传算法优化过程

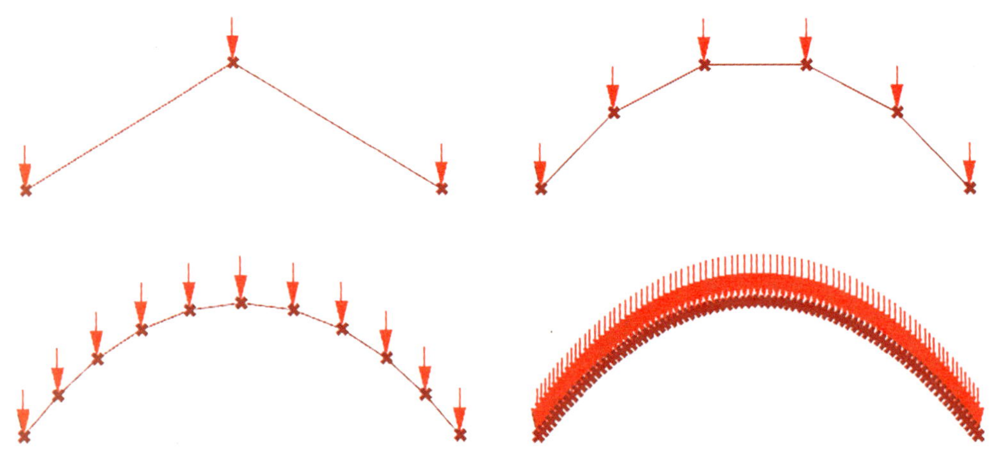

图 5.30　Galapagos 二维拱形态优化

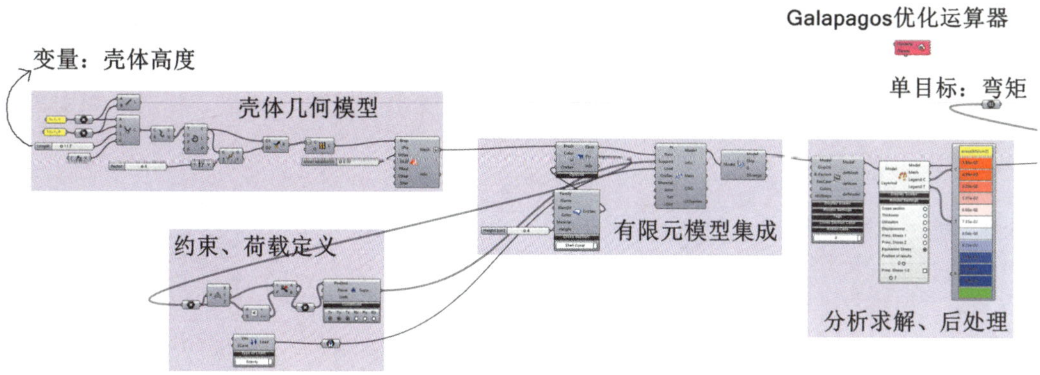

Galapagos优化运算器

变量：壳体高度

单目标：弯矩

壳体几何模型

约束、荷载定义

有限元模型集成

分析求解、后处理

图 5.31　Galapagos壳体拱优化程序

(a)　　　　(b)

图 5.32　Octopus壳体优化(a)和Kangaroo找形壳体(b)

(3) 示例三

图 5.33 为苏黎世联邦理工学院 Philippe Block 教授团队设计的拱壳；图 5.34 为 Heinz Isler 设计的 Deitingen 加油站，壳体厚度与跨度的比值达到 1/400。设计这样高效的结构，主要遵循以下两个原则：一是避免弯矩且应力在横截面上均匀分布，这样材料的利用率最高；二是拉力比压力传递荷载更高效。在参数化软件还没有现在这样发达的时候，设计师们主要依靠逆吊实验、石膏模型等方法模拟壳体生形过程。

图 5.33　Philippe Block 教授团队设计的拱壳

图 5.34　Deitingen 加油站

在Karamba3D中，这种高效模型的构建可以借助“大变形分析”运算器来模拟。Karamba3D通过增量的方法来处理非线性几何，每次迭代之后模型便会发生偏移，最终逐渐逼近所需的找形形态。采用Karamba3D中的大变形分析进行找形，程序图如图5.35所示。

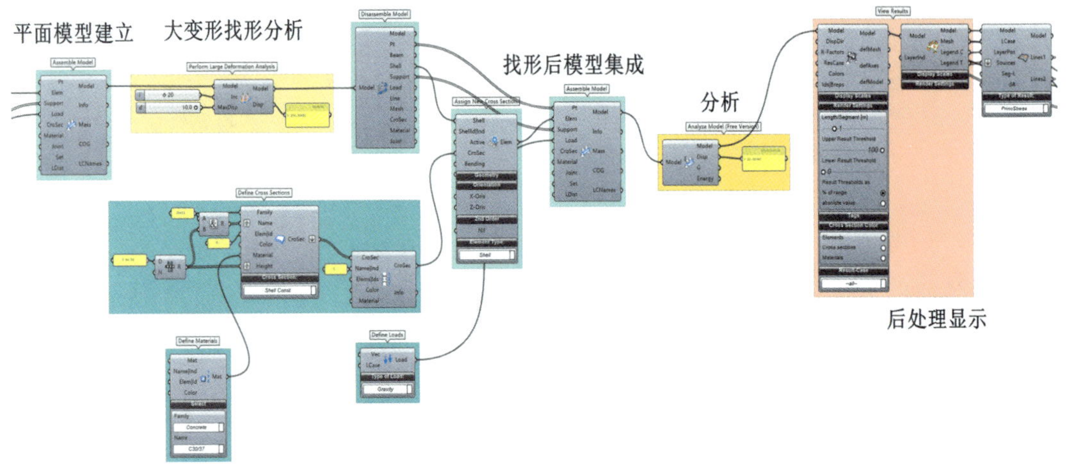

图5.35　Karamba3D大变形分析模拟

方案阶段，为方便建筑师理解力流方向，并以此来直观地判断壳体厚度分布和开窗位置，可通过参数化插件在壳体曲面上绘制力流方向［图5.36(a)(c)］及主应力迹线［图5.36(b)(d)］。图5.36(b)(d)中，红色为第一主应力迹线，绿色为第二主应力迹线。

以上是在Karamba3D中采用大变形分析的结果。下面用Kangaroo对该壳体进行找形(图5.37)，分别导入Midas Gen、SAP2000中进行分析，分析结果（图5.38、图5.39）显示壳体在自重下弯矩较小，壳体受力效率较高。

(4) 示例四

如图5.40所示为由米兰理工大学建筑学院设计、意大利3D打印公司WASP施工的Trabeculae凉亭，其结构轻盈、外形流畅，实现了高效的结构受力且与建筑造型相辅相成。

为找到受力效率较高的壳体形态，本例中参数化构建空间壳体曲面形态后，使用Octopus进行多目标优化，以挠度、重量和材料利用率为优化目标，找到混凝土壳的最佳形态。优化过程如图5.41～图5.44所示。

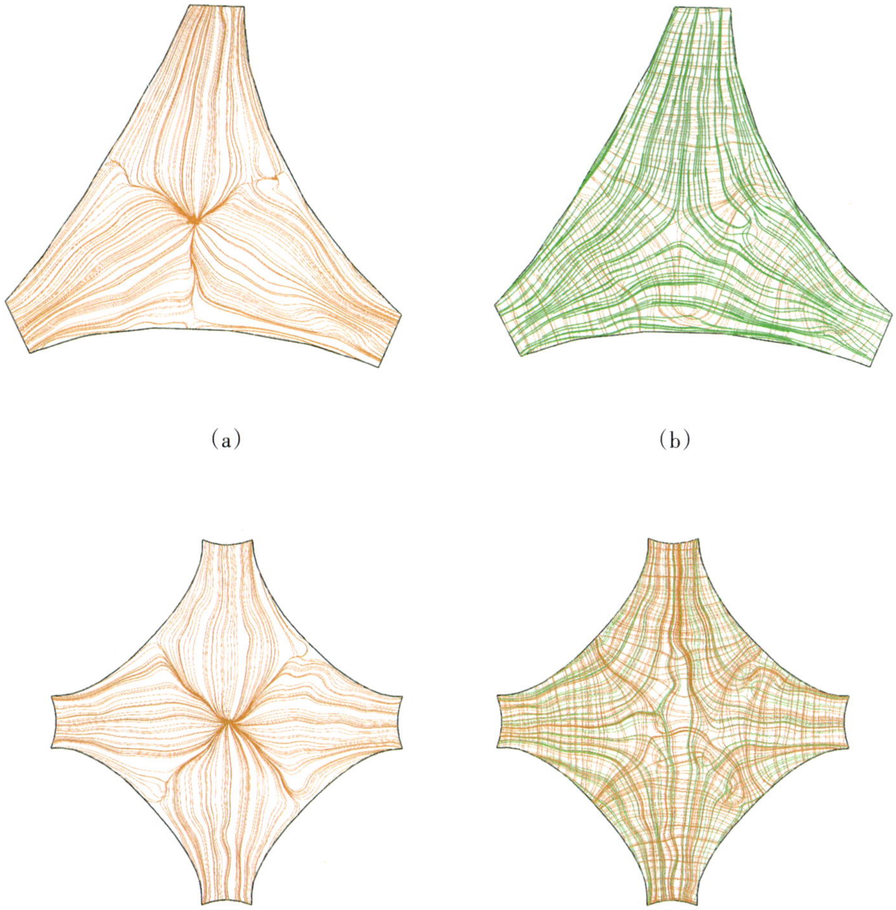

(a)　(b)

(c)　(d)

图5.36　壳体力流方向[(a)(c)]及壳体应力迹线[(b)(d)]

图5.37　壳体找形及网格划分

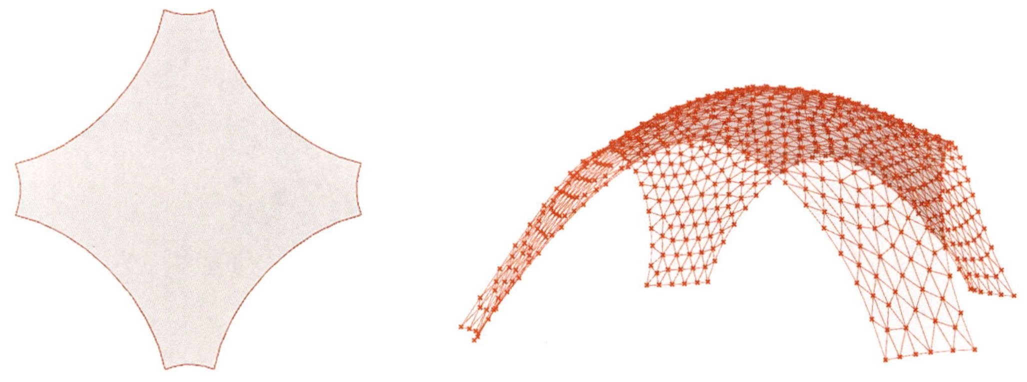

图5.37(续)　壳体找形及网格划分

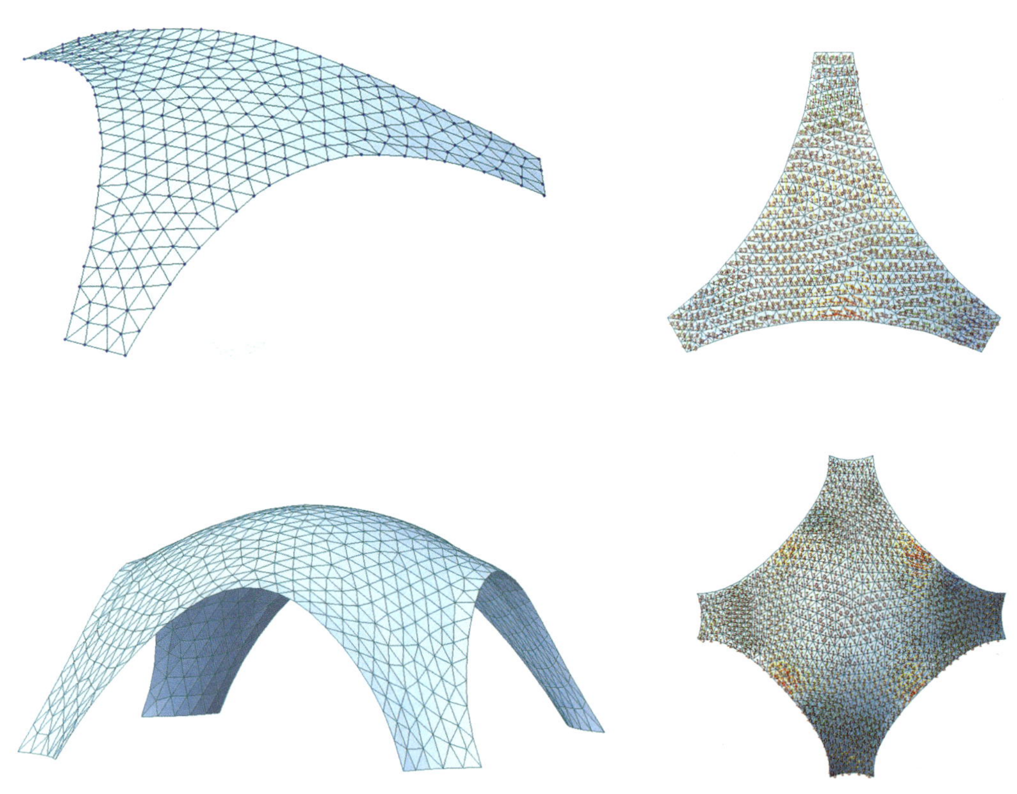

图5.38　Midas Gen壳体分析结果(主弯矩)

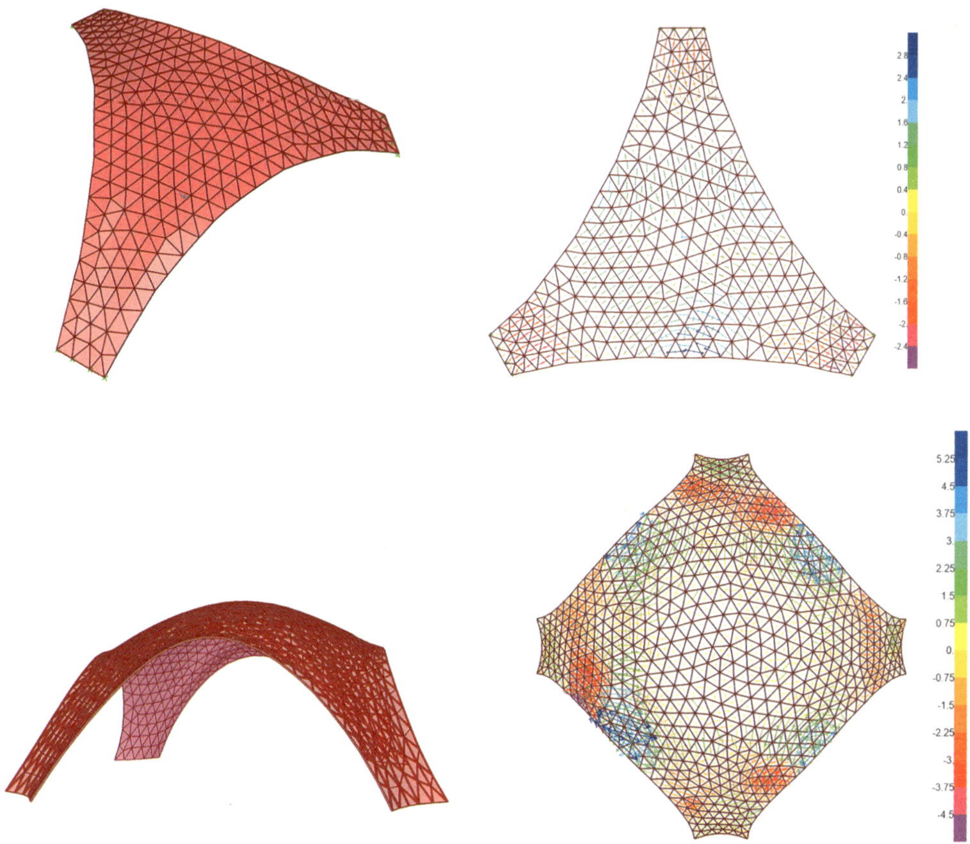

图5.39　SAP2000壳体分析结果(主弯矩)

图5.40　Trabeculae凉亭

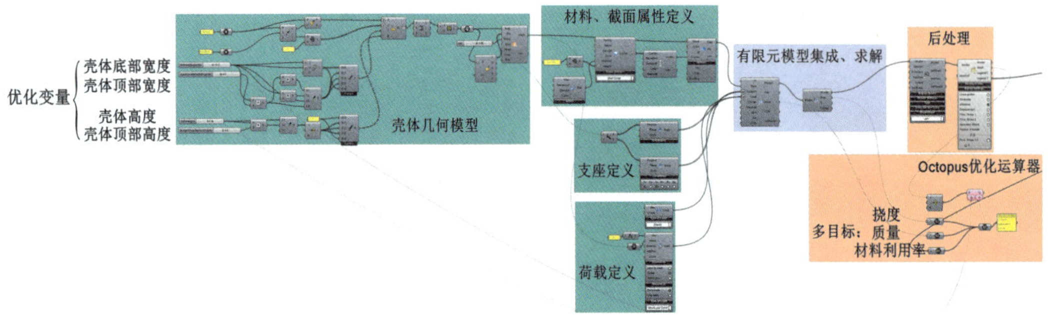

图 5.41　Octopus 壳体拱优化程序（部分参考 Karamba3D 官网）
（完整图片见目录处二维码）

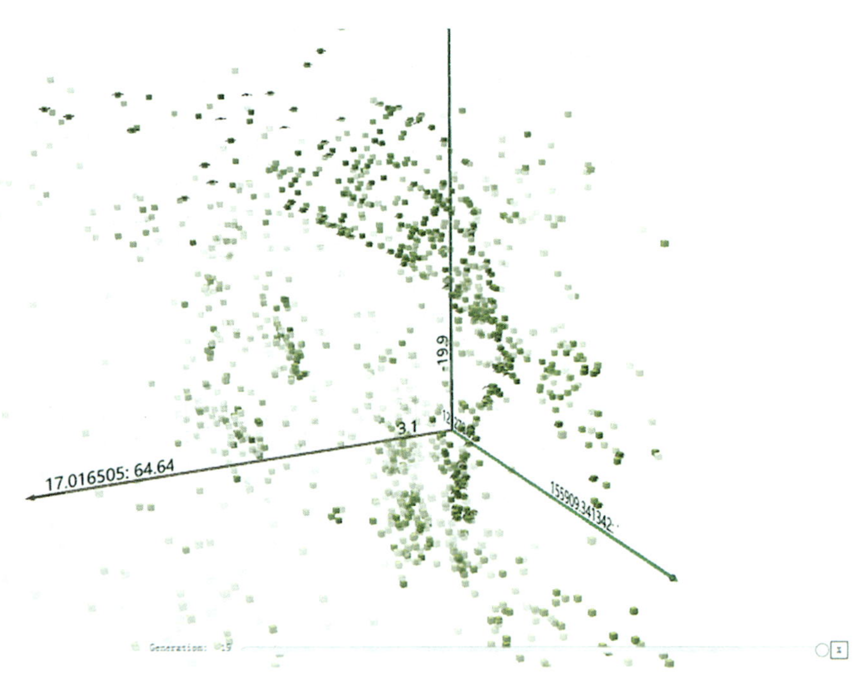

图 5.42　Octopus 优化过程

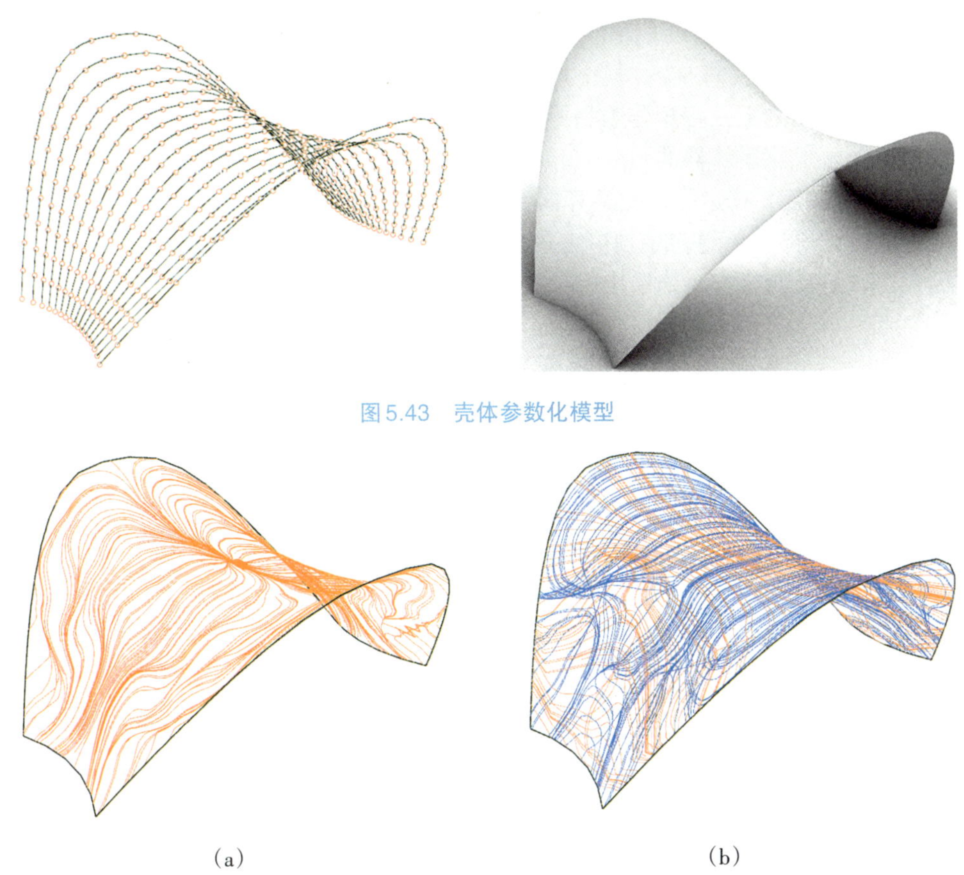

图5.43　壳体参数化模型

(a)　　(b)

图5.44　壳体力流方向(a)及壳体应力迹线(b)

3. 张弦梁结构初始预应力的优化

本节以张弦梁结构预应力设计为例，应用上述优化方法。张弦梁结构属于自平衡的结构体系，结构轻盈灵巧并可跨越较大跨度。通过给下弦拉索施加预应力，竖向撑杆产生向上的力，从而减轻了上部刚性结构负担，合理地改变了传统刚性结构的力流方向和整体刚度。单榀张弦梁上下弦均为抛物线布置（图5.45）。

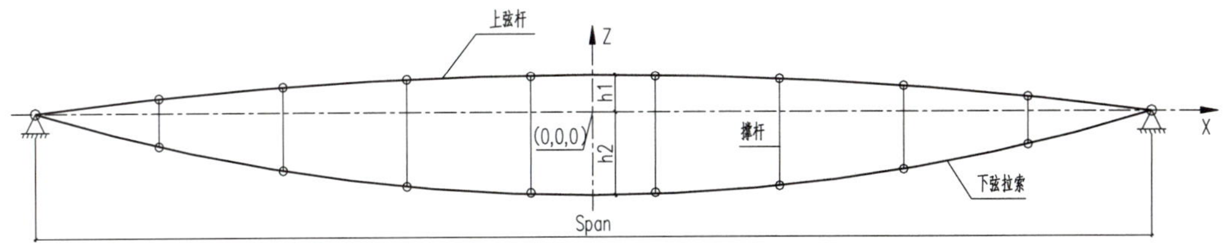

图5.45　张弦梁结构剖面图

张弦梁结构属于自平衡预应力空间结构，初始预应力的选择十分重要。合理的初始预应力可以增加结构整体刚度，减小上弦钢梁的峰值弯矩。传统的合理拉索预应力设计方法为试算法，对拉索设定不同的初始预应力值，通过反复计算，寻找其近似最佳预应力，计算量大且仅能找到近似值。编写一体化分析及优化程序［图5.46（a）］，采用Galapagos优化运算器，将拉索预应力作为一组优化变量输入优化运算器的Genetic Input端口；将计算输出的上弦弯矩作为目标变量，通过Beam Forces命令输出，求出其绝对值的最大值并输入优化运算器的Fitness Input端口；单榀张弦梁采用Number Slider控制初始预应力［图5.46（b）］；运行优化运算器，选择遗传算法，迭代求解得到一组最佳初始预应力（图5.47）。采用该组初始预应力进行计算分析，并与Midas Gen试算法得到的初始预应力比对，可见两者弯矩结果接近（图5.48）。

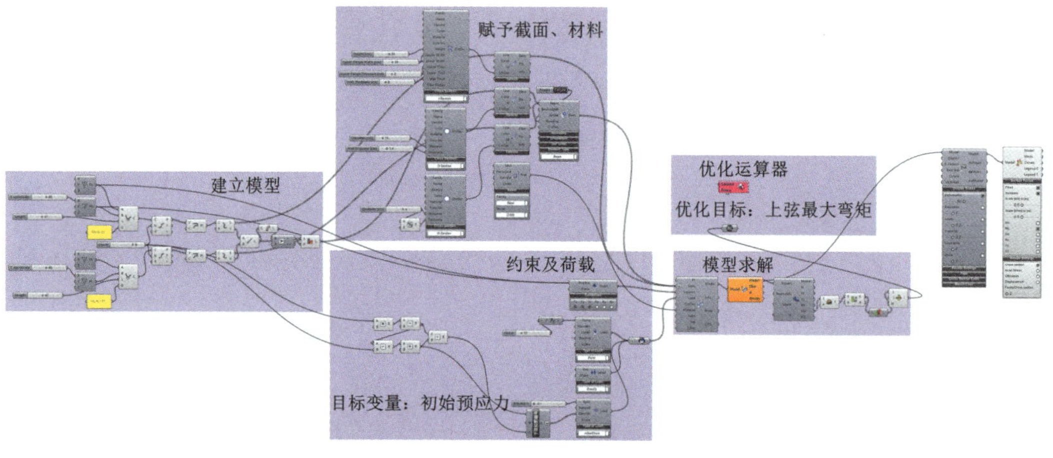

（a）

（b）

图5.46　张弦梁结构优化分析程序界面
（完整图片见目录处二维码）

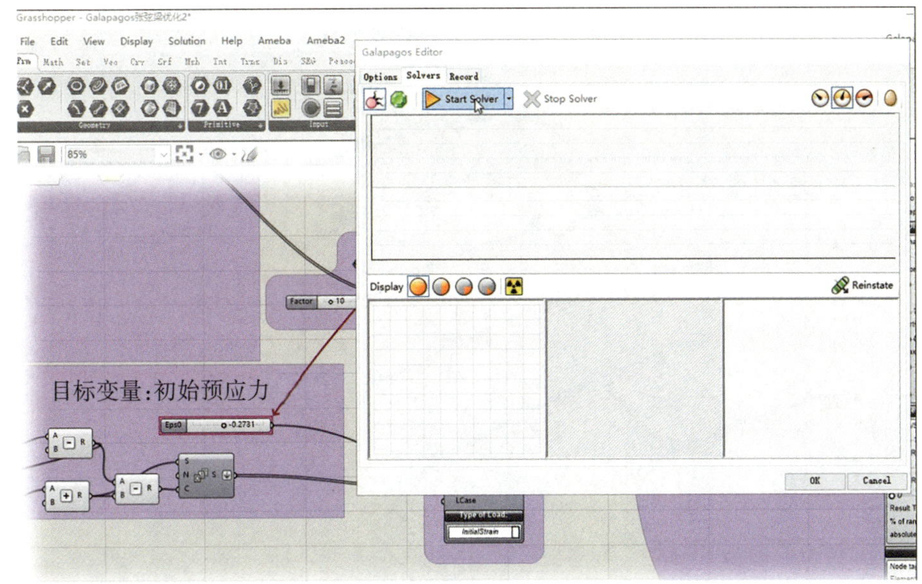

图5.47　张弦梁结构初始预应力遗传算法迭代过程

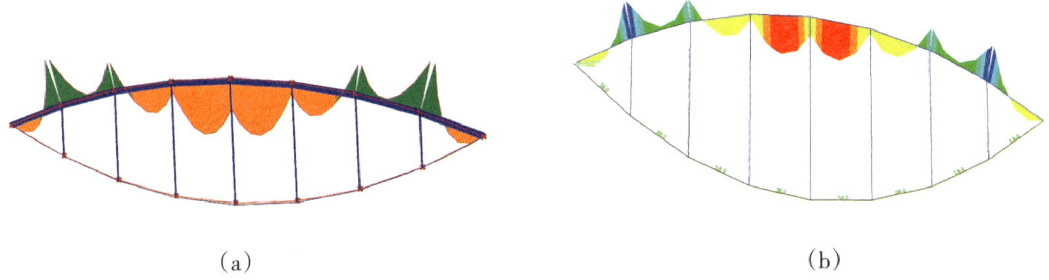

图5.48　Karamba3D单榀张弦梁弯矩(a)及Midas Gen单榀张弦梁弯矩(b)

根据大多数屋面的建筑形态，张弦梁结构平面布置方式通常采用多榀平行布置，垂直上弦钢梁的纵向设置次梁，并在周边设置交叉支撑，形成支撑系统。与单榀张弦梁参数化建模不同的是，多榀张弦梁采用Gene Pool控制多组初始预应力（图5.49）。采用上述相同的方法，可获得每根拉索的最佳初始预应力（图5.50）。

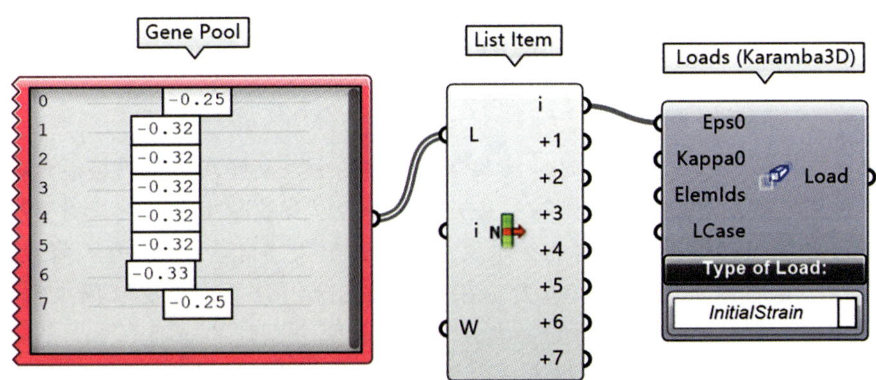

图5.49　多榀张弦梁初始预应力

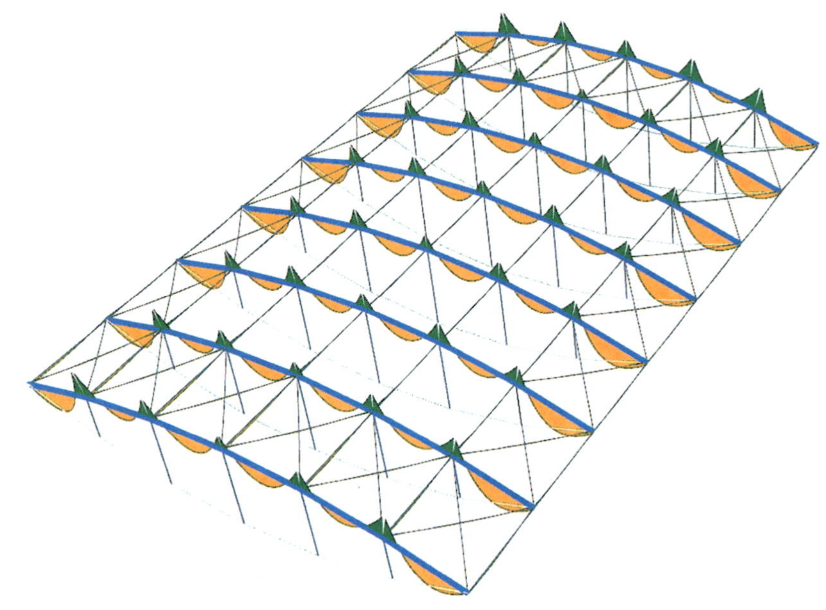

图5.50 结构优化分析结果(上弦弯矩图)

4. 弦支穹顶结构初始预应力的优化

弦支穹顶结构体系由上弦单层网壳、竖向撑杆、下弦环向拉索及径向斜拉杆组成(图5.51)。与单层网壳方案相比，索承体系及预应力的引入可明显减小结构支座反力，同时降低上弦杆件应力峰值和结构竖向位移，其中预应力的影响较为显著。由此可见，当弦支穹顶结构体系引入合理的预应力时，体系可接近自平衡结构，从而减小支座的设计难度，优化减小上弦杆件截面的同时提高结构整体竖向刚度。

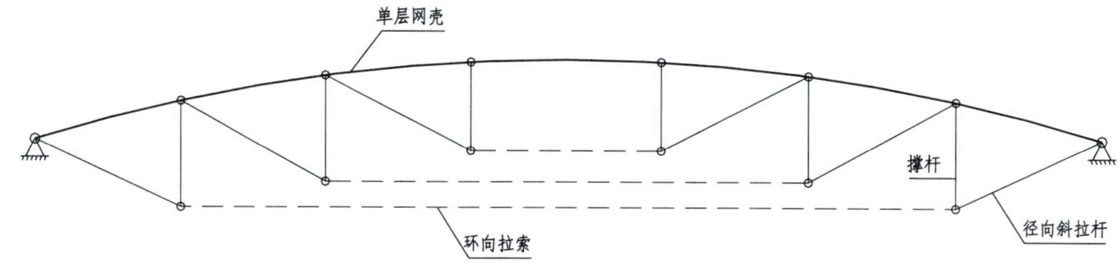

图5.51 弦支穹顶结构体系剖面图

当弦支穹顶结构接近自平衡时，其索撑节点力平衡，支座水平推力接近于零。一般情况下，弦支穹顶预应力控制原则为：1.引入预应力以有效减小上部网壳对支座的水平推力，尽量使屋盖在恒荷载作用下支座反力最小；2.在“自重+预应力”荷载组合下，弦支穹顶有一定程度上挠但不宜过大，在各荷载工况组合下，弦支穹顶拉索不松弛，且最大拉应力不超过极限拉应力的一半；3.满足前两个原则的前提下，上部网壳内力峰值尽量小，控制截面尺寸。根据上述三条预应力控制原则，在Midas Gen等有限元软件中可通过大量试算得到一组较优预应力，但工作量较大。可应用通用有限元软件

Ansys编制APDL预应力优化程序，快速得到一组较优预应力，程序流程图如图5.52（a）所示。

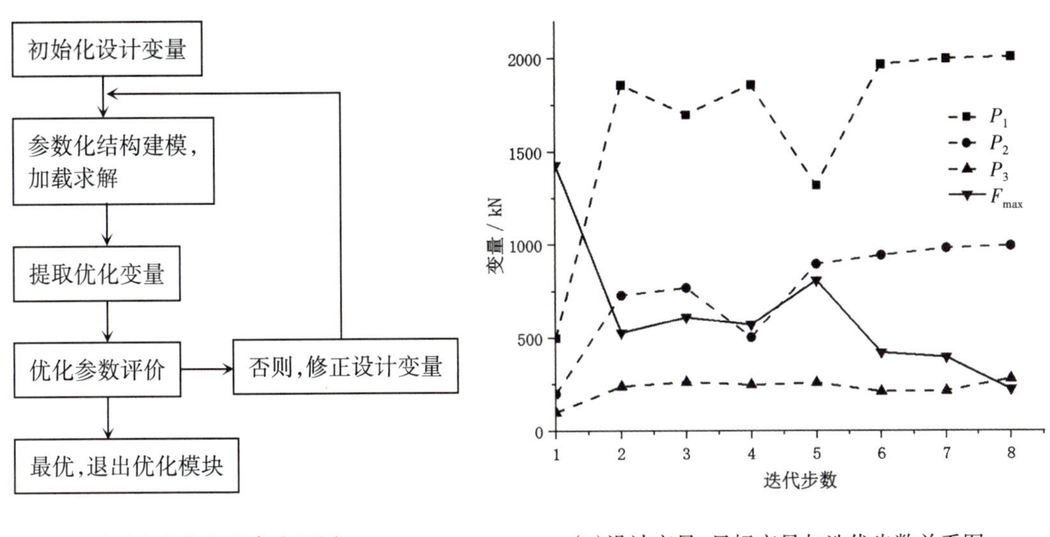

（a）预应力优化程序流程图　　（b）设计变量、目标变量与迭代步数关系图

图5.52　弦支穹顶结构预应力优化过程

以弦支穹顶最大支座反力F_{max}为目标变量，下弦环向拉索初始索力（一组为实现预应力引入而在软件中采用的假想索力，从外圈到内圈依次为P_1、P_2、P_3）为设计变量，分析时考虑结构自重和屋面恒载。优化迭代过程如图5.52（b）所示，以F_{max}最小为优化评价目标，程序通过自动调整P_1、P_2、P_3的数值进行反复迭代试算，当F_{max}小于一定数值时，认为已经达到优化目标而停止迭代。此时得到拉索的初始索力从外圈到内圈依次为P_1、P_2、P_3，计算得到的最大支座反力较小，则该组初始索力为设计可采用的较优预应力。

同样，在Karamba3D中通过初始应变引入这组较优预应力（图5.53、图5.54），变量的优化结果为拉索初始应变，通过式（1）换算后为初始索力，与Ansys优化结果基本一致。

$$P_i = \varepsilon_i EA \tag{1}$$

式中，P_i为初始索力（i=1，2，3）；ε_i为拉索初始应变；E为拉索弹性模量；A为拉索截面积。

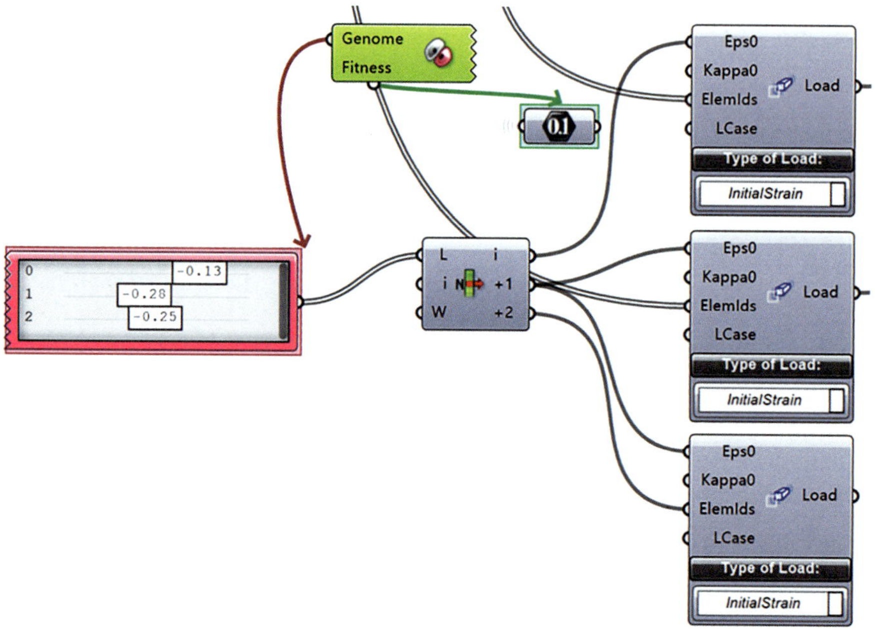

图 5.53　Karamba3D 弦支穹顶预应力优化程序

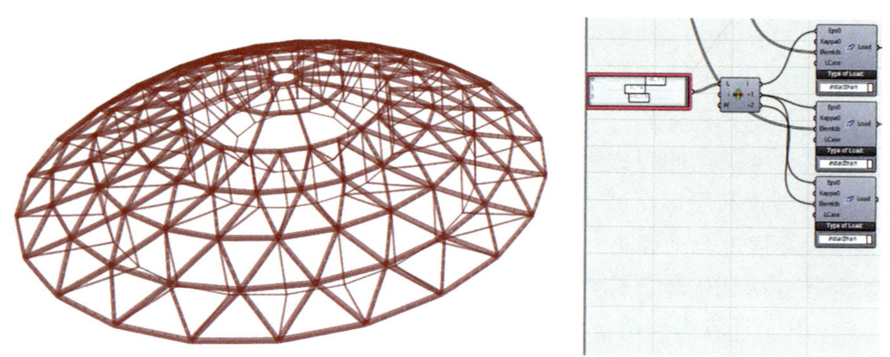

图 5.54　Karamba3D 弦支穹顶预应力优化示意

当弦支穹顶平面为椭圆形或存在不规则的部分时，采用 Ansys 编程存在困难。此时可在 Karamba3D 中编制相应程序优化预应力，同时还可以进行一体化分析，也可以将几何模型导入其他有限元软件进行后续分析。

5. 拓扑优化方法

拓扑优化是一种根据给定的荷载、约束条件和指标，在给定的区域内对材料分布进行优化的数学方法，是结构优化的一种。传统的结构拓扑优化方法通常伴随着结构的有限元网格离散处理、平衡方程求解、灵敏度信息获得与变量更新等步骤。结构拓扑优化方法最早源于米歇尔对桁架结构优化问题的研究，他实现了对离散桁架结构单荷载工况下的结构优化分析。卡塔尔国家会议中心（图 5.55）就是通过拓扑优化方法提供基础数据而设计建造的。

图5.55　卡塔尔国家会议中心

Ameba是基于双向渐进结构优化算法（BESO）的拓扑优化设计软件。用户可根据设计需要，对初始设计区域施加力学等边界条件，通过软件计算进行优化，最终获得传力合理且仿生的形态。程序界面如图5.56所示。

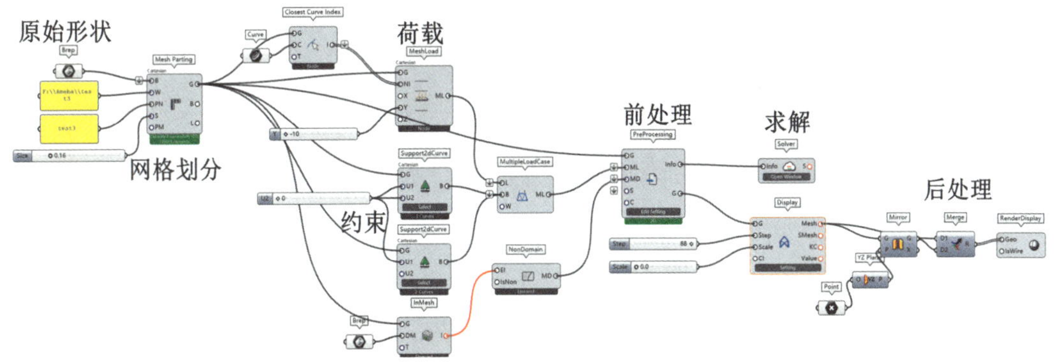

图5.56　Ameba拓扑优化程序界面

拓扑优化可在结构中去除利用率低的部分，以达到轻质高强、节约材料的目的。以一简支桥梁为例，如图5.57所示，采用拓扑优化得到最优的材料分布，再采用杆件代替，可以得到较优的简支桥梁杆件布置方案。

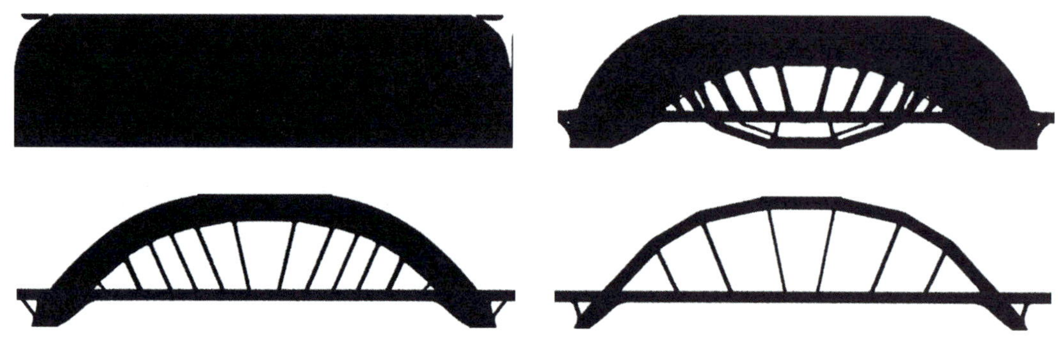

图5.57　Ameba二维拱桥拓扑优化过程

悬臂梁也可以采用拓扑优化方式，由实心悬臂梁逐渐优化为桁架形态（图5.58）。

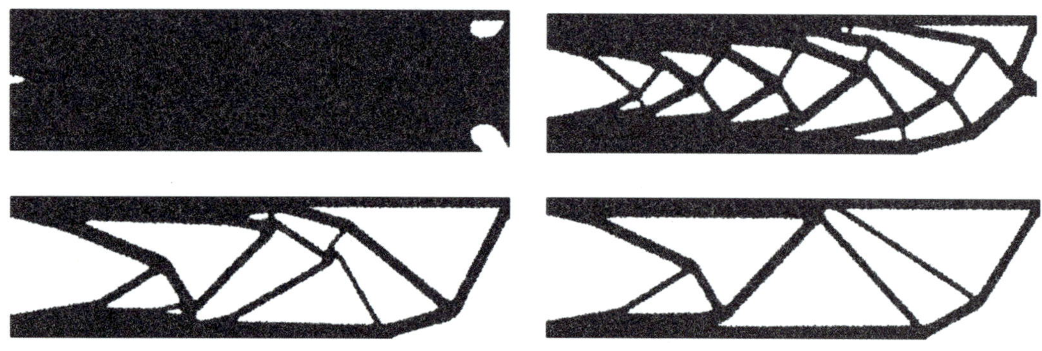

图5.58　Ameba悬臂梁拓扑优化过程

第五节　小　　结

本章介绍了空间结构参数化建模及一体化分析的方法及常用平台和插件，重点介绍了Karamba3D操作界面及方法，然后分别以逆吊找形、膜结构找形、拱壳优化、预应力钢结构优化等为案例，详细列出了空间结构参数化找形、分析及优化的程序图，拓展了参数化建模的广度，可作为参数化建模高阶方法的教程。

第六章　空间结构参数化建模及分析案例

第一节　榆中生态创新城科创中心折面网格钢结构参数化建模

1. 工程概况与结构体系

榆中生态创新城科创中心项目（图6.1）建设场地位于兰州市榆中县夏官营镇，由展示区和孵化楼组成。其中展示区为完全设置于地下的展厅，长约144 m，宽约100 m；孵化楼地下1层，地上4层，长约110 m，宽约23 m，房屋高度23.5 m，平面呈扁长不规则形状，采用钢框架结构。孵化楼屋面板上方及建筑主体背面为异形折面状的造型表皮，折面线较为自由，折面呈起伏状。根据建筑形态特点及下部结构可提供的支承条件，表皮支撑结构采用折面网格钢结构，网格紧贴建筑表皮，随建筑表皮而起伏（图6.2）。

图6.1　榆中生态创新城科创中心项目整体效果

图6.2　折面网格实拍

折面网格沿长向尺寸最大为125.6 m，短向尺寸为12.0～24.0 m，最高点高度为29.9 m，共由28个空间倾斜的三角面组成，三角面相接的位置形成48条脊线或谷线。在由脊、谷线围合而成的28个平面内布置三向斜交网格，网格按照二、四、八的数量等分，尽量使网格杆件长度均匀，使斜交网格单根杆件的长度在2.5～4.5 m之间。脊、谷线杆件及斜交网格杆件均采用矩形钢管，脊、谷线处及背面通道洞口周圈处杆件适当加强。

折面网格底部落地部位设置一排支承于地下室顶面的支座。网格结构作为依附于主体结构的造型，在主体结构屋面框架柱位置设置树状柱作为网格结构顶面支座，树状柱采用圆管截面。网格结构背部基本竖直且高度较高，故在背部网格设置一定数量的水平V形撑杆，与主体结构框架梁可靠连接，作为背部网格的中间支承点。上述V形撑杆不承担竖向荷载，主要用于抵抗风、地震等水平向荷载及减小压杆面外计算长度。从而由斜交网格、V形撑杆及树状柱组成一个多点支承的完整结构体系（图6.3），其结构外形与建筑造型吻合，结构受力明确且杆件大小相对统一（表6.1）。为减小杆件内力，底部采用铰接支座，树状柱上端与网格杆件连接点及V形撑杆两端均采用销轴节点（图6.4）。

树状柱

底部支座

V形撑杆

图6.3　折面网格钢结构体系构成示意

折面网格兼具折面壳和梁的受力特点，其受力原理主要是折面之间相互约束形成一定的刚度，而在折面内则以受弯为主。折面内的力流一部分传递到树状柱，一部分通过脊线杆件传递到支座。

表6.1　折面网格钢结构主要构件截面及材料

截面名称	截面类型	截面尺寸/mm	材料
斜交网格杆件	矩形钢管	300×200×8×8(顶部)、250×150×8(背部)	Q355B
脊谷线处杆件	矩形钢管	400×250×12×12	Q355B
树状柱树干柱	圆形钢管	500×16	Q355B
树状柱分支柱	圆形钢管	273×16	Q355B
V形撑杆	圆形钢管	180×7	Q355B

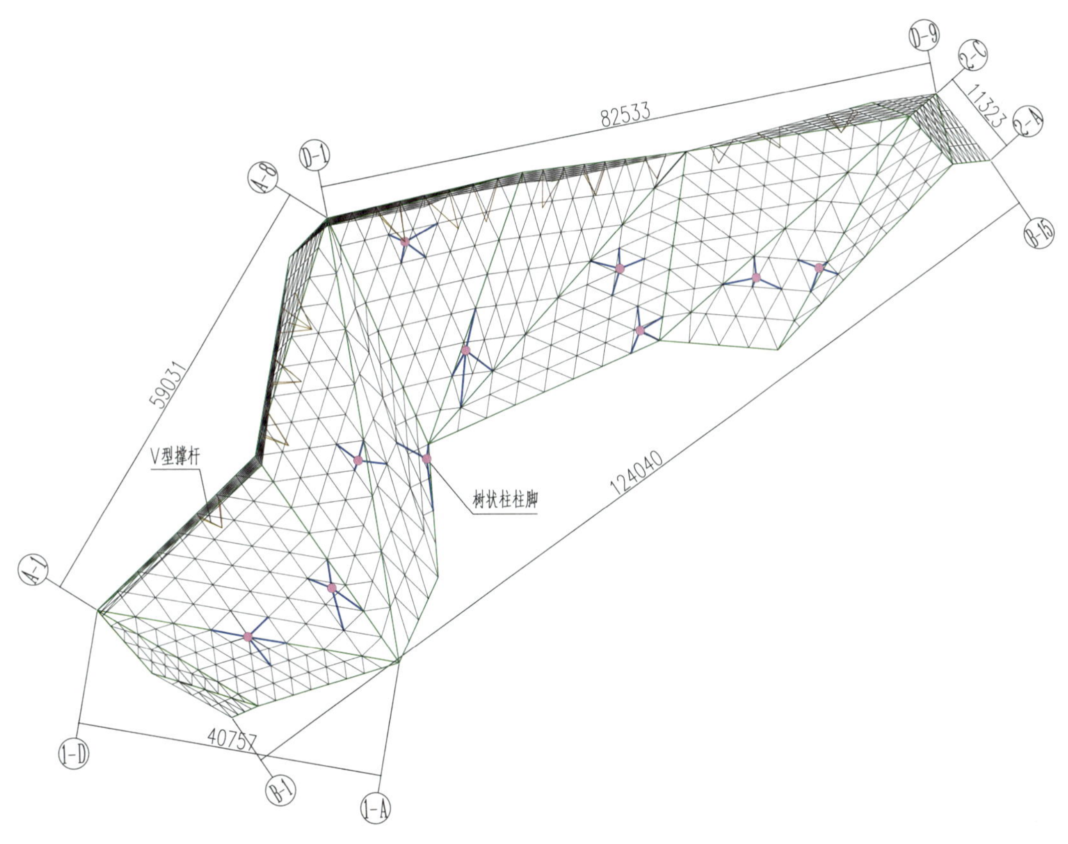

图6.4　结构整体投影图

2. 折面网格结构参数化建模

项目设计初期，建筑师对建筑表皮折面进行多次优化调整。如果采用传统手工建模方法，一旦建筑表皮形状或尺寸稍有改动，结构模型也将随之重新调整。由于形体的不规则，模型修改往往是颠覆性的，工作量大幅增加且效率低下，难以适应建筑专业设计初期方案的反复推敲。结构参数化建模能够很好地解决这一问题，本工程选择Grasshopper作为参数化建模软件。方案设计阶段，考虑到结构受力效率、建筑形态的优美程度，以及建筑安装玻璃和铝板的方便程度，选用三角形网格方案。

本节研究在给定建筑折面造型几何边界条件下，参数化生成网格，重点为参数化逻辑原理及Grasshopper图形化参数化脚本，研究了三种参数化逻辑方法并比较各自的优劣及适用情形。

（1）方法一：斜交网格划分法

参数化建模基本逻辑如下：1.根据建筑专业提供的模型将各个折面按照面积分类，以便控制不同折面的网格数；2.利用Brep Edges命令得到折面的边框线，用Divide Curve等分边框线，同时用Divide Surface等分曲面，然后用Curve On Surface命令得到等分曲面上的一组斜线；3.利用Divide Curve将边框线和斜线均分，得到均分点；4.由于这些均分点为单个数据，利用Tree Statistics命令将这些散装的单个数据按照同一方向形成树状数据，用Cull Index去掉首尾各一组线，避免后续生成重复线段，这样可得到三个方向的三组斜线，这三组斜线通过Entwine命令合并成一组；6.编制循环命令，将其余所有的折面均执行上述1～5步的操作，需要注意的是有些面方向并不一致，需要调整斜线生成的数据，按照需要的方向将所有面斜线调整一致，最终形成需要的网格线（图6.5、图6.6，表6.2）。该方法逻辑清晰，适用于任意平面，但效率较低。

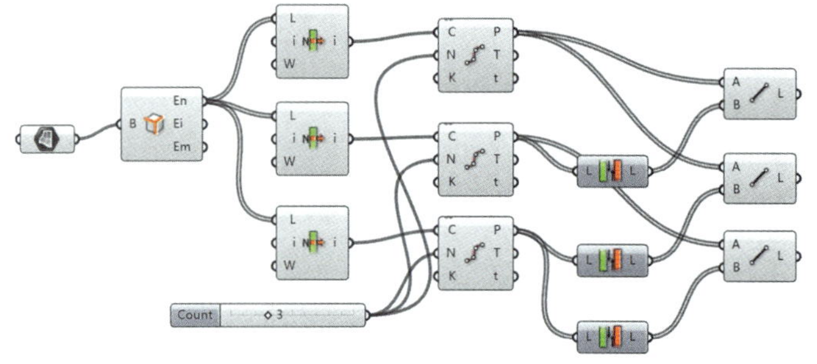

图6.5　方法一参数化程序界面

图6.6　方法一参数化建模过程

表6.2　方法一部分Grasshopper运算器

简称	名称	运算器面板中的路径	注释
Edges	Brep Edges	Surface/Analysis/Brep Edges	求曲面边线
SDivide	Divide Surface	Surface/Util/Divide Surface	在曲面上生成{uv}点的网格
CrvSrf	Curve On Surface	Curve/Spline/Curve On Surface	用曲面上的点创建插值曲线
Cull i	Cull Index	Sets/Sequence/Cull Index	从列表中剔除元素
TStat	Tree Statistics	Sets/Tree/Tree Statistics	获取数据树统计信息
Split	Split Tree	Sets/Tree/Split Tree	将数据树拆分为两部分
Entwine	Entwine	Sets/Tree/Entwine	扁平化且合并数据流集合

（2）方法二：三角形内接圆法

参数化建模基本逻辑如下：1.在Rhino里拾取多重曲面，利用Evaluate Surface提取曲面的法线方向并得到曲面所在平面，然后在该平面上画一个圆，用这个圆的方向来调整边框线的方向（Flip Curve），这样得到的边框线方向与曲面的法线方向相关；2.使用Area求出每个大三角形的重心，使用Circle TTT求出三角形内接圆，用Deconstruct Circle求出半径；3.用Number Slider控制单次偏移距离，用半径除以单次偏移距离，用Round命令求出大于该商的最小整数，这个整数就是偏移的次数，由于每次偏移的距离都是互相独立的，所以用Series将每一次偏移的距离形成一个等差数列，然后用Offset Curve偏移；4.用Length量出偏移后曲线的长度，用Divide Curve得到这些曲线上的等分点，用Trim Tree调整这些点的数据结构，使得每个三角形内的点都在一个枝干内；5.使用Cull Duplicates删除所有重复的点，然后使用Delaunay Mesh生成三角形网格，最后依次采用Mesh Explode、Face Boundaries炸开网格并取得其边框线，即我们需要的结构网格线（图6.7、图6.8，表6.3）。该方法形成的网格较均匀，但网格拓扑韵律性较弱，且节点处杆件角度各不相同，也会造成杆件连接构造复杂，不利于施工。

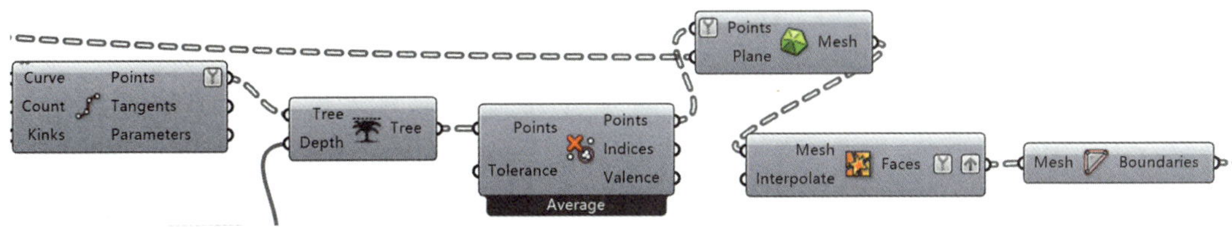

图6.7　方法二参数化程序界面
（完整图片见目录处二维码）

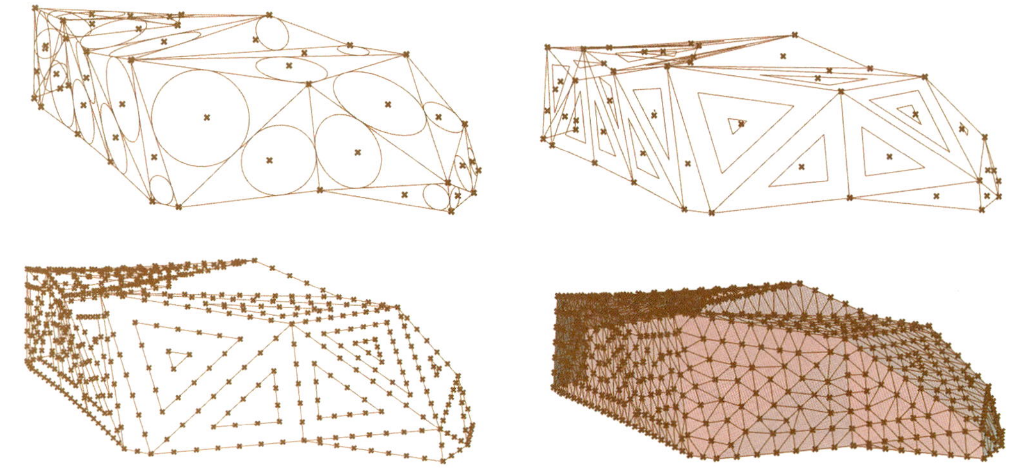

图6.8　方法二参数化建模过程

表6.3　方法二部分Grasshopper运算器

简称	名称	运算器面板中的路径	注释
EvalSrf	Evaluate Surface	Surface/Analysis/Evaluate Surface	评估曲面属性
Flip	Flip Curve	Curve/Util/Flip Curve	使用辅助曲线翻转曲线
Explode	Explode	Curve/Util/Explode	炸开分解
Circle TTT	Circle Tan Tan Tan	Curve/Primitive/Circle Tan Tan Tan	创建与三条曲线相切的圆
Round	Round	Maths/Util/Round	四舍五入浮点值
Offset	Offset Curve	Curve/Util/Offset Curve	偏移曲线
Len	Length	Curve/Analysis/Length	测量曲线长度
Trim	Trim Tree	Sets/Tree/Trim Tree	通过合并最外面的分支来降低树的复杂性
CullPt	Cull Duplicates	Vector/Point/Cull Duplicates	在公差范围内剔除重合的点
Del	Delaunay Mesh	Mesh/Triangulation/Delaunay Mesh	三角化网格

（3）方法三：插件法

Weaverbird是一种基于Grasshopper的细分和转换运算插件，可以方便地使用Weaverbird中的运算器进行曲面细分工作。

参数化建模基本逻辑如下：1.根据建筑专业提供的模型将各个折面按照面积分类，以便控制不同折面的网格数；2.利用Deconstruct Brep将折面解开，得到其控制点Vertices；3.利用Construct Mesh命令将得到的控制点形成网格Mesh；4.利用Mesh Join命令对形成的Mesh进行合并，用Mesh Weld Vertices命令合并Mesh中重叠的顶点，用Mesh Unify Normals命令将Mesh面的方向一致化；5.利用wbTriangles命令将网格中的三角形剥离出来，最后用Face Boundaries得到这些三角形的边，形成需要的网格线（图6.9、图

6.10，表6.4）。

拖动数据滑块，可动态修改结构的几何形态并实时生成，需要注意的是，控制wbTriangles的数据滑块对分类的不同面需要成倍数控制，否则分割点不能交在一起。该方法可快速得到结构网格，但其中一些狭小或狭长面的网格方向可能并不符合预期，需要单独将这些面拿出来调整，或者Bake到Rhino之后手工调整。

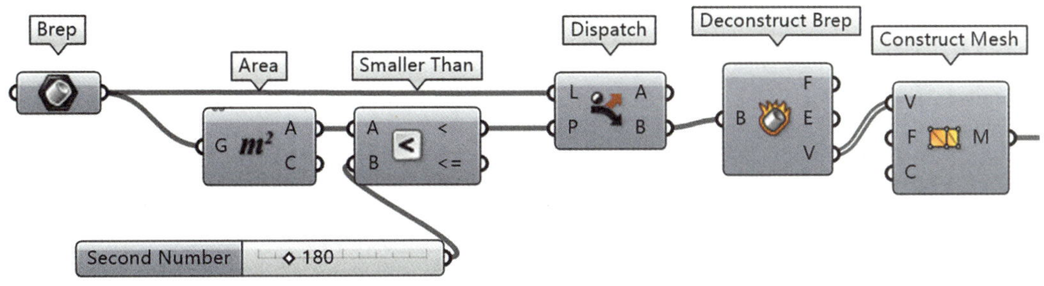

图6.9　方法三参数化程序界面
（完整图片见目录处二维码）

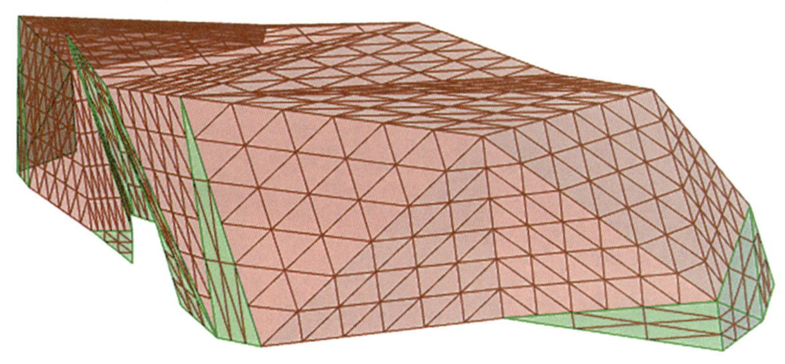

图6.10　方法三参数化建模过程

表6.4　方法三部分Grasshopper运算器

简称	名称	运算器面板中的路径	注释
Area	Area	Surface/Analysis/Area	求解面积
Dispatch	Dispatch	Set/List/Dispatch	数据分流
DeBrep	Deconstruct Brep	Surface/Analysis/Deconstruct Brep	曲面分解
ConMesh	Construct Mesh	Mesh/Primitive/Construct Mesh	构建网格
MJoin	Mesh Join	Mesh/Util/Mesh Join	网格合并
weldVertices	Mesh Weld Vertices	Mesh/Util/Mesh Weld Vertices	合并网格相同的顶点
Unify Normals	Mesh Unify Normals	Mesh/Util/Mesh Unify Normals	修复网格不一致的网格面方向
wbTriangles	Weavebird's Split Triangles Subdivision	Weavebird/Subd/wbTriangles	从网格面中生成三角形
FaceB	Face Boundaries	Mesh/Analysis/FaceB	由网格面生成多段线

3. 适应建筑形态改变的网格自动调整方法

参数化建模遇到的问题首先是在建筑造型几何边界变化时，如何根据建筑模型实时调整结构模型并参数化生成网格。在给定的建筑模型上建模，当建筑控制角点改变时，本文给出通过拉杆控制点坐标参数化生成模型和通过Excel表格输入坐标参数化生成模型两种方法。

（1）方法一：通过拉杆控制点坐标

通过参数化编程建模，不仅可以划分结构网格，而且当建筑折面造型几何边界变化时，结构构件可以与建筑表皮联动，根据建筑模型实时调整结构模型并参数化生成网格（图6.11）。当需要修改的控制点少，且需要直观地判断网格形状和优劣时，直接通过number slider修改坐标拖动模型。

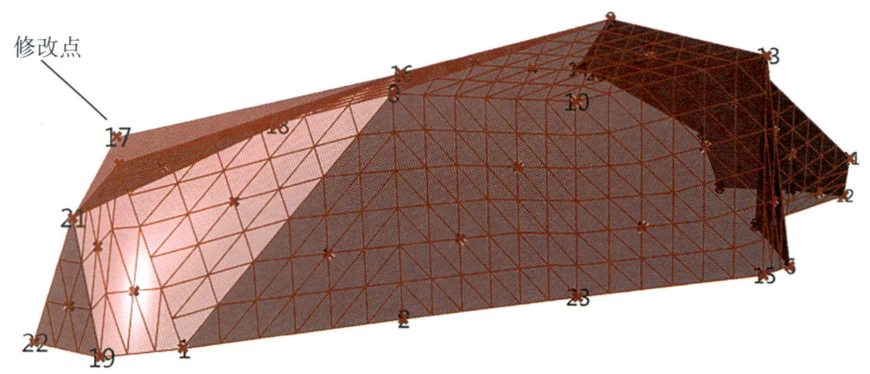

图6.11　方法一参数化建模生成网格

参数化网格自动调整的基本逻辑如下：1.利用Deconstruct Mesh命令将折面解构，得到其控制角点，用Point List命令可以显示这些控制点的编号，方便我们修改其坐标；2.用List Item将我们需要修改的点列出来，用Deconstruct Point得到该点的x、y、z坐标；3.将需要修改的坐标用Number Slider控制，再用Construct Point重构这个点；4.将重构修改后的点输入Replace Items命令的输入端，替换掉原来这个位置上的点，所有点的顺序不变，再利用Construct Mesh重新生成网格，这样就实现了利用拉杆控制折面网格某个点的坐标，从而实时改变其形状的功能；5.最后用Object Bake命令将得到的网格线拷贝到Rhino中，方便后续导出（图6.12，表6.5）。

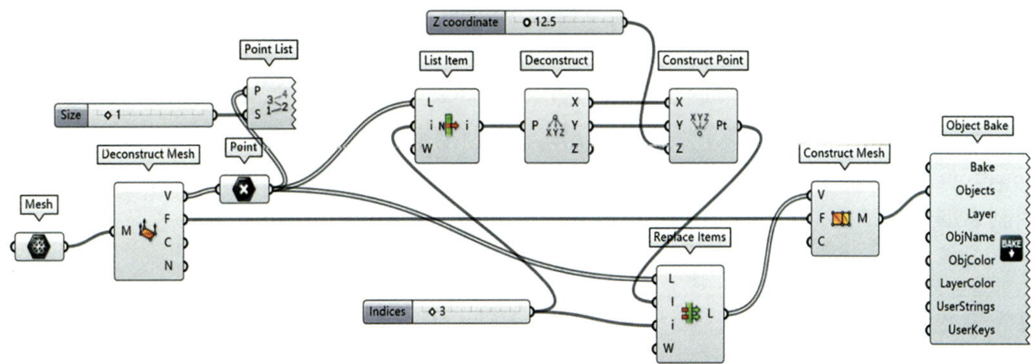

图6.12　方法一参数化程序界面

表6.5　方法一部分Grasshopper运算器

简称	名称	运算器面板中的路径	注释
DeMesh	Deconstruct Mesh	Mesh//Analysis/Deconstruct Mesh	分解网格
Points	Point List	Display/Vector/Point List	显示点的详细信息
pDecon	Deconstruct Point	Vector/Point/Deconstruct Point	将点分解为其组成部分
Replace	Replace Items	Sets/List/Replace Items	替换列表中的某些项目
Bake	Object Bake	Lunchbox/Workflow/Object Bake	将物件拷贝到Rhino

（2）方法二：通过表格控制点坐标

当需要修改的控制点数量较多或需要批量修改节点坐标时，可以输出到Excel修改，然后重构网格（通过插件TT Toolbox或者lunchbox均可实现），如图6.13所示。

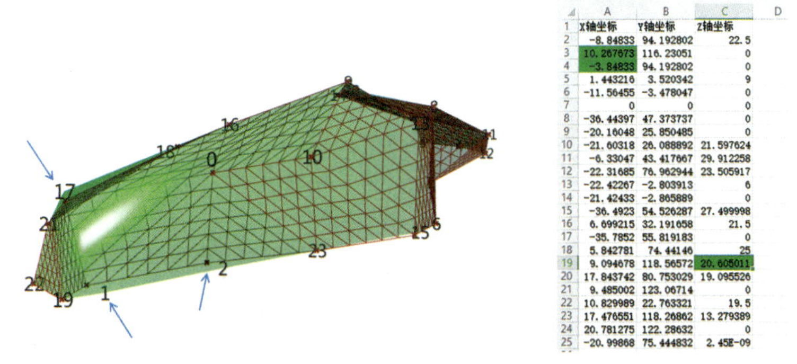

	A	B	C	D
1	X轴坐标	Y轴坐标	Z轴坐标	
2	-8.84833	94.192802	22.5	
3	10.267673	116.23051	0	
4	-3.84833	94.192802	0	
5	1.443216	3.520342	9	
6	-11.56455	-3.478047	0	
7	0	0	0	
8	-36.44397	47.373737	0	
9	-20.16048	25.850485	0	
10	-21.60318	26.088892	21.597624	
11	-6.33047	43.417667	29.912258	
12	-22.31685	76.962944	23.505917	
13	-22.42267	-2.803913	6	
14	-21.42433	-2.865889	0	
15	-36.4923	54.526287	27.499998	
16	6.699215	32.191658	21.5	
17	-35.7852	55.819183	0	
18	5.842781	74.44146	25	
19	9.094678	118.56572	20.605011	
20	17.843742	80.753029	19.095526	
21	9.485002	123.06714	0	
22	10.829989	22.763321	19.5	
23	17.476551	118.26862	13.279389	
24	20.781275	122.28632	0	
25	-20.99868	75.444832	2.45E-09	

图6.13　方法二参数化建模生成网格

参数化网格自动调整的基本逻辑如下：1.利用Deconstruct Mesh命令将折面解构，得到其控制角点；2.用Deconstruct Point得到所有控制点的x、y、z坐标，用Entwine将x、y、z坐标归到数据文件中；3.将文件夹形式的坐标输入Excel Write命令以便将坐标以表格形式输出，同时用Panel给予输出路径，利用Boolean Toggle作为输出命令的开关；4.在输出的表格中批量修改点的坐标，完成后用Read Excel Sheet读入新坐标，用Cull Index删除不必要的表格抬头，这个时候得到的x、y、z坐标分别存储在［1］、［2］、［3］三个文件夹中；5.用Flip Matrix命令将其转置，将点坐标放在每个点组成的文件夹中，最后用Construct Point重构这些控制点；6.重新生成网格，这样就实现了利用表格控制折面网格控制点的坐标，实时改变其形状（表6.6）。

表6.6　方法二部分Grasshopper运算器

简称	名称	运算器面板中的路径	注释
Excel Write	Excel Write	Lunchbox/Workflow/Excel Write	输出表格
Toggle	Boolean Toggle	Params/Input/Boolean Toggle	布尔开关
ReadXL	Read Excel Sheet	TT Toolbox/Excel/Read Excel Sheet	读入表格
Flip	Flip Matri	Sets/Tree/Flip Matri	矩阵转置

4. 树状柱支撑结构二级柱最佳支撑位置的确定方法

Karamba3D后处理中的Utilization为材料利用率，其物理意义为构件的法向应力与材料屈服强度的比值。Utilization值过小意味着材料利用率过低、材料浪费，其值超过100%则代表超过了材料屈服强度。将输出的Utilization作为目标变量，将控制树状柱支撑位置的Gene Pool作为优化变量（图6.14），设定优化目标为使整体结构Utilization绝对值最小，选择模拟退火算法迭代求解（图6.15），得到合理的树状柱支撑位置（图6.16）。基于优化后的模型，可在Karamba3D中进行后续分析求解，也可以拼装生成总装模型（图6.17）。在工程设计时，由于Utilization中没有考虑剪切和屈曲，在比选并确定最终方案后，还应进行应力比验算和屈曲验算。

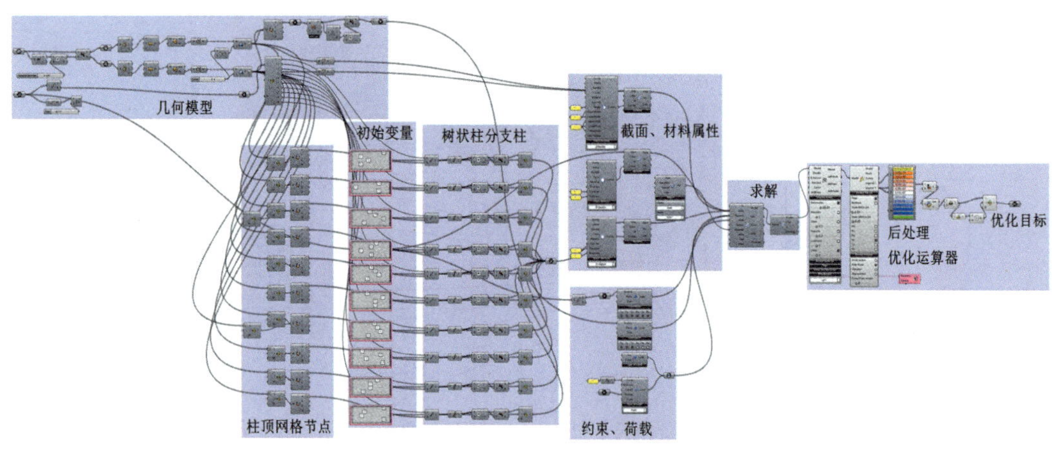

图6.14　树状柱优化后处理程序
（完整图片见目录处二维码）

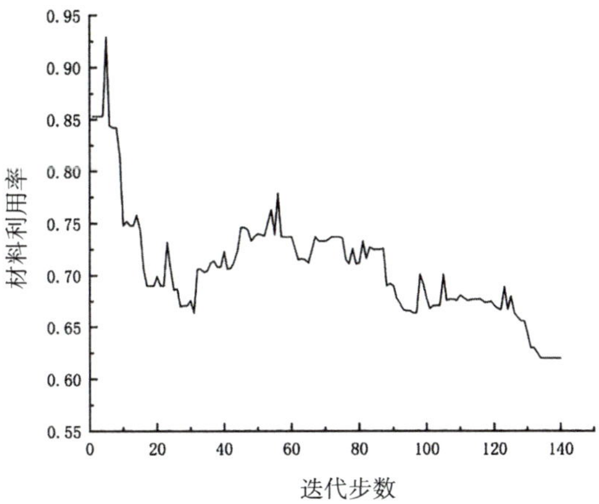

图6.15　迭代步数和材料利用率的关系

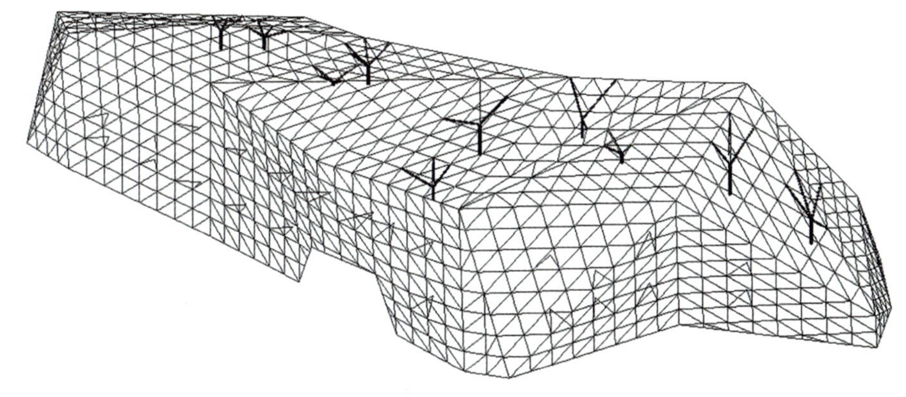

图6.16　树状柱优化后位置

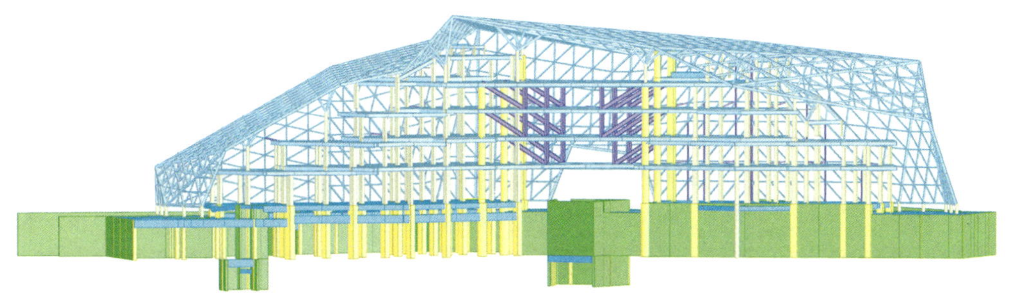

图6.17　结构整体模型

第二节 甘肃省体育馆外幕墙双层斜交网格结构参数化建模

1. 工程概况与结构体系

甘肃省体育馆位于兰州新区体育休闲文化园区西南侧，按建筑功能分为比赛馆和训练馆两部分，其中比赛馆建筑面积为42 983 m²，平面呈矩形。比赛馆外幕墙采用斜向金属网格表皮，共设内、外两层表皮，内表皮为菱形玻璃幕墙，外表皮为按“飞天”造型排列的铝单板，体现了建筑整体的厚重感和韵律感。项目设计时间为2015年，实拍图见图6.18。

图6.18　甘肃省体育馆外幕墙实拍图

幕墙结构采用双层斜交空腹网格钢结构，长156.3 m，宽105.5 m，高20.4 m。内网格与主体结构在竖向仅设置上、下两个支点相连，上支点为铰接连接，中心标高29.2 m，下支点为竖向可滑动、水平向可微动的节点，中心标高13.1 m，幕墙在竖直方向的跨度为16.1 m（图6.19、图6.20）。外网格通过挑梁悬挂在主体支承结构上，内、外网之间设置水平撑杆，按棋盘形间隔设置，水平撑杆与内网格刚接连接，与外网格通过销轴铰接连接，最下层水平撑杆之间每隔一定距离设置水平斜拉杆保证其面外稳定性。内、外网格竖向转角处不设封边杆件，直接平滑过渡相连，上、下边均设置封边杆件，斜向杆件汇交于上、下封边杆，形成一个可靠的抗侧力体系，且内外网格均为拉弯构件，可大幅减小杆件截面尺寸，节省材料。

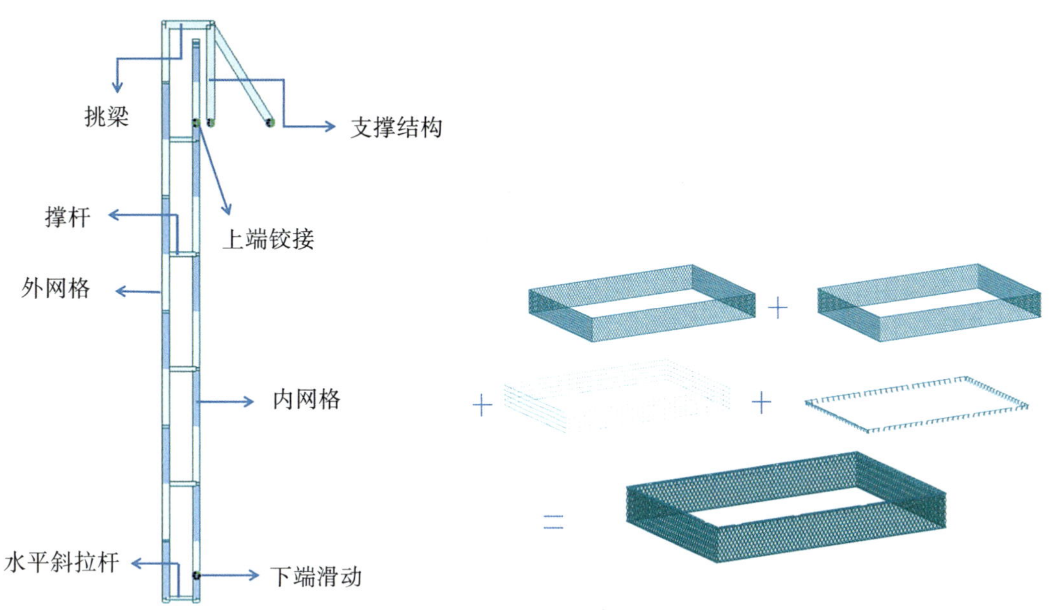

图6.19 体育馆幕墙钢结构支承位置示意

图6.20 体育馆幕墙钢结构体系构成示意

幕墙结构主要构件截面规格见表6.7。

表6.7 构件规格及材料表

杆件名称	杆件截面	材料	截面类型
内网格杆件	B150×250×8×8	Q345B	矩形截面
外网格杆件	B150×250×6×6	Q235B	矩形截面
撑杆	150×8	Q345B	菱形截面
水平斜拉杆	Φ45	Q460	高强钢拉杆
水平封边梁	B300×250×12×12	Q345B	矩形截面
挑梁	B300×300×12×12	Q345B	矩形截面

2. 斜交网格结构参数化建模

本工程选择Grasshopper作为参数化建模软件。根据本工程斜交网格模型特点，编制了Grasshopper参数化建模程序（图6.21）。本工程采用的较为重要的运算器如表6.8所示。

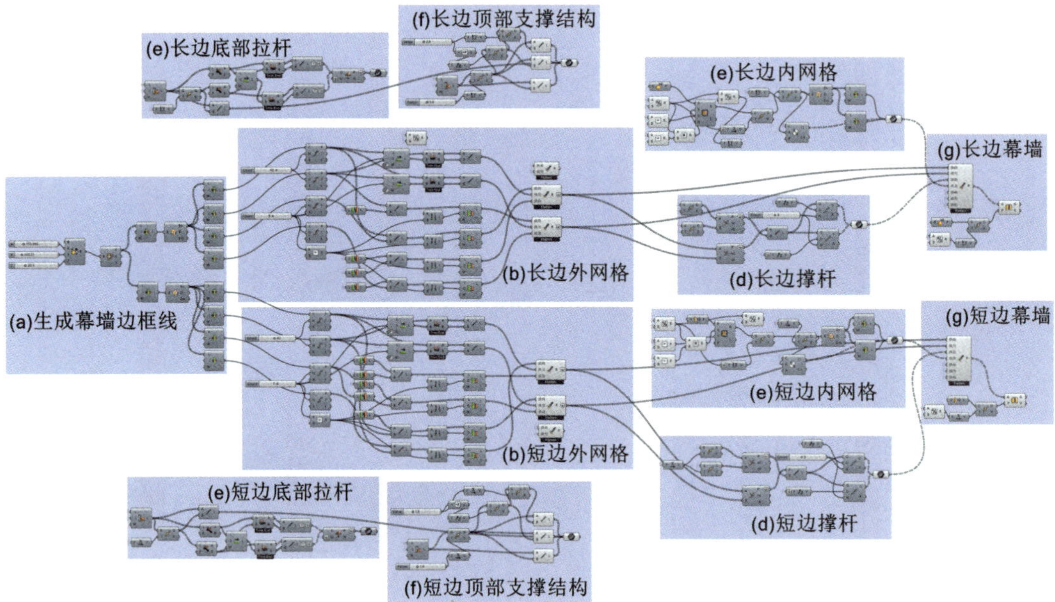

图6.21　斜交网格参数化建模程序界面
（完整图片见目录处二维码）

表6.8　本工程部分Grasshopper运算器

简称	名称	运算器面板中的路径	注释
Item	List Item	Set/List/List Item	从列表中检索特定项
Divide	Divide Curve	Curve/Division/Divide Curve	将曲线分成等长的段
Shift	Shift List	Set/List/Shift List	偏移列表中的所有项目
Short	Shortest List	Set/List/Shortest List	将列表集合缩小到其中最短的长度
Dom	Construct Domain	Math/Domain/Construct Domain	创建一个数值域
SubSet	Sub List	Set/List/Sub List	从列表中提取子集
Move	Move	Transform/Euclidean/Move	沿向量平移对象
Trim	Trim with Region	Intersect/Regions/Trim with Region	用区域修剪曲线
Curve	Curve | Curve	Intersect/Physical/ Curve | Curve	解决两条曲线的相交事件
ArrLinear	Linear Array	Transform/Array/Linear Array	创建几何图形的线性阵列
Dispatch	Dispatch	Set/List/Dispatch	将列表中的项目分派到两个目标列表中
Split	Split Tree	Set/Tree/Split Tree	使用路径掩码将数据树拆分为两部分
Neg	Negative	Math/Operators/Negative	计算一个值的负数

为方便展示，将每一个子程序区域放大（图6.22）。参数化建模基本逻辑如下：1.根据建筑专业提供的模型生成幕墙边框线，利用List Item命令列出需要的边线［图6.22（a)］；2.指定长边外网格长度和宽度作为输入参数，利用Divide Curve等分边框线，根据斜交网格的排布规律，用Shift List命令得到的一组等分点，偏移并与另外一组等分点连接，得到一个方向的斜交网格线，其中由于偏移而多余的数据通过Shortest List命令带有的Trim end功能删除掉，重复步骤生成另外一个方向的斜交网格［图6.22（b)］；3.将上一步生成的外网格斜交线向内复制，根据内网格尺寸生成一个区域，利用Trim with Region仅保留区域内的网格线，即得到内网格斜交线［图6.22（c)］；4.利用Curve命令处理内、外网格线得到网格线交点，连接内、外交点形成撑杆［图6.22（d)］；5.本工程在幕墙底部内、外网格之间除了撑杆还每隔一定距离设置了水平斜拉杆，利用第二步得到的等分点同样采用Shift List和Shortest List命令得到斜拉杆线段，再利用Grasshopper的树形数据处理命令Split Tree，每隔一定距离筛选需要的斜拉杆线段［图6.22（e)］；6.利用上部边框线等分点，通过Move命令生成需要的节点，连接相应的节点得到长边顶部支撑结构［图6.22（f)］；7.短边内外网格线、撑杆、斜拉杆、顶部支撑等通过与2～6步相同的方法得到；8.将生成的网格线通过Mirror命令镜像，得到对称的另外一侧的长边、短边所有杆件；9.拖动数据滑块，可动态修改结构的几何形态并实时生成参数化模型（图6.23）。

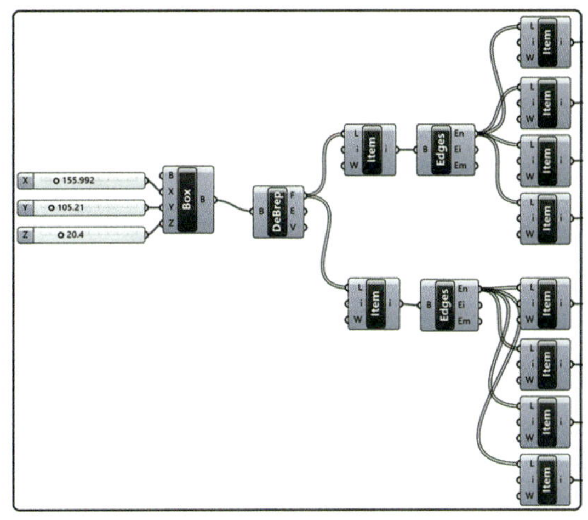

（a）生成幕墙边框线

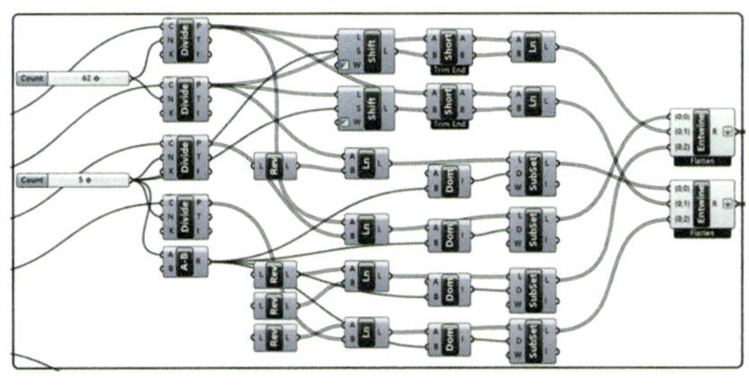
（b）长边外网格

图6.22　分区域程序界面

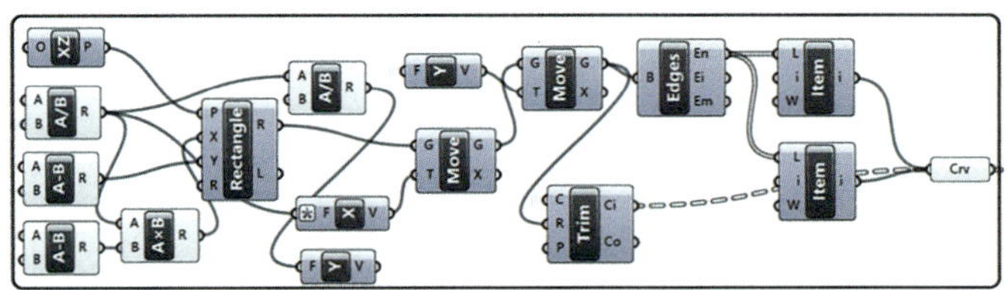

(c) 长边内网格

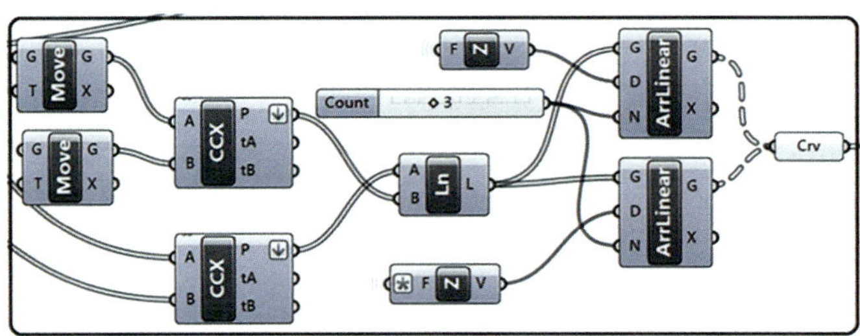

(d) 长边撑杆

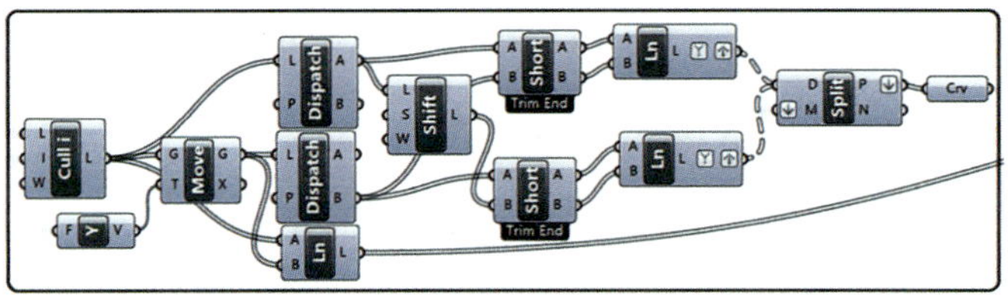

(e) 长边底部斜拉杆

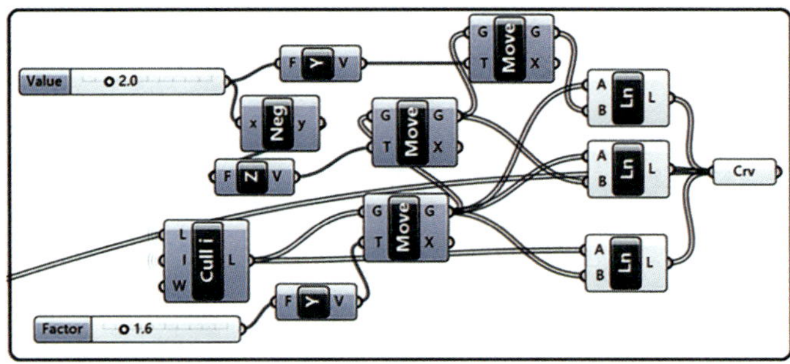

(f) 长边顶部支撑结构

图6.22(续) 分区域程序界面

图6.23　斜交网格参数化模型建模过程

将Grasshopper中生成的参数化模型的网格线对象保存到不同图层，按杆件类别分类导入结构计算分析软件，与主体结构组装后得到结构有限元分析模型，并进行后续计算分析（图6.24）。

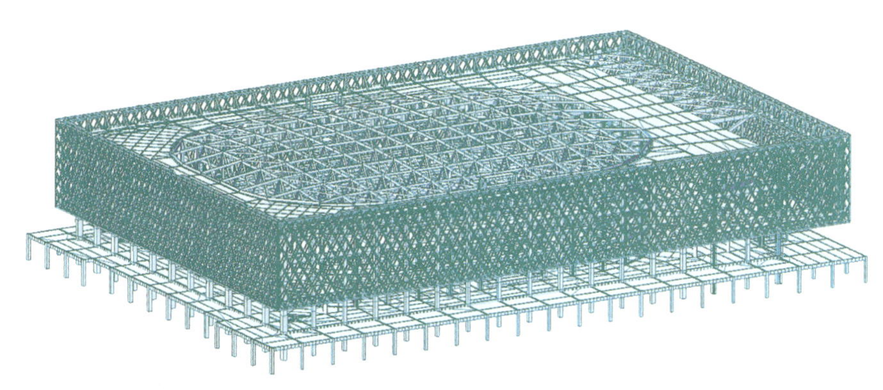

图6.24　结构整体分析模型

第三节　某异形单层网壳钢结构参数化建模及分析

1.工程概况与结构体系

甘肃某苹果园基地入口处建有一展馆，展馆几何形态为类似苹果形状，根据建筑形态及下部结构可以提供的支承条件，展馆结构形式采用异形单层网壳结构体系。单层网壳采用肋环型网格，网壳中部最大直径为19 m，高度为13.5 m，主要环向杆件采用P95×6的圆钢管，主要径向杆件采用P108×6的圆钢管（底部杆件适当加强）。由于网壳结构为嵌入主体结构的造型，利用主体结构屋面层设置上端支点，网壳后沿及网壳侧边依附于混凝土结构之上，并分别设置一排弧形支点，与混凝土结构可靠连接，形成一个多点支承的完整结构体系（图6.25）。支座可采用刚接或铰接方式，经过计算对比，设置铰接支座可大幅度减小底部杆件的内力，故设计采用铰接支座。

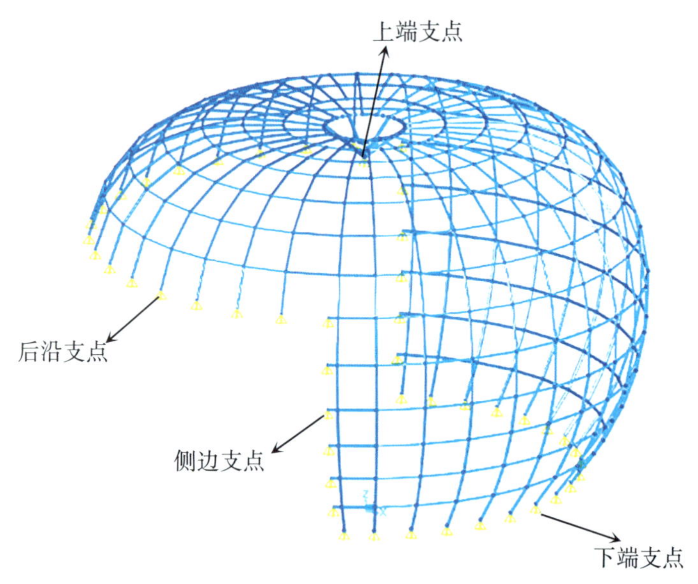

图6.25 “苹果”形展馆异形网壳结构体系示意

2. 异形网壳结构参数化建模

选择Grasshopper作为参数化建模平台。根据本工程异形网壳模型特点，参数化建模基本逻辑如下：1.根据建筑专业提供的模型抽取苹果网壳的断面控制曲线，将控制曲线以环向中部线为界分为上、下两部分，并按照需要的分段数分别分段，分段数为输入参数，利用Number Slider控制，可参数化调整并得到分段处控制点；2.利用Polar Array命令环向阵列得到所有控制点，接着用Poly Line得到分段的环向杆件，然后利用Flip Matrix将控制点数据转置得到径向杆；3.对于模型后沿和侧边不规则部分的环向杆及径向杆，利用Sublist结合Domian选取符合要求的部分；4.对于顶部支座附近的杆件，其规律为隔一取一和隔三取一，故利用Grasshopper的树形数据处理命令Split Tree选取其中符合要求的杆件；5.拖动数据滑块，可动态修改网壳的几何形态并实时生成，将Grasshopper中的环向、径向及支座处网格线对象保存到不同图层，以便按杆件类别分类并导入结构分析软件（图6.26、图6.27）。

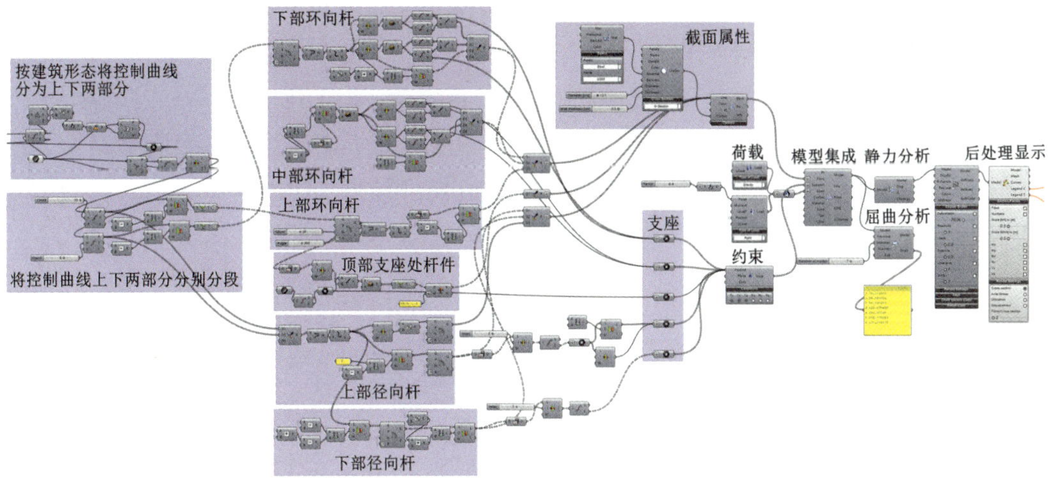

图6.26　异形网壳结构参数化程序界面
（完整图片见目录处二维码）

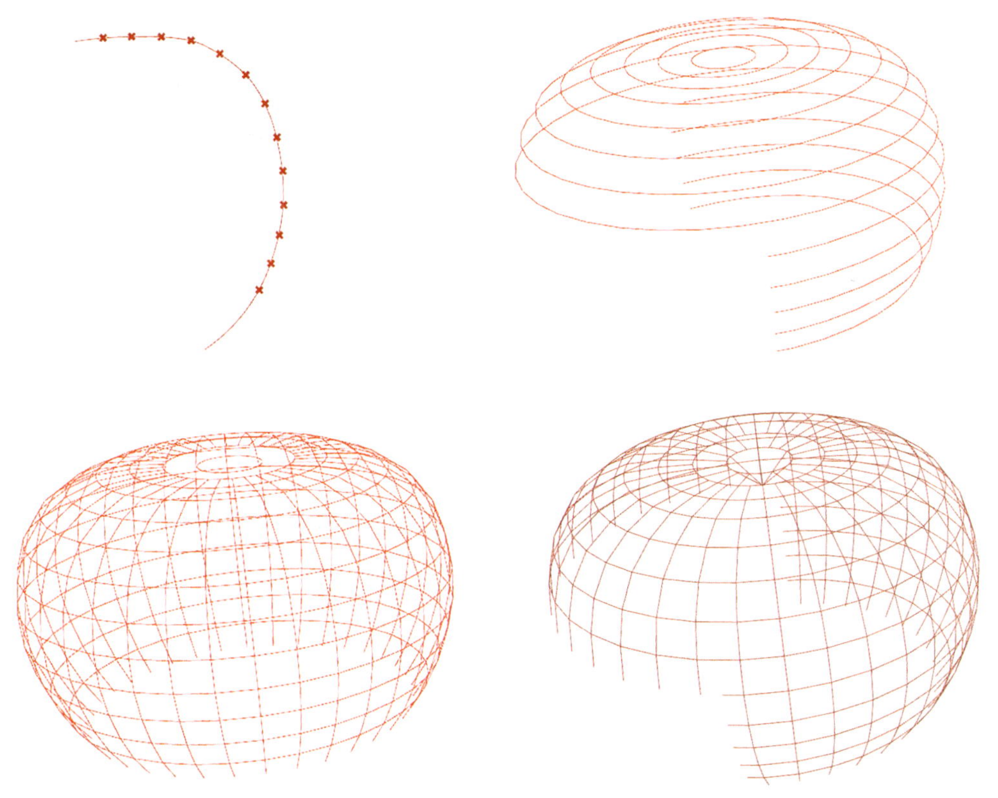

图6.27　异形网壳结构参数化模型生成过程

3. 异形网壳结构典型工况分析

Karamba3D一体化分析时，在1.0D+1.0L工况组合下，最大挠度出现在网壳顶部，最大挠度值为-5.35 mm，挠跨比为1/1415，满足《钢结构设计标准》中1/400的容许值，结构整体刚度较好（图6.28）。同时将参数化几何模型导入SAP2000中进行计算分析，1.0D+1.0L工况组合下最大挠度值为-5.2 mm（图6.29），两者结果接近。

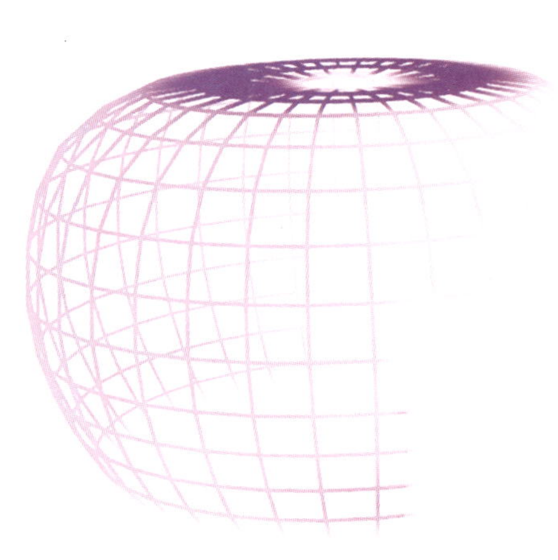

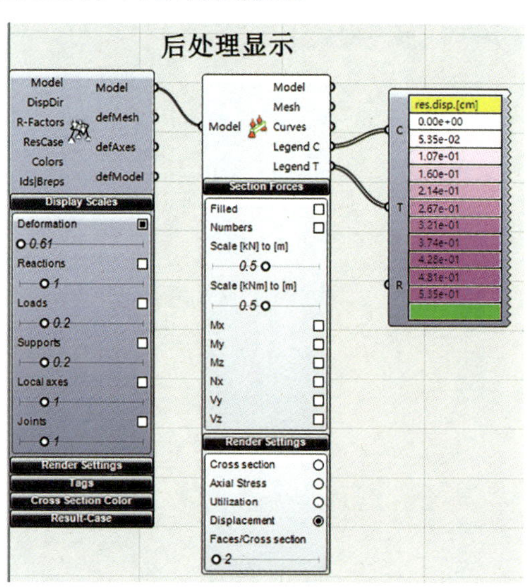

图6.28 1.0D+1.0L工况下异形网壳结构竖向位移(Karamba3D)

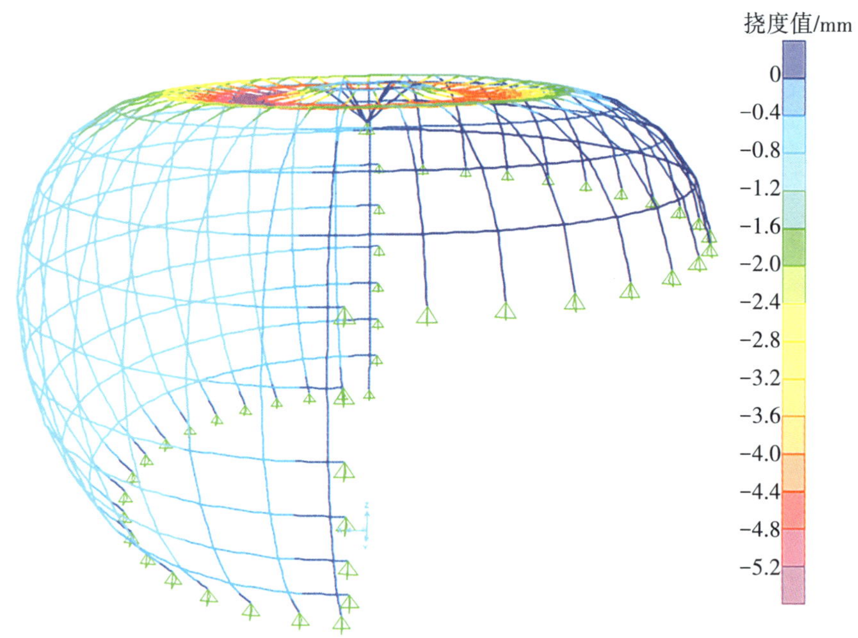

图6.29 1.0D+1.0L工况下异形网壳结构竖向位移(SAP2000)

4. 异形网壳结构稳定分析

对结构进行整体稳定承载力计算分析。在Karamba3D中点击Algorithms/Eigen Modes，即选择特征值屈曲分析，得到各屈曲模态的荷载系数以及对应的屈曲形态。同时在SAP2000中进行屈曲分析。屈曲分析结果如图6.30所示。

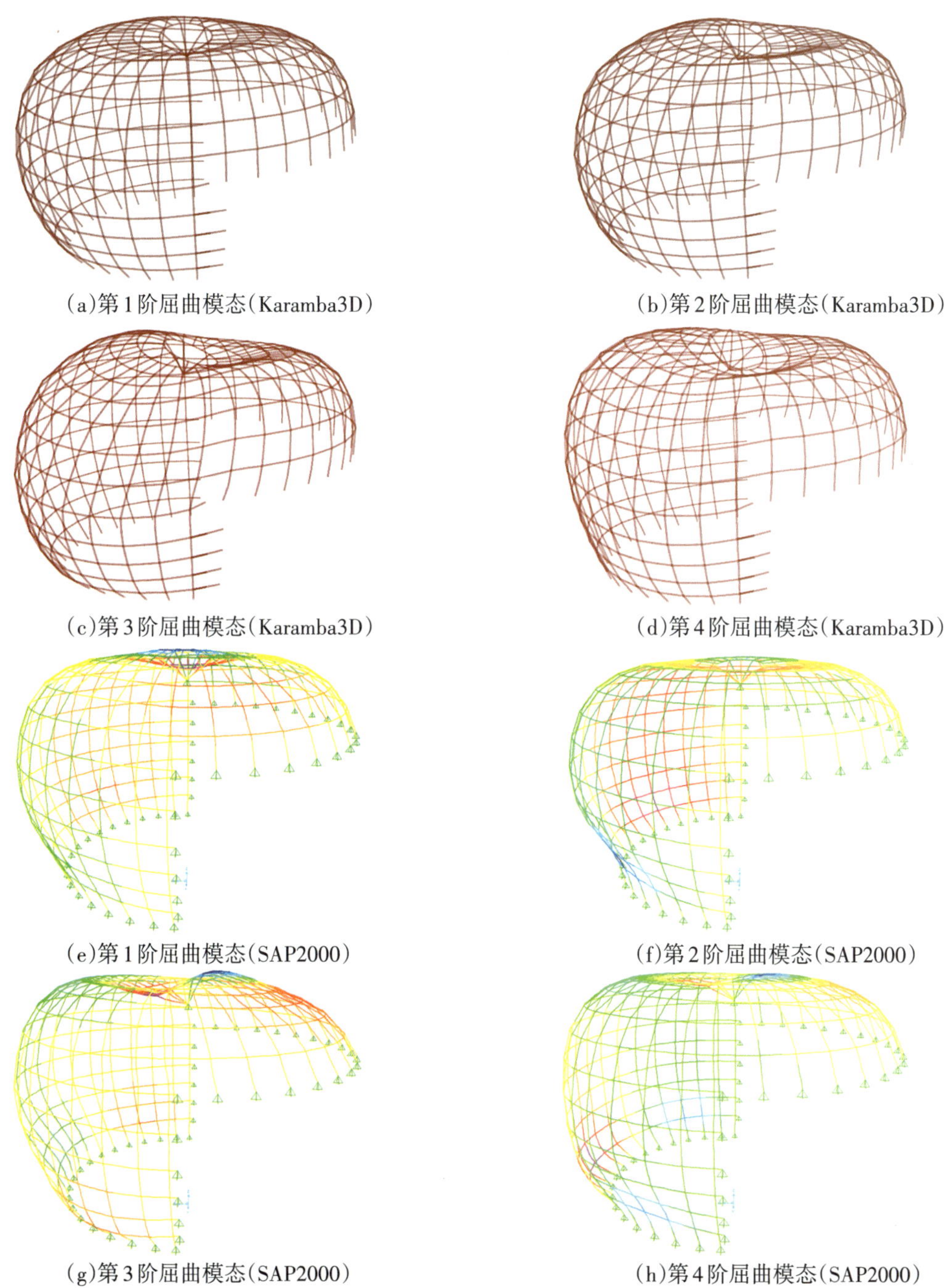

(a)第1阶屈曲模态(Karamba3D)　(b)第2阶屈曲模态(Karamba3D)

(c)第3阶屈曲模态(Karamba3D)　(d)第4阶屈曲模态(Karamba3D)

(e)第1阶屈曲模态(SAP2000)　(f)第2阶屈曲模态(SAP2000)

(g)第3阶屈曲模态(SAP2000)　(h)第4阶屈曲模态(SAP2000)

图6.30　异形网壳结构前4阶屈曲模态

结构前4阶屈曲模态均为异形网壳的整体失稳，Karamba3D中屈曲荷载因子及相应的屈曲模态与SAP2000结果基本一致，异形网壳结构整体稳定性能较好。

第四节　某大跨度立体桁架参数化建模及分析

1. 工程概况及结构体系

某观光电梯及连接栈桥项目整体效果如6.31所示，其主要功能为连接景区“如意桥”和山体顶部的观光平台。电梯塔地下为1层，地上为17层，层高均为6 m，地上第4层接“如意桥”，第16层设置连接栈桥连接山顶观光平台。本项目利用了原有自然地理条件，建筑造型犹如从山体中生长出来的岩石，与大自然融为一体。

主体结构采用钢框架（支撑）-钢筋混凝土核心筒结构体系，其中观光电梯采用钢筋混凝土核心筒，周围三边设钢框架（一侧接栈桥）。栈桥连接部分采用“钢桁架+框架”支撑结构。对应电梯塔13层位置设置整层高的主桁架，主桁架跨度约57 m，一端支承于电梯塔，另一端支承在连接于山体的支座上（图6.32、图6.33）。

图6.31　项目整体效果

主桁架往下悬挂钢框架并设置竖向支撑，往上支承上部3层钢框架并设置竖向支撑，最上层框架梁即为人行栈桥梁。主桁架及下挂、上承钢结构两侧立面钢梁即为外挂幕墙支承结构。考虑到钢结构模数化、标准化带来的便利，主桁架及上承、下挂钢结构每跨均采用6 m模数。按照《山地建筑结构设计标准》JGJ/T 472—2020，本工程属于连崖结构。

观光电梯塔及栈桥连为一体，未设结构缝，结构各项性能指标均较合理。未出现核心筒平面布置偏心导致扭转偏大的问题，得益于高度较高的部分采用了刚度较大的钢筋混凝土筒体，高度较低的部分采用了钢框架支撑结构。结构整体上刚度和质量分配合理。

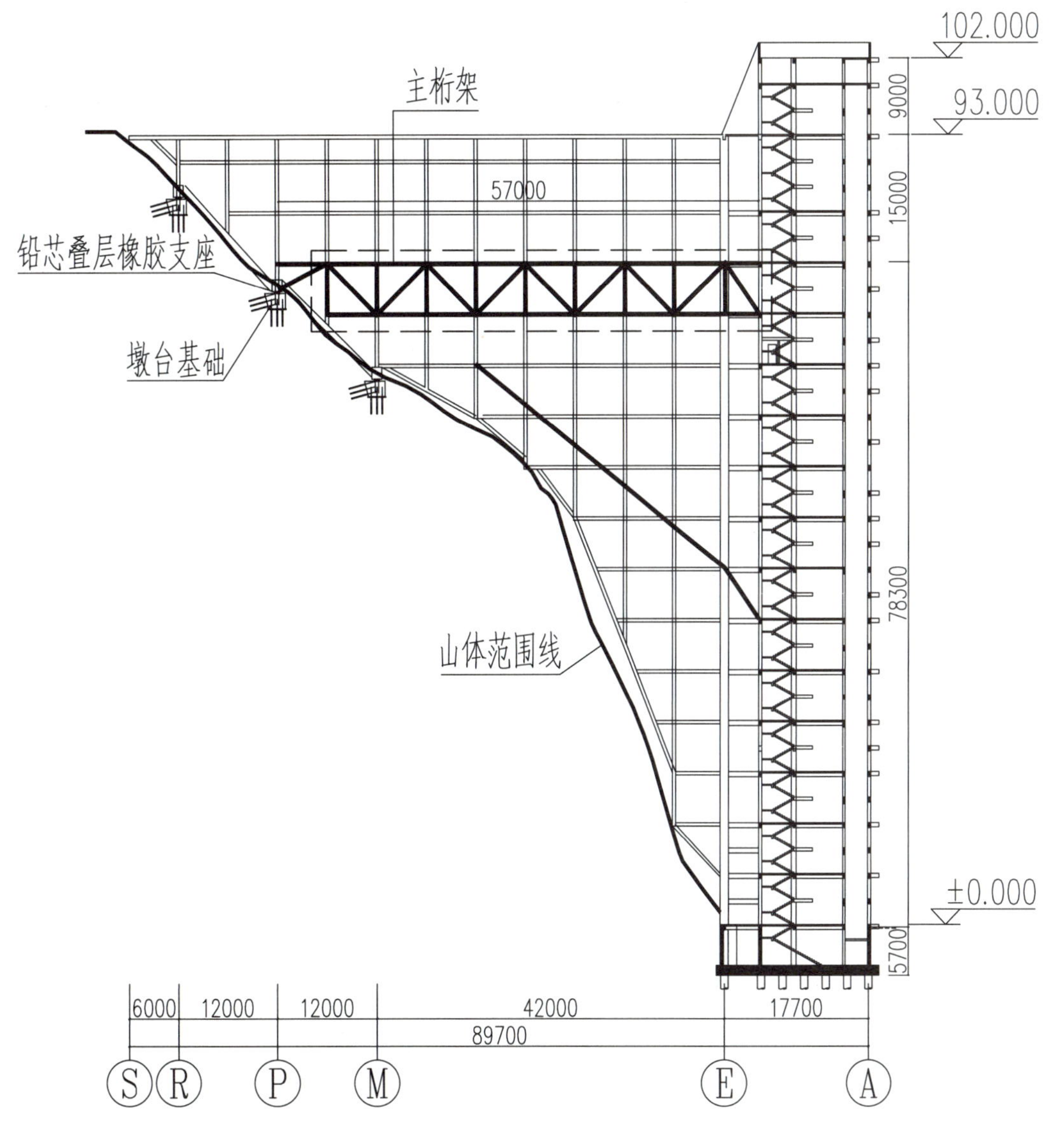

图6.32　建筑剖面示意

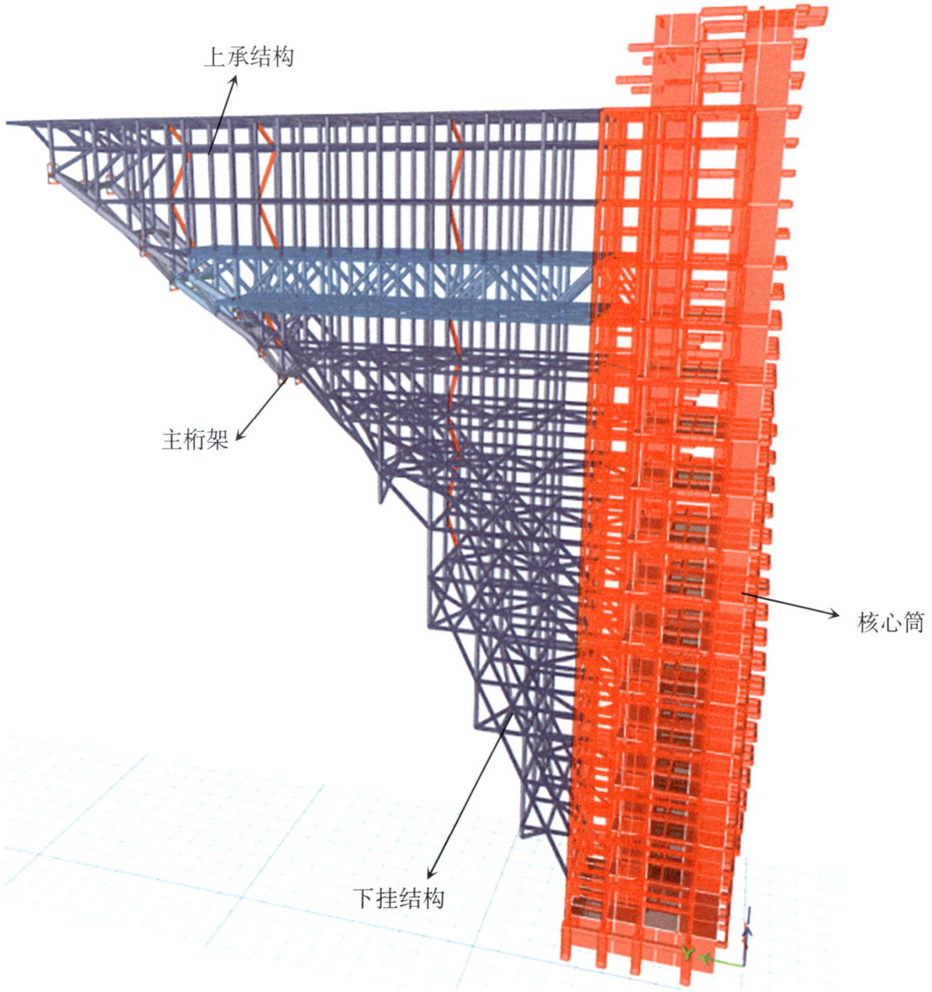

图6.33　结构体系构成

2. 立体桁架结构参数化建模及分析

主桁架采用立体桁架结构形式，为增加整体刚度及抗扭性能，在桁架上下左右四个面内均设置斜腹杆，在桁架面外亦设置斜腹杆（图6.34）。由于本项目设计基于标准模数系列，建筑的开间、进深、跨度等采用了水平基本模数3 m，建筑高度、层高等采用了竖向基本模数3 m，故主桁架部分网格划分尺寸亦为3 m的模数。参数化建模时将桁架高度、宽度、网格划分数、桁架截面均设置为变量，然后设置一体化分析程序，实时查看桁架变形、内力、材料利用率以及自振频率等。图6.35为参数化建模程序及模型。

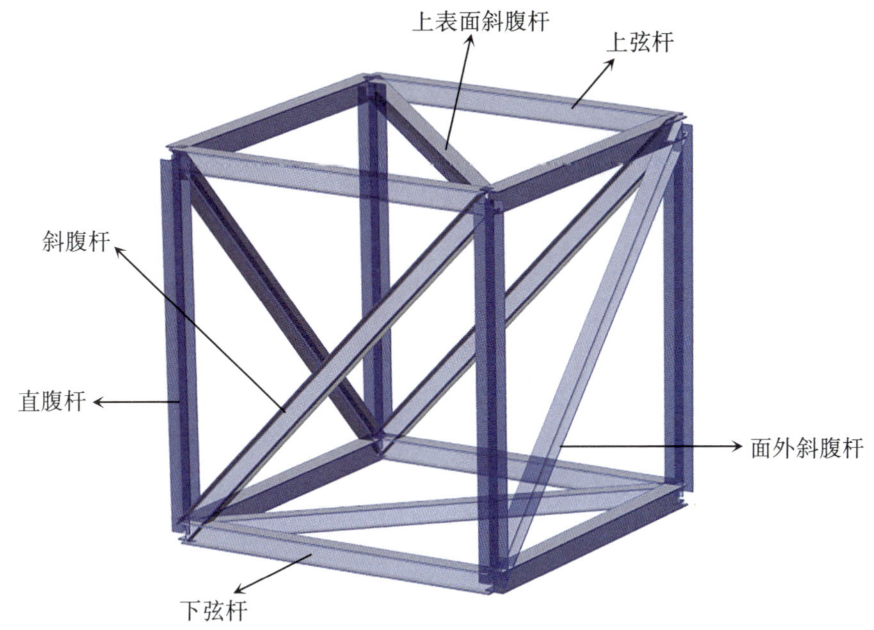

图6.34　桁架中一个基本单元组成示意

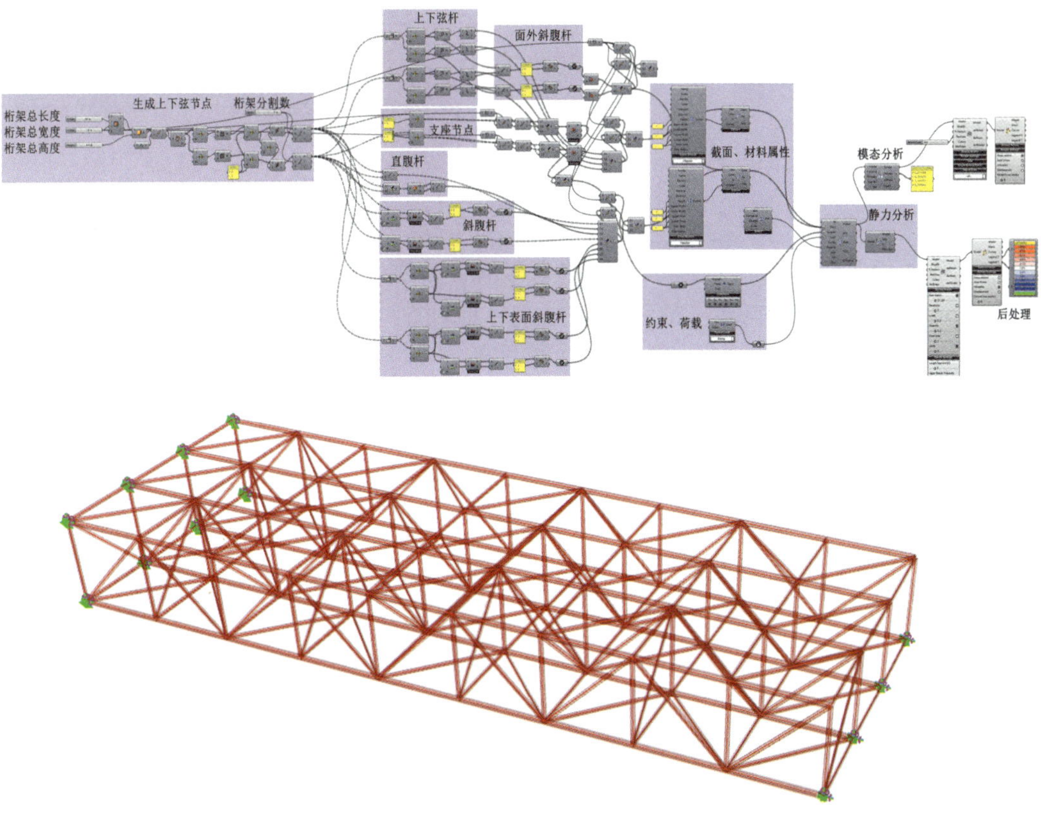

图6.35　立体桁架参数化建模程序及模型
(完整图片见目录处二维码)

立体桁架结构变形如图6.36所示。

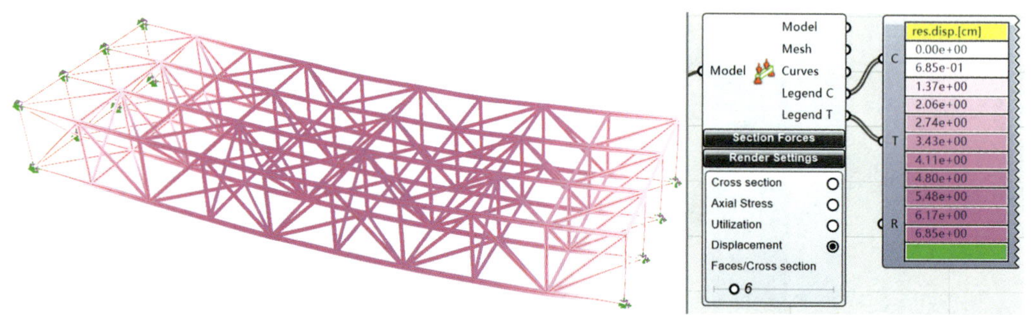

图6.36　主桁架位移云图

立体桁架杆件材料利用率如图6.37所示，可直观地判断杆件受力大小及效率。

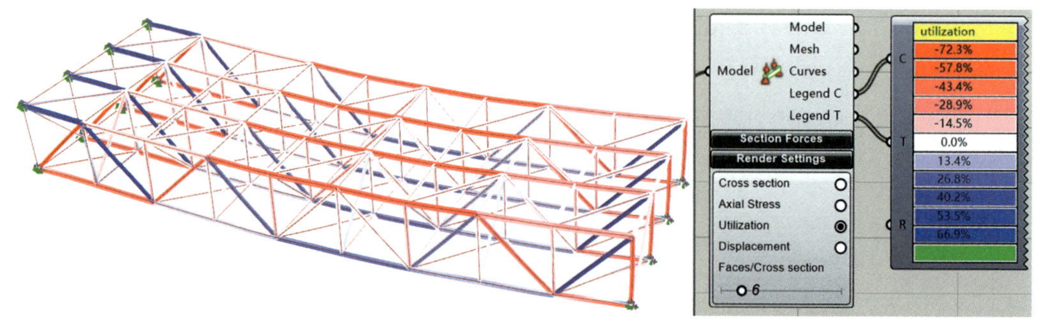

图6.37　主桁架杆件材料利用率

主桁架跨度较大，由楼面系统振动引起的舒适度问题需要关注。在Karamba3D中采用Natural Vibrations命令对结构的自振频率进行计算，主桁架竖向振型如图6.38所示，第一阶自振模态为竖向振动，竖向自振频率为5.7 Hz，满足楼盖舒适度限值要求。

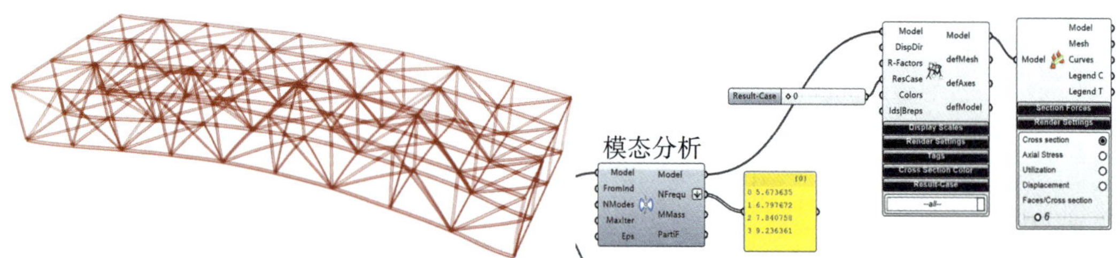

图6.38　立体桁架竖向振型

通过参数化模型一体化分析，可实时查看桁架变形与自振频率等，工程师可在方案阶段直观地选取符合要求的桁架模数、杆件尺寸，方便后续直接总装模型进行计算分析。

第五节 某异形拱–拉杆结构参数化建模及分析

1. 工程概况及结构体系

甘肃省金昌市某舞台建筑效果如图6.39所示，长度约30 m，高度约15 m，由三个大拱组成，拱在平面外有一定倾角。方案阶段，建筑师不允许拱下设柱。经与建筑师反复协调，大拱下取消柱子，但在三个大拱之间设置细小的拉杆，最终形成了拱–拉杆的结构体系，拱柱脚采用完全刚接，拱截面采用箱型钢梁，拉杆采用成品钢拉杆并施加预应力，截面均控制在建筑要求的范围内。

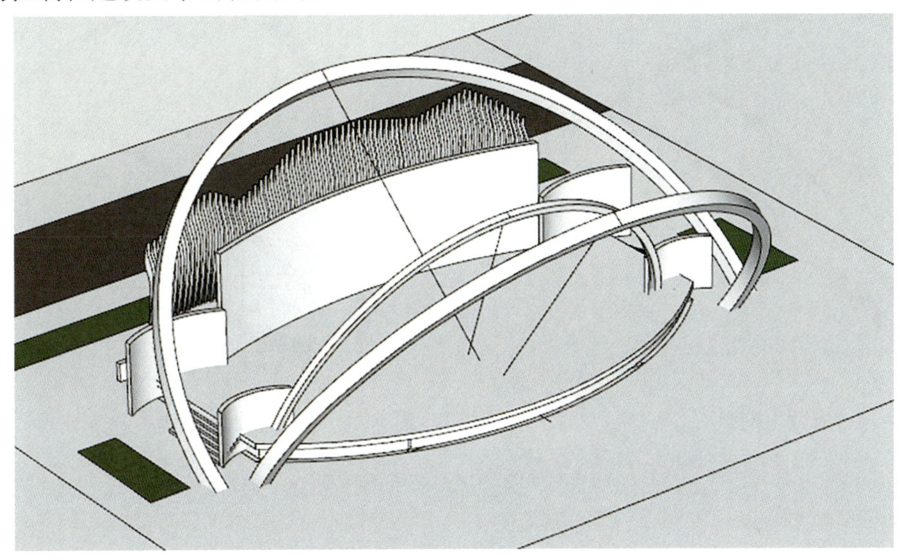

图6.39 舞台整体效果

2. 拱–拉杆结构参数化建模及分析

由于拱除拉杆外没有面外支撑，弯矩较大，因此方案阶段需要结构工程师进行找形优化，寻找弯矩最小的合理拱轴线。采用参数化建模的方法［程序如图6.40，参数化模型见图6.41(a)］，将需要优化的拱弯矩（取单一变量，即最大值）设置为优化变量，将拱高度以及拉杆预应力设置为设计变量。由于本次优化为单目标优化，故采用Galapagos优化运算器。优化前后拱弯矩见图6.42，优化前后拱曲线对比见图6.43，可见优化后拱曲线较缓，弯矩较小，拱曲线更为合理。

将优化后得到的模型导入SAP2000求解［图6.41(b)］，弯矩图、轴力图如图6.44所示，弯矩与Karamba3D结果基本一致，轴力较为均匀，优化后结构受力效率明显提高。

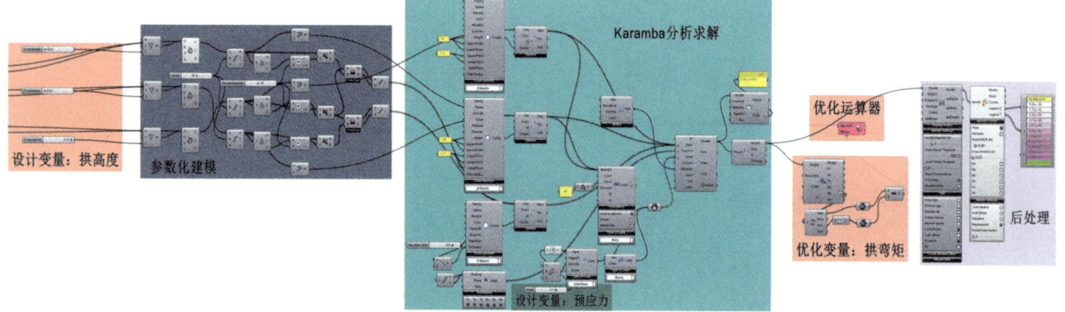

图6.40　拱–拉杆结构参数化程序

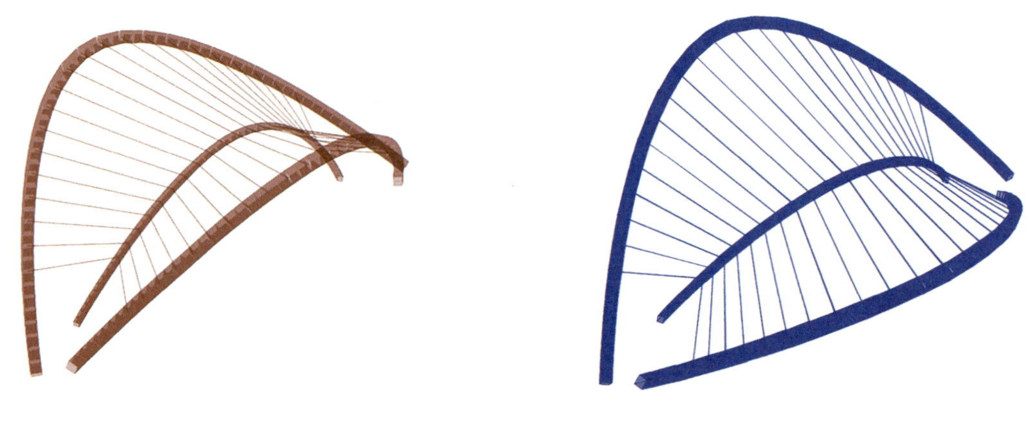

(a)参数化模型　　(b)SAP2000模型

图6.41　拱–拉杆结构模型

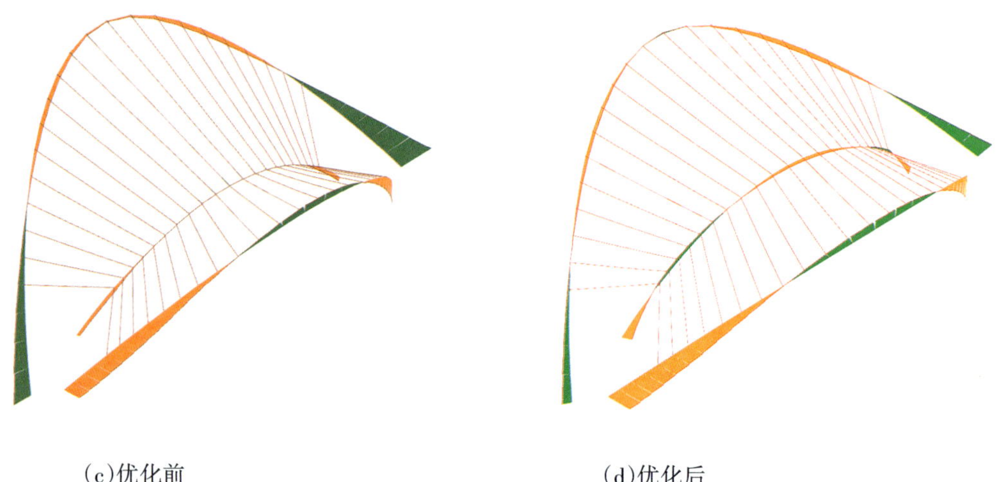

(c)优化前　　(d)优化后

图6.42　优化前后拱弯矩

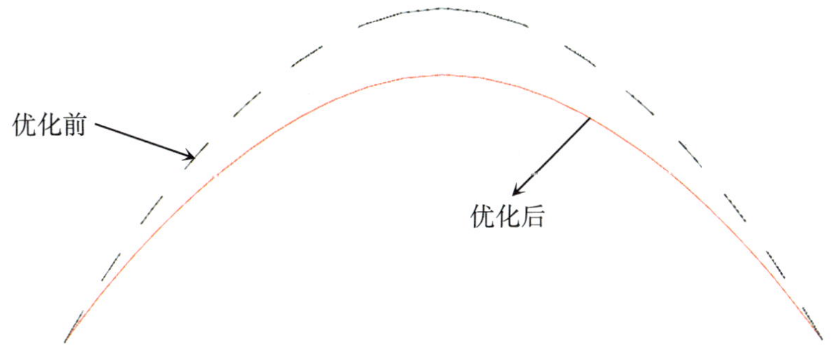

图6.43　优化前后拱曲线

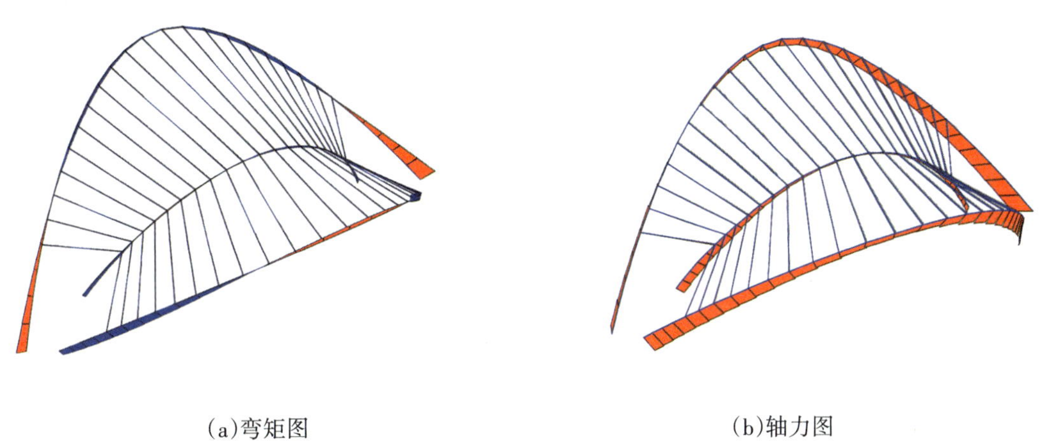

图6.44　拱-拉杆结构恒载下内力图(SAP2000)

第六节　兰州财经大学和平校区体育馆项目屋盖结构参数化建模及分析

1. 工程概况及结构体系

兰州财经大学和平校区体育馆项目，位于兰州市榆中县和平镇兰州财经大学和平校区教学区西部，如图6.45所示。该项目分体育馆和运动训练馆两个单体，其中体育馆房屋高度为23.9 m，运动训练馆为半地下室，局部有地下2层，房屋高度为10.2 m。

图6.45 兰州财经大学和平校区体育馆

体育馆平面基本呈椭圆形，短轴76.0 m，长轴93.4 m，柱顶高度15.7 m，座位数4 184座。建筑面积15 603 m^2，局部有地下1层，主要建筑功能为武术室、乒乓球室和健身房等，地上为1层，看台处局部设3层夹层，主要建筑功能为篮球馆。

体育馆屋盖为大跨度钢结构，平面基本呈椭圆形，根据屋面造型等因素，拟采用曲面网架结构，局部为3层。该大跨度屋盖顶面随建筑造型呈曲面形，且平面呈不规则椭圆形，同时屋顶局部凸出，采用传统手工建模方法，工作量很大且建模精度难以保证，一旦建筑方案调整，需大面积返工。

2. 曲面网架结构参数化建模及分析

本工程体育馆屋盖拟采用曲面网架结构，利用Grasshopper参数化建立几何模型，MST对网架结构进行计算分析，YJK及Midas软件对网架及下部混凝土结构进行整体计算分析。

参数化建模的控制性参数有屋盖建筑曲面、包含柱网信息的上下弦网格尺寸、网架高度等。参数化建模的流程如图6.46所示。

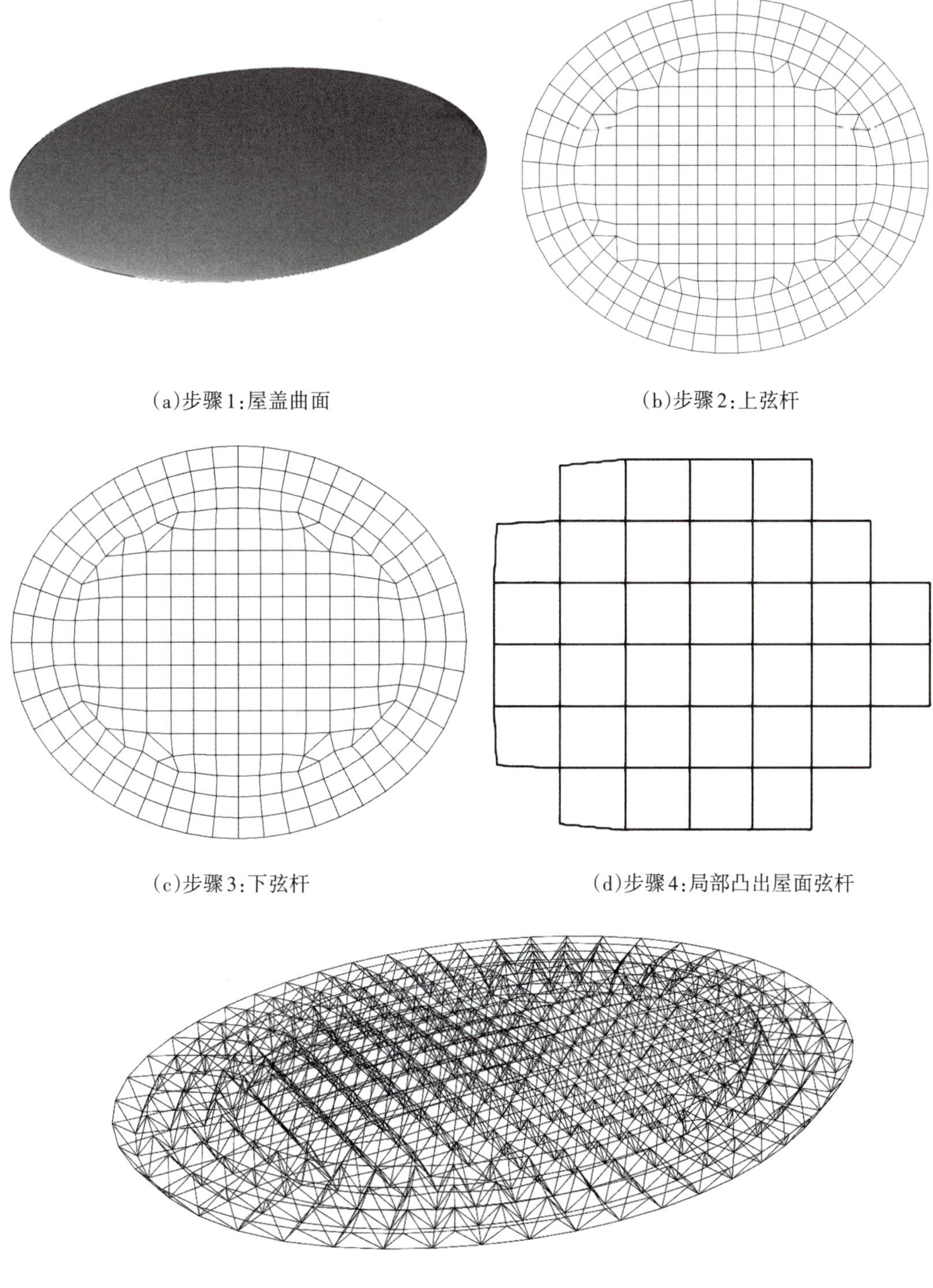

图6.46　曲面网架Rhino生成步骤

参数化建立的Rhino几何模型可导入结构计算软件，如图6.47为YJK软件整体计算模型，图6.48为Midas Gen软件整体计算模型。

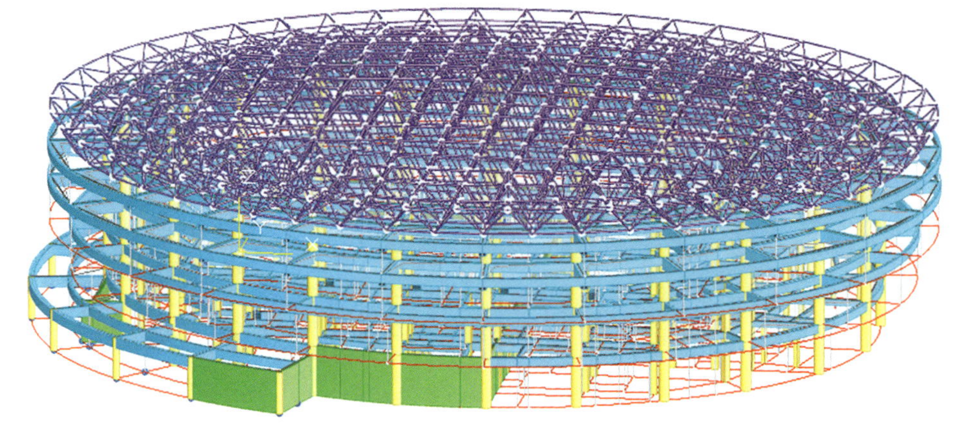

图6.47　YJK软件整体计算模型

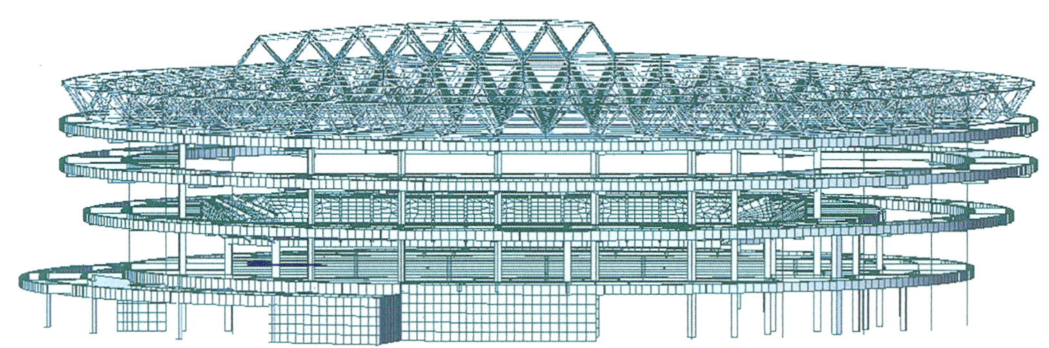

图6.48　Midas Gen软件整体计算模型

屋盖网架在不同荷载组合下的应力比统计见表6.9，应力比最大值为0.91。屋盖网架的挠度值见表6.10。网架竖向振动周期见表6.11。

表6.9　屋盖网架杆件MST应力比统计

杆件应力比	0.0～0.1	0.1～0.2	0.2～0.3	0.3～0.4	0.4～0.5
杆件数量	58	202	206	413	598
杆件应力比	0.5～0.6	0.6～0.7	0.7～0.8	0.8～0.9	0.9～1.0
杆件数量	570	440	238	22	2

表6.10 屋盖网架挠度计算结果

工况	挠度/mm	规范最大限值/mm
恒+活	143	≤L/250=304
恒+0.5活+竖向地震	220	≤L/250=304

表6.11 网架竖向振动周期

模态	周期/s
Mode 1	0.61
Mode 2	0.42
Mode 3	0.35

网架竖向振动模态如图6.49所示。

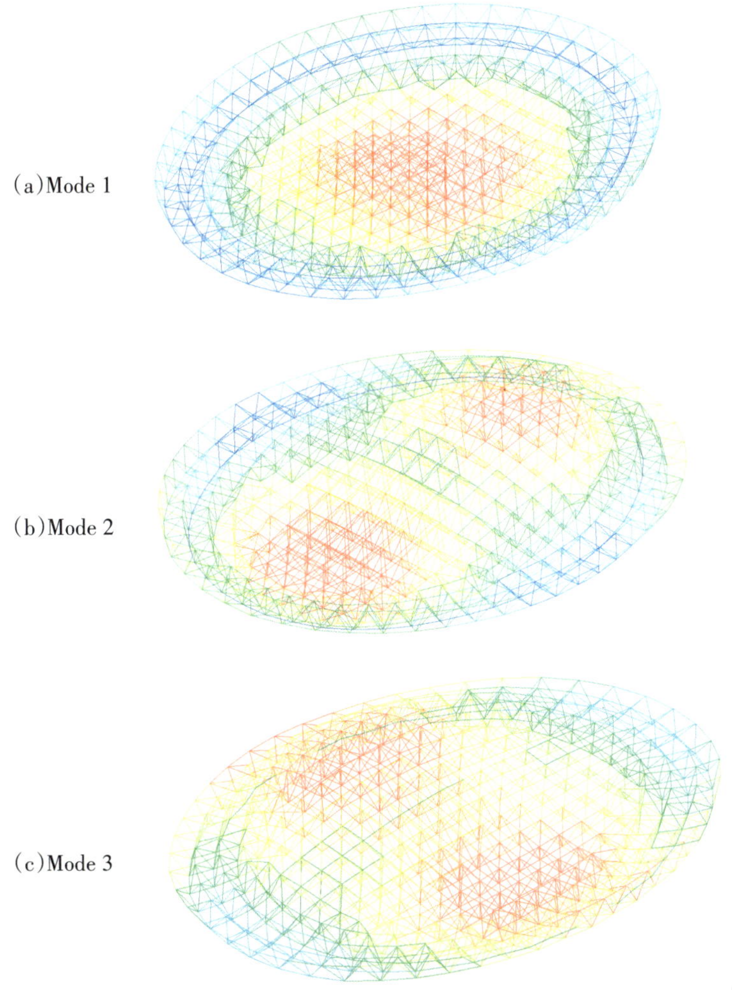

图6.49 网架结构模态变形等值线

第七节　某体育场罩棚结构参数化风荷载数值模拟

1. 工程概况及结构体系

某体育场下部看台为三层钢筋混凝土框架结构，高度为12.3 m；看台上部罩棚屋盖为钢管桁架结构，钢屋盖最高点标高为28.7 m。单侧钢屋盖横向宽23.0～25.0 m，纵向直线长度约为174.0 m。

钢屋盖结构体系由“桁架体系+造型次桁架体系+主檩条体系”构成，其中桁架体系由主桁架、环向桁架、边桁架组成，主桁架为沿着花瓣状造型的脊线布置的16榀立体桁架，在主桁架中间部位横向贯通联系主桁架的环向桁架，在主桁架悬挑端封边位置设置横向贯通联系主桁架的边桁架；在主桁架与环向桁架相接位置的下弦杆处设置14根钢柱，钢柱底与下部混凝土结构相连，主桁架端部落地部位设置底部支座与混凝土结构相连；钢柱顶部作为主桁架体系的顶部支座，顶部支座以外为主桁架悬挑部分，悬挑长度在水平方向的投影约17.0 m。主桁架、环向桁架及边桁架均采用倒立的三角桁架结构（图6.50）。屋盖分析时分别建立钢屋盖单独模型及钢屋盖与下部混凝土结构组装在一起的总装模型（图6.51）。

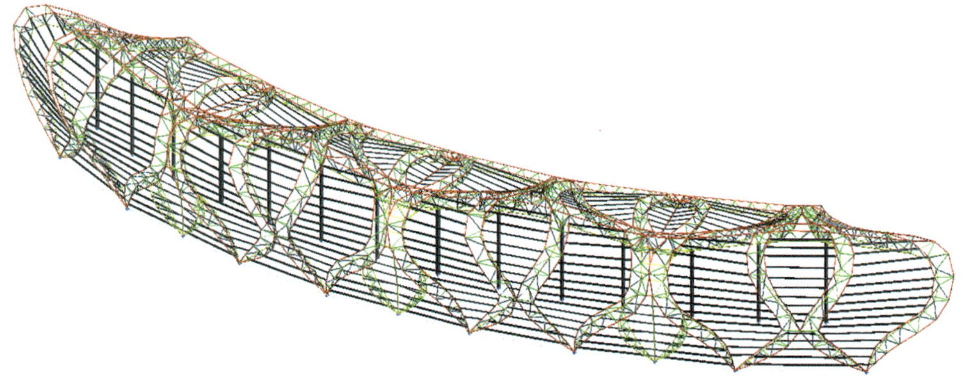

图6.50　屋盖结构模型(3D3S)

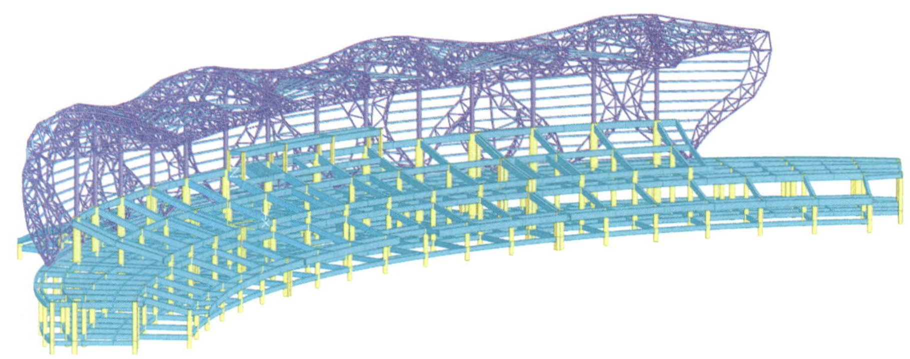

图6.51　体育场总装模型(YJK)

2. 传统风荷载数值模拟

该屋盖造型比较特殊，在《建筑结构荷载规范》GB 50009—2012（简称《荷规》）中无此类别风荷载体型系数，采用Ansys Fluent软件对风荷载进行CFD数值模拟。CFD网格模型及风向角如图6.52所示，其中主体建筑及地表边界层网格加密，网格单元总数约180万。湍流模型采用RNG k-ε湍流模型，流场入口风剖面采用《荷规》中建议的指数形式，出口处采用湍流完全发展边界，顶部和两侧采用对称边界条件，即自由滑移壁面，结构表面和地面采用无滑移壁面条件，共进行4个风向角情形下的数值模拟。模拟得到的风荷载体型系数分布云图见图6.53。

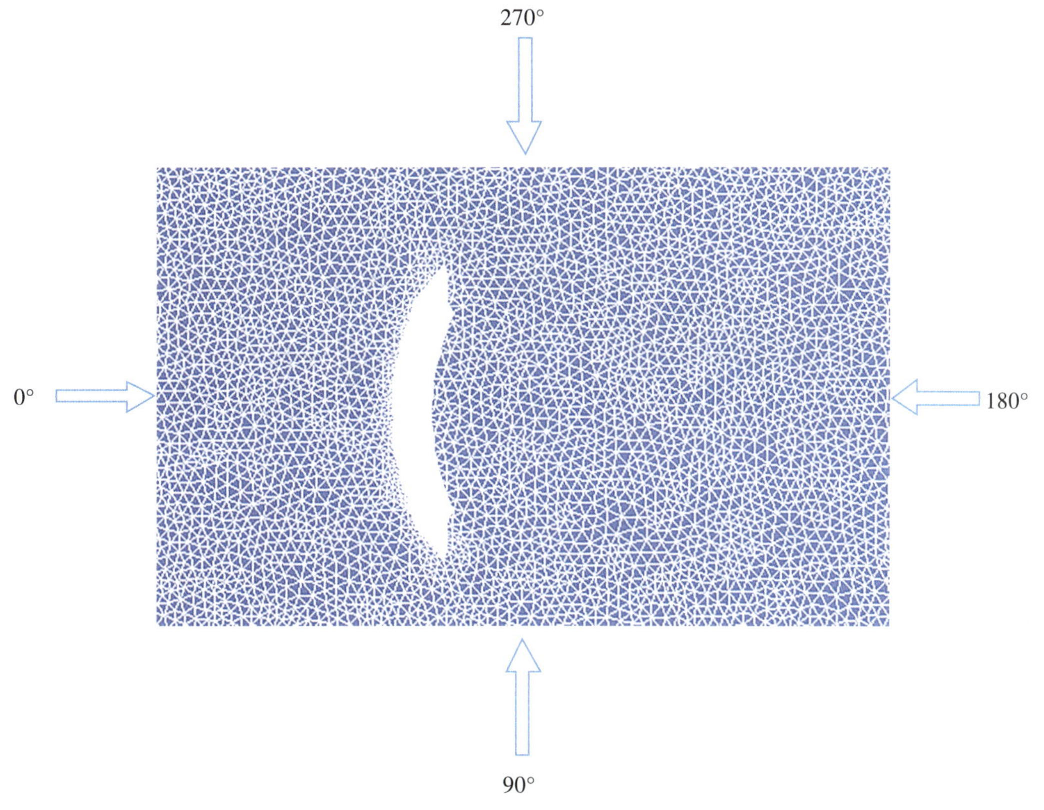

图6.52　CFD数值模拟网格及风向角示意

由图6.53可见，0°风向角下，结构表面风压分布类似《荷规》中单面开敞屋面开口背风的情况，背部受压，体型系数最大为1.3；顶部受风吸力，大部分可取-0.1～-0.5；局部棱角区域吸力较大，达-2.0。180°风向角下，结构表面整体受风吸力，体型系数大多为-1.3。90°及270°风向角下，迎风面受压，体型系数最大为0.6；顶面及背风面受吸，体型系数分布在-0.4～-0.8之间。最终风荷载体型系数取值采用数值模拟得到的结果和按照《荷规》中类似体型取值包络用于设计，如图6.54所示。

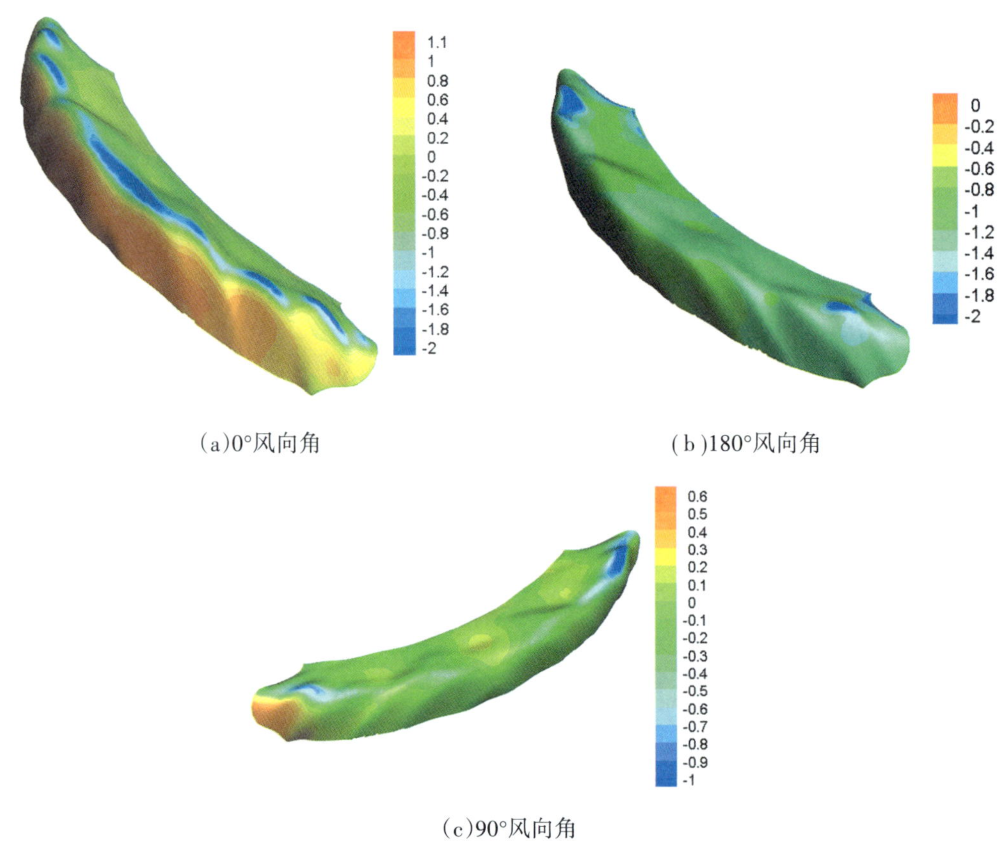

图6.53　风荷载体型系数分布云图(Fluent)

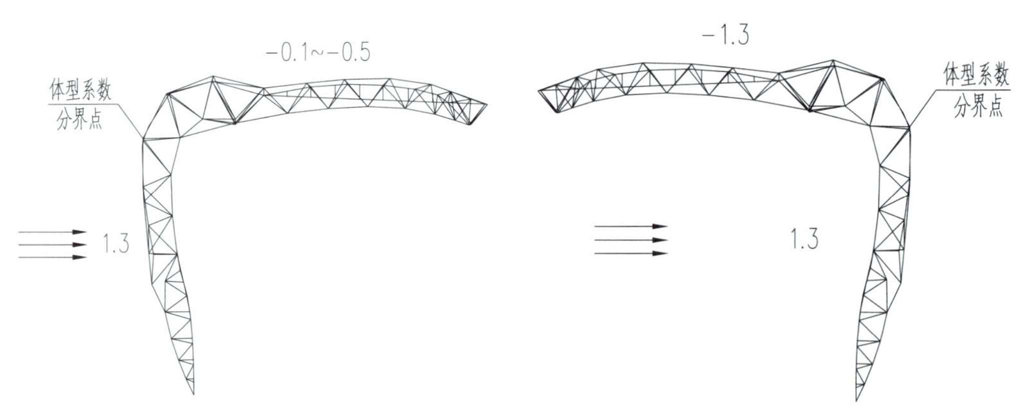

图6.54　风荷载体型系数取值

传统的风荷载数值模拟方法往往只针对单一的物理环境进行模拟，需要首先建立结构几何模型，然后在ICEM CFD中划分网格，最后在Ansys Fluent中进行分析，对于某一建筑的风环境的模拟往往需要采用多种软件相结合。如果模拟出的物理环境数据不满足规范要求，或当结构体型变化，或风向角需要调整时，均需要重新建模、划分网格、数值模拟，如此循环效率低下、重复工作量较大，且往往只能得到风荷载体型系数，应用于实际工程时需要将其转换为等效静风荷载才能与其他荷载进行组合。下面我们尝试采用基于Grasshopper的插件Butterfly来解决这个问题。

3. 基于Butterfly插件的参数化风荷载数值模拟

（1）Butterfly插件介绍

近年来，基于 Rhino+Grasshopper 建模、Butterfly 模拟分析的平台逐渐应用到建筑风环境分析、风场模拟、室内通风模拟等设计实践中。由于集成了计算流体动力学分析软件（Open FOAM）等性能模拟计算内核，可仅在 Grasshopper 一个平台中实现建筑建模、划分网格、风荷载数值模拟，从而在方案设计阶段快速、准确地分析建筑风环境。

Butterfly是一个轻量级的Python API，利用了开源CFD软件Open FOAM来进行模拟分析，简化了CFD模拟工作流程，让工程师和研究人员能够更高效地进行复杂流体力学问题的研究。Butterfly的核心是其Python接口，通过该接口可以直接与Open FOAM进行交互。接口提供了强大的命令行工具，可自动化处理Open FOAM的案件设置，如定义几何、网格划分、边界条件和求解器参数等。此外，Butterfly还支持与Grasshopper的插件集成，这让它能在Rhino+Grasshopper平台中无缝工作，实现参数化设计的流体模拟。在使用Butterfly进行风环境模拟分析时，网格及求解器采用Open FOAM，后处理采用Rhino+Grasshopper 平台，即使用 Rhino 建模，使用 Open FOAM 进行 CFD 分析，使用Grasshopper 将结果导入 Rhino 显示，最后利用 Grasshopper 进行后续的数据处理（图6.55）。

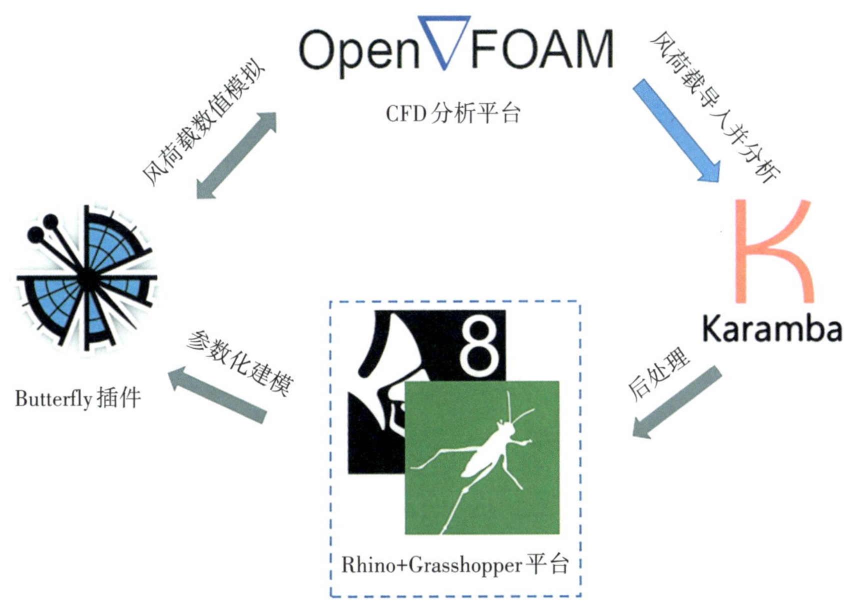

图6.55　风荷载模拟及参数化分析平台

（2）Butterfly体育场罩棚风荷载模拟

以5.1节中的体育场罩棚结构为例，模拟其风荷载。图6.56为Grasshopper程序图。图6.57、图6.58分别为Butterfly和Fluent模拟的0°风向角下建筑物表面风荷载流速矢量图。

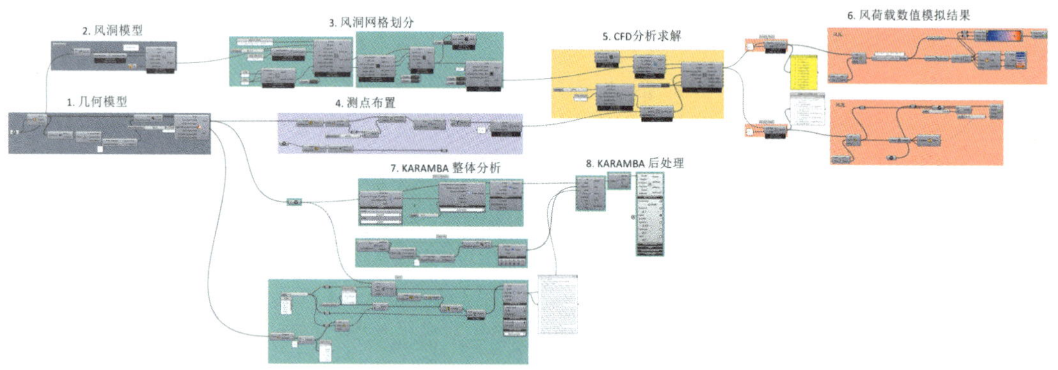

图6.56　Grasshopper参数化程序界面

（完整图片见目录处二维码）

图6.57　0°风向角风荷载矢量流线(Butterfly)

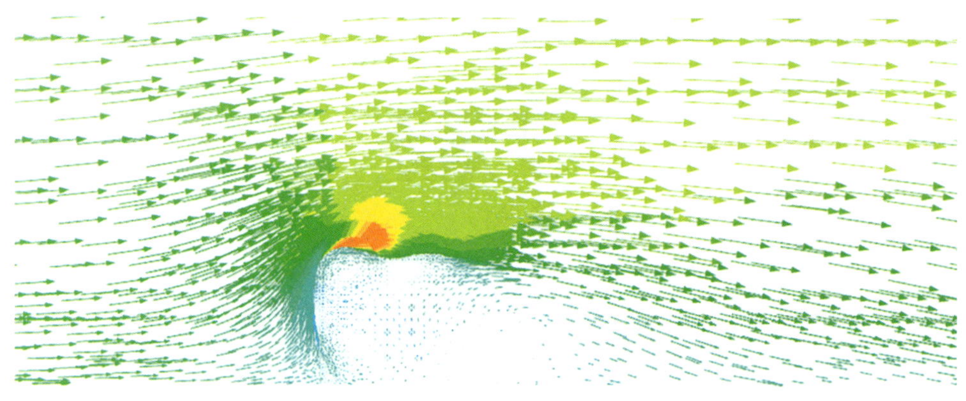

图6.58　0°风向角风荷载矢量流线(Fluent)

由风荷载流速矢量图可以清楚地看到，在来流作用下，罩棚迎风面整体受风压力作用；在屋脊至屋面中部一定位置处，气流的分离作用较强，风速明显较其他位置快，并且产生较大的风吸力；在屋面前缘，气流有一定的再附作用；在罩棚背风面，气流由于受到地面及看台等影响而向上流动，使得罩棚顶面产生一定的风吸力。除此以外，Butterfly平台下模拟的风荷载压力值，也可以直接导入Karamba3D进行后续结构分析。

第八节　小　　结

本章以若干实际工程为案例，介绍了参数化建模及分析在实际案例中的应用，这些案例包括折面网格参数化建模及分析、树状柱位置优化、斜交网格参数化建模、参数化网壳屈曲分析、参数化立体桁架自振频率分析、体育场罩棚参数化风荷载数值模拟、拱-拉杆结构形态优化等，对类似项目具有较高参考价值。

第七章　基于有限元软件的空间结构参数化建模

第一节　有限元分析软件的特点

有限元分析（Finite Element Analysis）软件具有以下几个特点：1.离散化：将复杂的物理结构或系统离散化为有限数量的简单单元，以便进行数值计算；2.多物理场仿真：支持多种物理现象的耦合分析，例如热传导、流体动力学、电磁场等，能模拟实际工作环境中的相互作用；3.灵活的网格划分：提供多种网格划分技术，用户可以根据需要选择不同类型的网格，如三角形、四边形、六面体和四面体网格等；4.材料非线性：支持特性复杂的材料模型，能够处理非线性材料行为，包括塑性、超弹性和粘弹性等；5.边界条件与荷载施加：允许用户方便地定义边界条件和施加外部荷载，以模拟实际受力状态；6.内置求解器：通常内置强大的求解器，能够处理静态、动态、稳态和瞬态等不同情况，并提供多种求解算法选择；7.结果可视化：提供丰富的结果可视化工具，如位移、应力、温度场等，帮助用户更直观地理解并分析结果；8.后处理功能强大：具备强大的后处理功能，用户可以对结果进行分析，提取数据并生成报告；9.用户界面友好：许多现代有限元软件提供图形化用户界面，便于用户进行建模、设置和结果分析；10.脚本与自动化：部分软件支持脚本编写和批处理功能，允许用户自动化进行重复性分析工作等。

第二节　有限元分析软件的常规应用

通常，有限元分析软件是一种广泛应用于工程领域的计算工具。它通过将复杂的实际问题转化为离散的数学模型，并利用数值计算方法进行求解，能够快速、准确地分析和预测结构的力学行为。在工程设计、仿真和优化过程中，有限元分析软件已经成为不可或缺的工具。它的应用范围非常广泛，可以用于求解静力学、动力学、热力学、流体力学等各种物理问题。无论是建筑结构、机械零件、电子器件，还是航空航天器，有限元分析软件都可以帮助工程师进行结构强度、刚度、疲劳寿命等方面的分析。此外，它还可以用于优化设计，通过改变结构的几何形状、材料属性或边界条件，来提高结构的性能。有限元分析软件的工作原理是将结构分割成许多小的有限元单元，然后利用数学方法建立各个单元之间的关系。这些单元可以是线性的，也可以是非线性的，具体取决于分析的问题。通过对每个单元的力学特性进行建模，可以得到整个结构的力学行为。有限元分析软件可以通过求解线性方程组来计算结构的应力、应变、位移等参数。同时，它还可以进行模态分析、频率响应分析、热传导分析等。

第三节 基于有限元分析软件的空间结构参数化建模方法

该方法为本著作提出的创新方法，目前尚未查询到国内有其他使用案例。该方法的研究思路为：有限元软件在做实体单元或曲面网格划分时，不管体型多么不规则，均可以按照事先设定的三角形单元或四边形单元自动划分出大小基本相同的有限元网格，且各网格在体型转折处均可以共点（有限元计算的必备条件），如图7.1所示。本节讨论是否可以利用该特性形成空间结构杆件轴线。

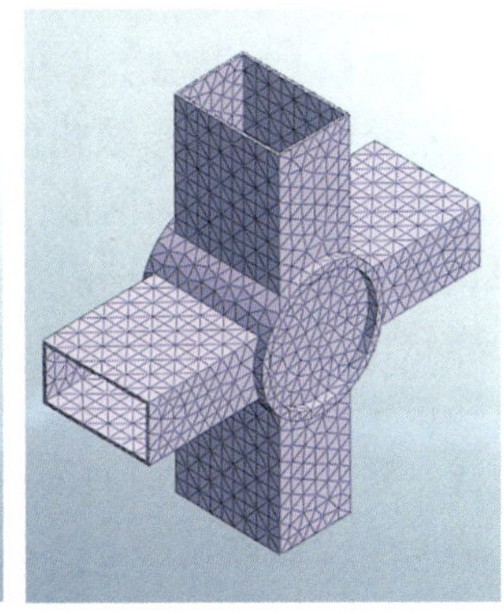

图7.1 有限元软件网格划分

本著作课题组通过研究，成功运用有限元软件自动化进行复杂曲面网格的建模。

现以Midas FEA有限元分析软件为例进行空间结构的参数化建模，其他有限元软件的原理及方法类似。Midas FEA软件在参数化建模和网格划分方面具有灵活性和强大的功能。

1. 参数化建模

Midas FEA支持使用参数化模型，用户可以通过定义参数（如长度、宽度、高度及其他几何特征）来调整模型的几何形状，使得用户能够快速修改和优化设计。

用户可以将CAD软件（如AutoCAD、Solid Works等）中的几何模型导入到Midas FEA中，进行更高阶的参数化调整和分析。

Midas FEA提供了多种几何体的创建和编辑工具，用户可以直接在软件内部进行各种几何体的构造和修改。

2. 网格划分

Midas FEA提供自动网格划分功能，用户只需设置相关参数，软件会根据模型的复杂程度和分析要求生成相应的网格。对于特定的分析需求，用户可以手动调整网格的密度和类型，以确保重要部位仿真结果的准确性。

Midas FEA提供了网格质量检查工具，用户可以检测网格的形状、细化程度等，以保证分析结果的可靠性。

本著作创新性地利用Midas FEA的参数化建模和网格划分功能，高效地进行空间结构的参数化建模，快速迭代设计和优化。参数化建模过程的具体步骤如下。

第一步，在图形软件中，例如AutoCAD或Rhino软件，建立某建筑的空间模型，只需要模型的定位线即可，无须建立杆件网格；将该三维模型的CAD文件导入有限元软件中。

第二步，利用有限元软件中“闭合曲线生成曲面”的功能，生成空间曲面。

第三步，使用有限元软件的自动网格划分功能，对空间曲面进行网格划分；根据建筑形体，选择三角形或四边形网格，自定义网格大小，生成空间结构的网格模型；导出网格模型文件，通过能同时兼容有限元软件导出文件格式及CAD导入文件格式的绘图软件，转换模型的格式并导出CAD格式文件，完成空间结构参数化建模。

本著作研究的参数化建模方法可通过少数软件命令，实现快速自动布置不规则曲面空间结构的杆件几何网格，并将有限元模型转化为通用计算软件（例如Midas Gen、YJK、SAP2000等）可以识别的CAD格式文件。得到该CAD格式文件，继而导入通用有限元计算软件，实现杆件的计算分析和设计。本研究建模方法简单、便捷、效率极高，并能够被快速掌握。其自动形成结构杆件网格的建模方法，不受建筑形体的限制，均能保持一致，空间结构曲面越复杂越能体现其优势，所建模型根据后期需求，也可以手工辅助快速修改调整。

第四节　利用有限元分析软件实现空间结构参数化建模的应用实例

某两个工程的建筑形体为不同边长的三角形构成的折面，为满足建筑的折面效果要求，结构体系选用空间三向斜交单层网格结构，矩形管相贯焊接。若人工划分网格，由于折面大小不同、形状不同，很难划分大小较为适中，且在折面相交的脊线处共点的网格（前文已经研究的该结构的各类参数化建模方法与此处介绍的方法有本质的不同）。因此，利用FEA NX软件强大的建模功能，探索空间折面形体的参数化建模过程。网格尺寸为4.0 m左右，如图7.2～图7.7所示。

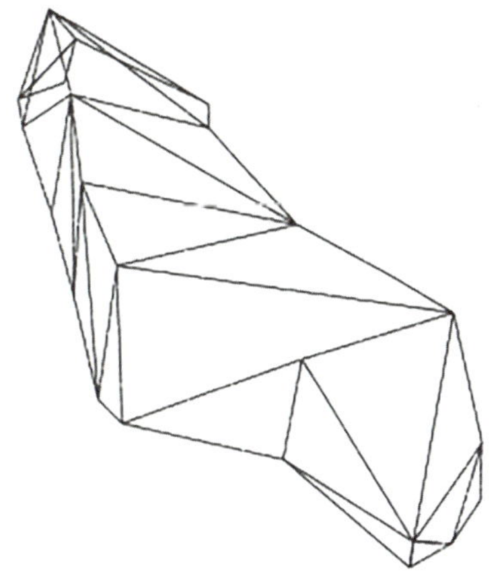

图7.2　工程一三维脊线模型

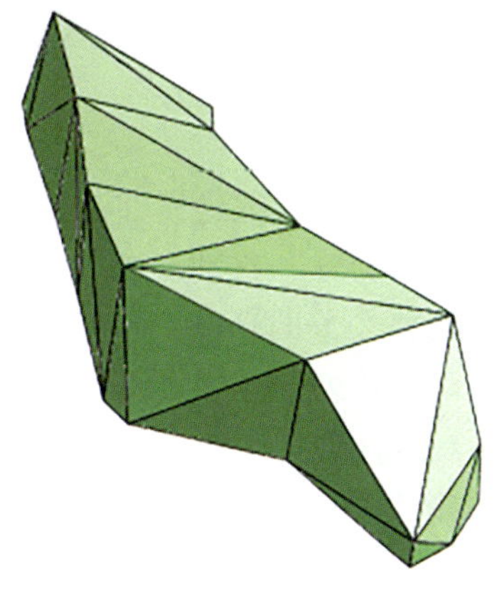

图7.3　有限元软件生成的空间曲面模型

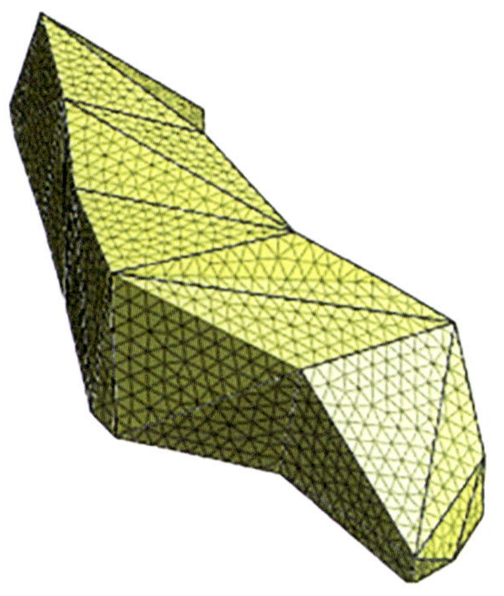

图7.4　利用有限元软件划分的空间结构网格模型

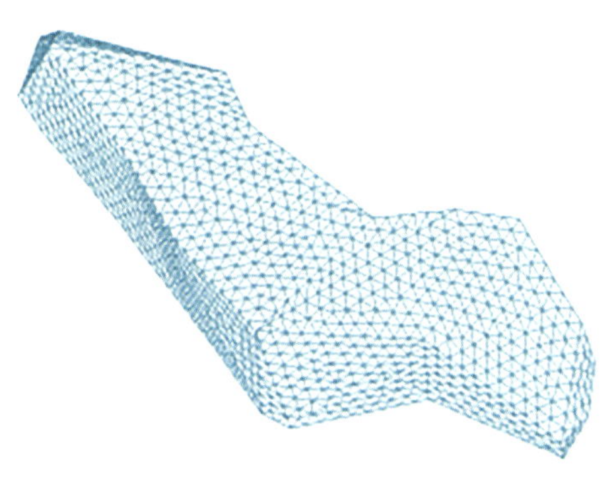

图7.5　CAD格式的空间结构模型

图7.6　工程二三维脊线模型

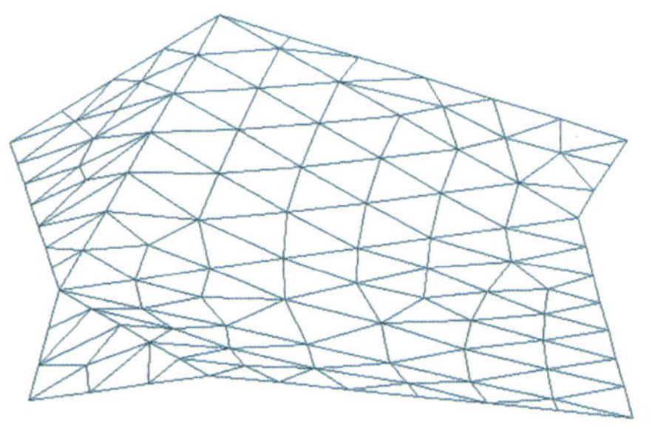

图7.7　利用有限元软件实现参数化建模后的CAD格式的空间结构模型

第五节 小 结

本章提出的参数化建模方法是一种创新技术，它利用有限元软件在实体单元或曲面网格划分时的特性，自动形成空间结构杆件轴线。以Midas FEA软件为例，介绍了参数化建模和网格划分的功能，包括参数化模型的创建、外部数据的导入、几何体的编辑、自动和手动网格划分，以及网格质量检查。这一方法通过少量软件命令，实现了快速自动布置不规则曲面空间结构的杆件几何网格，并将有限元模型转化为通用计算软件可识别的CAD格式文件，从而实现杆件的计算分析和设计。

此外，本章还探讨了利用FEA NX软件实现空间结构参数化建模的应用实例，展示了如何通过软件的建模功能来处理复杂折面形体的网格划分问题。这种方法简单、便捷，具有高效性，并且能够适应各种建筑形体，尤其在处理复杂空间结构曲面时更显优势。最终，所建模型可以根据后期需求进行手工辅助修改调整。

第八章　结束语

本书前两章简述了空间结构有关概念、发展历史，详细介绍了规则与不规则空间结构的多种建模方法与技巧，既对以往空间结构建模经验进行了总结，亦对建模方法进行了系统的拓展。通过阅读该部分内容可快速提高学习者的直接建模能力与技巧。

本书第三章至第六章详细研究了空间结构参数化建模及一体化分析方法。第三章首先介绍了常用的空间结构参数化建模方法及其优缺点，其次以Grasshopper参数化建模为重点，详细介绍了其基本操作，可作为参数化建模初学者的入门教程。第四章以常用空间结构（桁架、网架、网壳等）为例，详细列出了程序编制过程及操作步骤。第五章则在前面的基础上，加入了空间结构一体化分析方法以及找形、优化方法，使得参数化建模不再局限于建立复杂的几何模型，拓展了参数化建模的广度与深度，可作为参数化建模高阶方法的教程。第六章以本书编者参与的实际工程案例为例，介绍了参数化建模及分析在实际案例中的应用，这些案例包括折面网格参数化建模及分析、树状柱位置优化、斜交网格参数化建模、参数化网壳屈曲分析、参数化立体桁架自振频率分析、体育场罩棚参数化风荷载数值模拟、拱-拉杆结构形态优化等，对类似项目具有很高的参考价值。第七章还介绍了本书的创新方法——利用有限元软件全自动快速参数化建立复杂自由曲面结构模型。

以上内容基本囊括了空间结构工程实践中的多种结构类型的建模和分析，可快速解决空间结构建模、方案比选、形态优化、分析求解等问题。希望本书内容能为读者提供有益的帮助。由于时间仓促，加之作者水平有限，书中定有疏漏及不足之处，敬请读者批评指正。

参考文献

[1]张峥,丁洁民,何志军.复杂曲面钢结构屋面的数值找形与结构设计[J].空间结构,2007,(01):20-25.

[2]付毅智.简易方式实现复杂造型设计:深圳湾体育中心钢结构造型及屋面设计回顾[J].建筑创作,2011,(12):64-75.

[3]许俊,杜新喜,孟仲永,等.基于AutoCAD的空间复杂曲面结构参数化建模[J].工业建筑,2014,44(S1):383-387+391.

[4]丁慧,罗尧治.自由形态空间结构建模方法[C]//中国土木工程学会桥梁及结构工程分会空间结构委员会.第十四届空间结构学术会议论文集.浙江大学空间结构研究中心,2012:6.

[5]罗尧治,闵丽,丁慧,等.自由形态空间结构建模与网格设计[C]//中国建筑科学研究院,中国土木工程学会桥梁及结构工程分会空间结构委员会.第十五届空间结构学术会议论文集.浙江大学空间结构研究中心,2014:6.

[6]罗尧治,闵丽,丁慧,等.自由形态空间网格结构建模技术研究综述[J].空间结构,2015,21(04):3-11.

[7]汪大绥,方卫,张伟育,等.世博轴阳光谷钢结构设计与研究[J].建筑结构学报,2010,31(05):20-26.

[8]程煜,刘鹏,Dorothee C,等.结构参数化设计在北京CBD核心区Z15地块中国尊大楼中的应用[J].建筑结构,2014,44(24):9-14.

[9]黄卓驹,丁洁民,毛明超.某展览馆结构Grasshopper参数化设计[J].结构工程师,2016,32(01):1-4.

[10]梁道轩,侯胜利,王晓寒,等.宁波东部新城某主塔楼结构设计中参数化建模技术的应用[J].建筑结构,2018,48(18):30-35.

[11]曾旭东,王大川,陈辉.RHINOCEROS&GRASSHOPPER参数化建模[M].武汉:华中科技大学出版社,2011.

[12]何政,来潇.参数化结构设计基本原理、方法及应用[M].北京:中国建筑工业出版社,2019.

[13]祁鹏远.Grasshopper参数化设计教程[M].北京:中国建筑工业出版社,2017.

[14]白云生,高云河.GRASSHOPPER参数化非线性设计[M].武汉:华中科技大学出版社,2018.

[15]王美伦.参数化设计在复杂形态建筑结构设计中的应用[D].北京建筑大学,2016.

[16]蓝天.中国空间结构六十年[J].建筑结构,2009,39(09):25-27+62.

[17]陈志华,刘红波,周婷,等.空间钢结构APDL参数化计算与分析[M].北京:中国水利水电出版社,2009.

[18]朱鸣,王春磊.使用犀牛软件及Grasshopper插件实现双层网壳结构快速建模[J].建筑结构,2012,42(S2):424-427.

[19]高鸣,燕东强,张建亮,等.参数化建模在空间网格结构中的应用[J].建筑结构,2013,43(17):149-151.

[20]刘宜丰,罗甘霖,王恒,等.基于Grasshopper及ANSYS的空间结构参数化建模与一体化分析程序的二次开发与应用[J].建筑结构,2022,52(S1):721-725.

[21]李彦鹏,周健.参数化技术在结构设计中的应用[J].建筑结构,2022,52(10):142-147.

[22]周健,李彦鹏,崔家春.G60科创云廊单层铝合金网壳结构设计关键问题分析[J].建筑结构,2022,52(09):74-80.

[23]陈柯,李迅涛,吴兵,等.结构参数化建模在大跨空间钢结构中的应用[J].土木建筑工程信息技术,2021,13(02):145-152.

[24]岂凡.基于Grasshopper的参数化方法在结构设计中的应用[J].土木建筑工程信息技术,2018,10(01):105-110.

[25]张慎,尹鹏飞.基于Rhino+Grasshopper的异形曲面结构参数化建模研究[J].土木建筑工程信息技术,2015,7(05):102-106.

[26]钱凯法,潘一平,吴新泉,等.航站楼双曲屋面参数化设计[J].土木建筑工程信息技术,2015,7(03):71-74.

[27]周铃.浅谈建筑结构的计算机优化设计[J].建筑结构,2012,42(S2):428-432.

[28]尹鹏飞.基于Rhino的自由形态空间网格结构建模研究与程序开发[D].武汉大学,2018.

[29]张慎,尹鹏飞,王杰,等.超高层建筑结构方案智能设计工具的开发与实现[J].建筑结构,2022,52(23):100-106+138.

[30]田家安.空间网格结构智能网格生成与选型优化研究[D].东南大学,2022.

[31]李清朋.逆吊实验法的数值模拟及应用[D].哈尔滨工业大学,2013.

[32]杨笑天,周健.悬链形空间网格结构的参数化建模与优化分析[C]//中国建筑科学研究院有限公司,中国土木工程学会桥梁及结构工程分会.第十七届空间结构学术会议论文集.华建集团华东建筑设计研究总院,2018:9.

[33]菲利普·布洛克,汤姆·范·弥勒,马赛厄斯·瑞普曼,等.探索形与力:数字时代的图解静力学[J].建筑学报,2017,(11):14-19.

[34]武岳,李清朋,沈世钊.基于逆吊实验原理的空间结构形态数值创建方法[J].建筑结构学报,2014,35(04):41-48.

[35]石开荣,吉古雪梅,姜正荣.基于模拟植物生长算法的B样条蒙皮自由曲面薄壳结构形态优化方法研究[J].建筑结构学报,2024,45(10):158-169.

[36]中华人民共和国住房和城乡建设部.空间网格结构技术规程:JGJ 7—2010[S].北京:中国建筑工业出版社,2010.

[37]张峥,丁洁民,李璐.长沙国际会展中心展厅大跨度下凹形钢屋盖结构选型与设计[J].建筑结构,2020,50(07):67-73.

[38]董石麟,罗尧治,赵阳,等.新型空间结构分析、设计与施工[M].北京:人民交通出版

社,2006.

[39]葛家琪,张国军,王树,等.2008奥运会羽毛球馆弦支穹顶结构整体稳定性能分析研究[J].建筑结构学报,2007,(06):22-30+44.

[40]陈志华.张弦结构体系[M].北京:科学出版社,2013.

[41]王新敏.ANSYS工程结构数值分析[M].北京:人民交通出版社,2007.

[42]才琪,冯若强.基于改进双向渐进结构优化法的桁架结构拓扑优化[J].建筑结构学报,2022,43(04):68-76.

[43]郑晓清,董石麟,苗峰,等.浙江科技学院学生活动中心屋盖结构方案设计[J].空间结构,2015,21(04):45-48+59.

[44]赵宪忠,闫伸,陈以一,等.沈阳文化艺术中心单层折板空间网格结构整体模型试验研究[J].建筑结构学报,2017,38(01):42-51.

[45]李星乾,张锡治,章少华,等.树状柱支撑曲面单层网壳结构受力性能的直接分析法研究[J].建筑结构学报,2022,43(S1):20-30.

[46]张峥,丁洁民,张月强,等.西安丝路国际会议中心大跨度刚性悬挂幕墙结构设计及关键技术研究[J].建筑结构学报,2021,42(S1):18-27.

[47]董越,罗忆.东南国际航运中心总部大厦B座索幕墙结构体系设计研究[J].建筑结构,2021,51(01):50-53+113.

[48]杜新喜,尹鹏飞,张慎,等.自由曲面单层网格的划分和优化研究[J].建筑结构,2019,49(23):55-59.

[49]李彦鹏,周健.基于GH平台的自由曲面形态构建与优化[J].建筑结构,2019,49(S1):328-332.

[50]张举涛,芮佳,张小方,等.甘肃省体育馆比赛馆结构设计与分析[J].建筑结构,2019,49(02):1-6.

[51]中华人民共和国住房和城乡建设部.山地建筑结构设计标准:JGJ/T 472—2020[S].北京:中国建筑工业出版社,2020.

[52]陆道渊,季俊,黄良,等.世茂深坑酒店钢结构主框架受力及设计研究[J].建筑钢结构进展,2017,19(05):30-39.

[53]黄本才.结构抗风分析原理及应用[M].上海:同济大学出版社,2001.

[54]张四化,郑德乾,马文勇,等.U形大跨悬挑屋盖风荷载风洞试验和数值模拟研究[J].建筑结构,2019,49(09):133-137+106.

[55]毕晓健,刘丛红.未来设计:基于Ladybug+Honeybee的参数化性能设计方法[J].建筑师,2018,(01):131-136.

[56]咸亮亮,闫增峰,倪平安,等.基于Ladybug+Honeybee的建筑物理环境模拟分析研究[J].建筑节能(中英文),2022,50(09):68-75.